大学软件学院软件开发系列教材

Oracle 数据库开发实用教程
(第 2 版)(微课版)

马明环　编　著

清华大学出版社
北　京

内 容 简 介

本书是针对零基础读者研发的 Oracle 数据库开发实用入门教材。该书侧重案例实训,并提供扫码微课来讲解当前热点案例。

本书分为 17 章,内容包括 Oracle 概述、掌握 Oracle 管理工具、数据库与数据表、数据表的约束、数据操作语言、SQL 查询基础、SQL 高级查询、常用系统函数、PL/SQL 编程基础、视图与索引、游标、触发器、存储过程的创建与使用、事务与锁、表空间与数据文件、数据的导入与导出。最后通过热点综合项目开发学生题库管理系统,让读者进一步巩固项目开发经验。

本书通过精选热点案例,可以让初学者快速掌握 Oracle 数据库开发技术。通过微信扫码看视频,可以随时在移动端学习技能对应的视频操作。读者通过综合实战训练营可以检验学习情况,最后提供了扫码看答案。

本书封面贴有清华大学出版社防伪标签,无标签者不得销售。
版权所有,侵权必究。举报: 010-62782989,beiqinquan@tup.tsinghua.edu.cn。

图书在版编目(CIP)数据

Oracle 数据库开发实用教程: 微课版/马明环编著. —2 版. —北京: 清华大学出版社,2022.6
大学软件学院软件开发系列教材
ISBN 978-7-302-60145-6

Ⅰ. ①O… Ⅱ. ①马… Ⅲ. ①关系数据库系统—高等学校—教材 Ⅳ. ①TP311.138

中国版本图书馆 CIP 数据核字(2022)第 025840 号

责任编辑: 张彦青
装帧设计: 李　坤
责任校对: 徐彩虹
责任印制: 丛怀宇

出版发行: 清华大学出版社
　　网　　址: http://www.tup.com.cn, http://www.wqbook.com
　　地　　址: 北京清华大学学研大厦 A 座　　邮　　编: 100084
　　社 总 机: 010-83470000　　邮　　购: 010-62786544
　　投稿与读者服务: 010-62776969, c-service@tup.tsinghua.edu.cn
　　质量反馈: 010-62772015, zhiliang@tup.tsinghua.edu.cn
印 装 者: 三河市龙大印装有限公司
经　　销: 全国新华书店
开　　本: 185mm×260mm　　印　张: 20　　字　数: 487 千字
版　　次: 2014 年 8 月第 1 版　2022 年 7 月第 2 版　　印　次: 2022 年 7 月第 1 次印刷
定　　价: 68.00 元

产品编号: 093856-01

前　　言

目前，Oracle 技术已广泛应用于各行各业，其中电信、电力、金融、政府及大量制造业都需要 Oracle 技术人才，而且各个大学的计算机课程中都有 Oracle 课程，学生也需要做毕业设计。通过本书的实训，读者能够迅速掌握 Oracle 最新的核心技术，并能胜任企业大型数据库管理、维护、开发工作，从而帮助解决公司与学生的双重需求问题。

本书特色

- 零基础、入门级的讲解

无论您是否从事计算机相关行业，无论您是否接触过 Oracle 数据库开发，都能从本书中找到最佳起点。

- 实用、专业的范例和项目

本书在编排上紧密结合深入学习 Oracle 数据库开发的过程，从 Oracle 数据库基本概念开始，逐步带领读者学习 Oracle 数据库开发的各种应用技巧，侧重实战技能，使用简单易懂的实际案例进行分析和操作指导，让读者学起来简明轻松，操作起来有章可循。

- 随时随地学习

本书提供了微课视频，通过手机扫码即可观看，随时随地解决学习中的困惑。

- 全程同步教学录像

涵盖本书所有的知识点，详细讲解每个实例及项目的过程及技术关键点。比看书更轻松地掌握书中所有的 Oracle 数据库开发知识，而且扩展的讲解部分使读者得到比书中更多的收获。

- 超多容量王牌资源

八大王牌资源为您的学习保驾护航，包括精美教学幻灯片、本书案例源代码、同步微课视频、教学大纲、精选 100 个常见错误和解决方案、40 套大型完整的 Oracle 项目源码、100 道名企招聘考试题、毕业求职面试资源库。

读者对象

本书是一本完整介绍 Oracle 数据库开发技术的教程，内容丰富、条理清晰、实用性强，适合以下读者学习使用：

- 零基础的数据库自学者；
- 希望快速、全面掌握 Oracle 数据库应用技术的人员；
- 高等院校或培训机构的老师和学生；

- 参加毕业设计的学生。

读者在学习本书的过程中，可以使用手机浏览器、QQ 或者微信的"扫一扫"功能，扫描本书标题下的二维码，在打开的视频播放页面中可以在线观看视频课程，也可以下载并保存到手机中离线观看。

本书由马明环主编，副主编为闫浩峰、杨光露和胡小红。其中第 1 章～第 5 章由闫浩峰老师编著，第 6 章～第 10 章由杨光露老师编著，第 11 章～第 15 章由胡小红老师编著。在编写过程中，我们虽竭尽所能将最好的讲解呈现给了读者，但难免有疏漏和不妥之处，敬请读者不吝指正。

编　者

40 套大型完整 Oracle 项目资源库.part1

40 套大型完整 Oracle 项目资源库.part2

40 套大型完整 Oracle 项目资源库.part3

附赠资源

目　　录

第 1 章　Oracle 概述 1
1.1　数据库概述 2
1.1.1　数据库的产生 2
1.1.2　数据库的基本概念 2
1.1.3　数据库标准语言——
####　　　 SQL 语言 3
1.2　Oracle 19c 的下载与安装 4
1.2.1　下载 Oracle 19c 4
1.2.2　安装 Oracle 19c 4
1.2.3　配置 Oracle 监听程序 7
1.2.4　创建全局数据库 orcl 8
1.3　Oracle 服务的启动与停止 10
1.3.1　启动 Oracle 服务 10
1.3.2　停止 Oracle 服务 11
1.3.3　重启 Oracle 服务 11
1.4　Oracle 19c 的卸载 12
1.4.1　卸载 Oracle 产品 12
1.4.2　删除注册表项 13
1.4.3　删除环境变量 13
1.4.4　删除目录并重启计算机 14
1.5　就业面试问题解答 15
1.6　上机练练手 15

第 2 章　掌握 Oracle 管理工具 17
2.1　SQL Developer 管理工具 18
2.1.1　认识 SQL Developer 工具 18
2.1.2　使用 SQL Developer 登录 19
2.2　SQL Plus 管理工具 21
2.2.1　认识 SQL Plus 工具 21
2.2.2　利用 SQL Plus 登录 21
2.3　常用的 SQL Plus 命令 22
2.3.1　DESC[RIBE]命令 23
2.3.2　SET 命令 24
2.3.3　LIST 命令和 n text 命令 26

2.3.4　"/" 命令 26
2.3.5　n(设置当前行)和
####　　　 Append(附加)命令 27
2.3.6　DEL 命令 28
2.3.7　CHANGE 命令 30
2.3.8　INPUT 命令 32
2.3.9　SPOOL 命令 33
2.4　就业面试问题解答 34
2.5　上机练练手 34

第 3 章　数据库与数据表的基本操作 ... 37
3.1　数据库的基本操作 38
3.1.1　创建数据库 38
3.1.2　登录数据库 40
3.1.3　删除数据库 42
3.2　创建与查看数据表 44
3.2.1　创建数据表的语法形式 44
3.2.2　Oracle 数据库中的数据类型 ... 44
3.2.3　创建不带约束条件的数据表 ... 46
3.2.4　查看数据表的结构 48
3.3　修改数据表 48
3.3.1　修改数据表的名称 48
3.3.2　修改字段数据类型 49
3.3.3　修改数据表的字段名 50
3.3.4　在数据表中添加字段 51
3.4　删除数据表 52
3.4.1　删除没有被关联的表 52
3.4.2　删除被其他表关联的主表 53
3.5　就业面试问题解答 54
3.6　上机练练手 55

第 4 章　数据表的约束 57
4.1　设置约束条件 58
4.2　添加主键约束 58
4.2.1　创建表时添加主键约束 58

4.2.2 修改表时添加主键约束............59
4.2.3 多字段联合主键约束............60
4.2.4 删除表中的主键约束............61
4.3 添加外键约束............62
4.3.1 创建表时添加外键约束............62
4.3.2 修改表时添加外键约束............63
4.3.3 删除表中的外键约束............64
4.4 添加非空约束............65
4.4.1 创建表时添加非空约束............65
4.4.2 修改表时创建非空约束............65
4.4.3 删除表中的非空约束............66
4.5 添加唯一性约束............67
4.5.1 创建表时添加唯一性约束............67
4.5.2 修改表时添加唯一性约束............68
4.5.3 删除表中的唯一性约束............69
4.6 添加检查性约束............69
4.6.1 创建表时添加检查性约束............69
4.6.2 修改表时添加检查性约束............70
4.6.3 删除表中的检查性约束............71
4.7 添加默认约束............71
4.8 设置表字段自增约束............72
4.9 就业面试问题解答............73
4.10 上机练练手............74

第5章 数据操作语言............75

5.1 INSERT 语句............76
5.1.1 给表里的所有字段插入数据............76
5.1.2 向表中添加数据时使用空值............78
5.1.3 一次插入多条数据............79
5.1.4 通过复制表数据插入数据............80
5.2 UPDATE 语句............82
5.2.1 更新表中的全部数据............82
5.2.2 更新表中指定的单行数据............83
5.2.3 更新表中指定的多行数据............83
5.3 DELETE 语句............84
5.3.1 根据条件清除数据............84
5.3.2 清空表中的数据............85
5.4 就业面试问题解答............86
5.5 上机练练手............86

第6章 SQL 查询基础............89

6.1 认识 SELECT 语句............90
6.2 数据的简单查询............90
6.2.1 查询表中所有数据............90
6.2.2 查询表中想要的数据............92
6.2.3 对查询结果进行计算............93
6.2.4 为结果列使用别名............94
6.2.5 在查询时去除重复项............94
6.2.6 在查询结果中给表取别名............95
6.2.7 使用 ROWNUM 限制查询数据............95
6.3 使用 WHERE 子句............96
6.3.1 比较查询条件的数据查询............96
6.3.2 带 BETWEEN...AND 的范围查询............98
6.3.3 带 IN 关键字的查询............98
6.3.4 带 LIKE 的字符匹配查询............99
6.3.5 未知空数据的查询............101
6.3.6 带 AND 的多条件查询............102
6.3.7 带 OR 的多条件查询............103
6.4 使用 ORDER BY 子句............105
6.4.1 使用默认排序方式............105
6.4.2 使用升序排序方式............106
6.4.3 使用降序排序方式............106
6.5 使用 GROUP BY 子句............107
6.5.1 对查询结果进行分组............107
6.5.2 对分组结果过滤查询............109
6.6 使用分组函数............109
6.6.1 使用 SUM()求列的和............109
6.6.2 使用 AVG()求列平均值............110
6.6.3 使用 MAX()求列最大值............111
6.6.4 使用 MIN()求列最小值............112
6.6.5 使用 COUNT()统计............113
6.7 就业面试问题解答............114
6.8 上机练练手............114

第7章 SQL 高级查询............117

7.1 多表嵌套查询............118

  7.1.1 使用比较运算符的嵌套
     查询 118
  7.1.2 使用 IN 的嵌套查询 119
  7.1.3 使用 ANY 的嵌套查询 120
  7.1.4 使用 ALL 的嵌套查询 121
  7.1.5 使用 SOME 的子查询 121
  7.1.6 使用 EXISTS 的嵌套查询 122
7.2 多表内连接查询 124
  7.2.1 笛卡儿积查询 124
  7.2.2 内连接的简单查询 125
  7.2.3 相等内连接的查询 125
  7.2.4 不等内连接的查询 126
  7.2.5 带条件的内连接查询 126
7.3 多表外连接查询 127
  7.3.1 认识外连接查询 127
  7.3.2 左外连接的查询 128
  7.3.3 右外连接的查询 128
7.4 使用排序函数 129
  7.4.1 ROW_NUMBER 函数 129
  7.4.2 RANK 函数 130
  7.4.3 DENSE_RANK()函数 130
  7.4.4 NTILE()函数 131
7.5 使用正则表达式查询 131
  7.5.1 查询以特定字符或字符串
     开头的记录 132
  7.5.2 查询以特定字符或字符串
     结尾的记录 133
  7.5.3 用符号 "." 来代替
     字符串中的任意一个字符 134
  7.5.4 匹配指定字符中的任意
     一个 134
  7.5.5 匹配指定字符以外的字符 135
  7.5.6 匹配指定字符串 136
  7.5.7 用 "*" 和 "+" 来匹配多个
     字符 136
  7.5.8 使用 {M} 或者 {M,N} 来指定
     字符串连续出现的次数 137
7.6 就业面试问题解答 138
7.7 上机练练手 138

第8章 常用系统函数 141

8.1 数学函数 142
  8.1.1 求绝对值函数 ABS() 142
  8.1.2 求余函数 MOD() 142
  8.1.3 求平方根函数 SQRT() 142
  8.1.4 四舍五入函数 ROUND()和
     TRUNC() 142
  8.1.5 幂运算函数 POWER()和
     EXP() 143
  8.1.6 对数运算函数 LOG()和
     LN() 144
  8.1.7 符号函数 SIGN() 144
  8.1.8 正弦函数和余弦函数 145
  8.1.9 正切函数与反正切函数 145
  8.1.10 获取随机数函数 DBMS_
     RANDOM.RANDOM 和
     DBMS_RANDOM.VALUE() 146
  8.1.11 整数函数 CEIL()和
     FLOOR() 146
8.2 字符串类函数 147
  8.2.1 计算字符串的长度 147
  8.2.2 合并字符串的函数
     CONCAT() 148
  8.2.3 获取指定字符在字符串中的
     位置 148
  8.2.4 字母大小写转换函数 148
  8.2.5 获取指定长度的字符串的
     函数 149
  8.2.6 填充字符串的函数 149
  8.2.7 删除字符串空格的函数 150
  8.2.8 删除指定字符串的函数 151
  8.2.9 替换字符串函数 151
  8.2.10 字符串逆序函数
     REVERSE(s) 152
  8.2.11 字符集名称和 ID 互换
     函数 152
8.3 日期和时间类函数 152
  8.3.1 获取当前日期和当前时间 153
  8.3.2 获取时区的函数 153

8.3.3 获取指定月份最后一天
函数 154
8.3.4 获取指定日期后一周的日期
函数 154
8.3.5 获取指定日期特定部分的
函数 154
8.3.6 获取两个日期之间的
月份数 155
8.4 转换类函数 155
8.4.1 任意字符串转 ASCII 类型
字符串函数 ASCIISTR() 155
8.4.2 二进制转十进制函数 156
8.4.3 数据类型转换函数 CAST() 156
8.4.4 数值转换为字符串函数 156
8.4.5 字符转日期函数 157
8.4.6 字符串转数值函数 157
8.5 系统信息类函数 158
8.5.1 返回登录名函数 158
8.5.2 返回会话以及上下文信息
函数 158
8.6 就业面试问题解答 159
8.7 上机练练手 159

第9章 PL/SQL 编程基础 161

9.1 PL/SQL 概述 162
9.1.1 PL/SQL 是什么 162
9.1.2 PL/SQL 的结构 162
9.1.3 PL/SQL 的编程规范 165
9.2 使用常量和变量 166
9.2.1 认识常量 167
9.2.2 认识变量 167
9.3 使用表达式 168
9.3.1 算术表达式 168
9.3.2 关系表达式 169
9.3.3 逻辑表达式 170
9.4 PL/SQL 的控制语句 171
9.4.1 IF 条件控制语句 171
9.4.2 CASE 条件控制语句 173
9.4.3 LOOP 循环控制语句 176

9.5 PL/SQL 中的异常 177
9.5.1 异常概述 177
9.5.2 异常处理 178
9.6 就业面试问题解答 179
9.7 上机练练手 180

第10章 视图与索引 181

10.1 创建与查看视图 182
10.1.1 创建视图的语法规则 182
10.1.2 在单表上创建视图 182
10.1.3 在多表上创建视图 184
10.1.4 创建视图的视图 185
10.1.5 查看视图信息 185
10.2 修改与删除视图 186
10.2.1 修改视图的语法规则 187
10.2.2 使用 CREATE OR REPLACE
VIEW 语句修改视图 187
10.2.3 使用 ALTER 语句修改视图
约束 188
10.2.4 删除不用的视图 189
10.3 通过视图更新数据 190
10.3.1 通过视图插入数据 190
10.3.2 通过视图修改数据 191
10.3.3 通过视图删除数据 192
10.4 限制视图的数据操作 192
10.4.1 设置视图的只读属性 193
10.4.2 设置视图的检查属性 193
10.5 了解索引 194
10.5.1 索引的概念 194
10.5.2 索引的作用 194
10.5.3 索引的分类 195
10.6 创建与查看索引 195
10.6.1 创建普通索引 196
10.6.2 创建唯一性索引 196
10.6.3 创建单列索引 197
10.6.4 创建多列索引 197
10.6.5 查看创建的索引 197
10.7 就业面试问题解答 198
10.8 上机练练手 198

第 11 章 游标 201

11.1 认识游标 202
11.2 游标的使用步骤 202
11.2.1 声明游标 202
11.2.2 打开显式游标 204
11.2.3 读取游标中的数据 204
11.2.4 关闭显式游标 204
11.3 显式游标的使用 204
11.3.1 读取单条数据 205
11.3.2 读取多条数据 206
11.3.3 批量读取数据 207
11.3.4 通过遍历游标提取数据 208
11.4 显式游标属性的应用 209
11.4.1 %ISOPEN 属性 209
11.4.2 %FOUND 属性 210
11.4.3 %NOTFOUND 属性 211
11.4.4 %ROWCOUNT 属性 212
11.5 隐式游标的使用 214
11.5.1 使用隐式游标 214
11.5.2 游标中使用异常处理 215
11.6 隐式游标属性的应用 216
11.6.1 %ISOPEN 属性 216
11.6.2 %FOUND 属性 217
11.6.3 %NOTFOUND 属性 218
11.6.4 %ROWCOUNT 属性 219
11.7 就业面试问题解答 220
11.8 上机练练手 220

第 12 章 触发器 221

12.1 认识触发器 222
12.2 创建触发器 222
12.2.1 创建触发器的语法格式 222
12.2.2 为单个事件定义触发器 223
12.2.3 为多个事件定义触发器 224
12.2.4 为单个事件触发多个触发器 225
12.2.5 通过条件触发的触发器 226
12.3 查看触发器 227
12.3.1 查看触发器的名称 227
12.3.2 查看触发器的内容信息 228
12.4 修改触发器 228
12.5 删除触发器 230
12.6 就业面试问题解答 230
12.7 上机练练手 231

第 13 章 存储过程的创建与使用 233

13.1 创建存储过程 234
13.1.1 创建存储过程的语法格式 234
13.1.2 创建不带参数的存储过程 234
13.1.3 创建带有参数的存储过程 235
13.2 调用存储过程 237
13.2.1 调用不带参数的存储过程 237
13.2.2 调用带有参数的存储过程 238
13.3 修改存储过程 239
13.4 查看存储过程 240
13.5 存储过程的异常处理 241
13.6 删除存储过程 241
13.7 就业面试问题解答 242
13.8 上机练练手 242

第 14 章 事务与锁 245

14.1 事务管理 246
14.1.1 事务的概念 246
14.1.2 事务的特性 246
14.1.3 设置只读事务 248
14.1.4 事务管理的语句 248
14.1.5 事务实现机制 248
14.1.6 事务的类型 249
14.1.7 事务的保存点 249
14.2 锁的应用 251
14.2.1 锁的概念 251
14.2.2 锁的分类 252
14.2.3 锁等待和死锁 253
14.3 死锁的发生过程 254
14.4 就业面试问题解答 255
14.5 上机练练手 255

第 15 章 表空间与数据文件 257

15.1 认识表空间 258

15.2 管理表空间的方案 258
　　15.2.1 通过数据字典管理表空间 258
　　15.2.2 通过本地管理表空间 259
15.3 表空间的类型 260
　　15.3.1 查看表空间 260
　　15.3.2 永久表空间 260
　　15.3.3 临时表空间 261
　　15.3.4 还原表空间 261
15.4 创建表空间 262
　　15.4.1 创建表空间的语法规则 262
　　15.4.2 创建本地管理的表空间 262
　　15.4.3 创建还原表空间 264
　　15.4.4 创建临时表空间 266
　　15.4.5 默认临时表空间 268
　　15.4.6 创建大文件表空间 269
15.5 查看表空间 270
　　15.5.1 查看默认表空间 270
　　15.5.2 查看临时表空间 271
　　15.5.3 查看临时表空间组 272
15.6 表空间的状态管理 272
　　15.6.1 表空间的三种状态 272
　　15.6.2 表空间的脱机管理 273
　　15.6.3 表空间的只读管理 274
15.7 表空间的基本管理 275
　　15.7.1 更改表空间的名称 275
　　15.7.2 删除表空间 275
15.8 就业面试问题解答 276
15.9 上机练练手 276

第16章 数据的导入与导出 279

16.1 数据的备份与还原 280

16.1.1 物理备份数据 280
16.1.2 数据冷热备份 280
16.1.3 数据的还原 284
16.2 数据表的导出和导入 285
　　16.2.1 使用 EXP 工具导出数据 285
　　16.2.2 使用 EXPDP 导出数据 286
　　16.2.3 使用 IMP 导入数据 287
　　16.2.4 使用 IMPDP 导入数据 287
16.3 就业面试问题解答 287
16.4 上机练练手 288

第17章 开发学生题库管理系统 289

17.1 系统分析 290
　　17.1.1 系统总体设计 290
　　17.1.2 系统界面设计 290
17.2 案例运行及配置 291
　　17.2.1 开发及运行环境 291
　　17.2.2 配置项目开发环境 291
　　17.2.3 导入项目到开发环境中 293
17.3 系统主要功能实现 295
　　17.3.1 数据表设计 295
　　17.3.2 实体类创建 297
　　17.3.3 数据库访问类 299
　　17.3.4 控制器实现 300
　　17.3.5 业务数据处理 306
　　17.3.6 SpringMVC 的配置 308
　　17.3.7 Mybatis 的配置 308
17.4 系统运行效果 309

第 1 章

Oracle 概述

目前，Oracle 数据库是使用较为广泛的关系型数据库，它是建立在关系模型基础上的数据库，借助于集合代数等数学概念和方式来处理数据库中的数据。本章就来认识什么是数据库，以及用于管理大量数据的关系型数据库工具——Oracle 19c，该版本是 Oracle12cR2 的最终版本。Oracle 19c 作为 Oracle 数据库的长期支持版本，会持续发布更新。

1.1 数据库概述

数据库技术主要研究如何科学地组织和存储数据，以及如何高效地获取和处理数据。数据库技术作为数据管理的最新技术，目前已广泛应用于各个领域。

1.1.1 数据库的产生

数据库的概念诞生于 60 年前，随着信息技术和市场的快速发展，数据库技术层出不穷，随着应用的拓展和深入，数据库的数量和规模越来越大，其诞生和发展给计算机信息管理带来了一场巨大的革命。

数据库的发展大致划分为以下几个阶段：人工管理阶段、文件系统阶段、数据库系统阶段和高级数据库阶段。其种类大概有 3 种：层次式数据库、网络式数据库和关系式数据库。不同种类的数据库按不同的数据结构来联系和组织数据。

数据库没有一个完全固定的定义，随着数据库的发展，其定义的内容也有很大的差异。其中一种比较普遍的观点认为，数据库(DataBase，DB)是一个长期存储在计算机内的、有组织的、可共享的数据集合。它是一个按数据结构来存储和管理数据的计算机软件系统。即数据库包含两层含义：保管数据的"仓库"，以及数据管理的方法和技术。

数据库的特点包括：实现数据共享，减少数据冗余；采用特定的数据类型；具有较高的数据独立性；具有统一的数据控制功能。

1.1.2 数据库的基本概念

数据、数据库、数据库管理系统、数据库系统、数据库系统管理员等，都是与数据库有关的基本概念，了解这些基本概念，有助于我们更深入地学习数据库技术。

1. 数据

数据(Data)是描述客观事物的符号记录，可以是数字、文字、图形、图像等，经过数字化后存入计算机。事物可以是可触及的对象，如一个人、一棵树、一个零件等，也可以是抽象事件，如一次球赛、一次演出等，还可以是事务之间的联系，如一张借书卡、一张订货单等。

2. 数据库

数据库是存放数据的仓库，是长期存储在计算机内的、有组织的、可共享的数据集合。在数据库中集中存放了一个有组织的、完整的、有价值的数据资源，如学生管理、人事管理、图书管理等。它可以供各种用户共享，有最小冗余度、较高的数据独立性和易扩展性。

3. 数据库管理系统

数据库管理系统(DataBase Management System，DBMS)是指位于用户与操作系统之间的一层数据管理系统软件。数据库在建立、运行和维护时由数据库管理系统统一管理、统一控制。实际上，数据库管理系统是一组计算机程序，能够帮助用户方便地定义数据和操作数据，并能够保证数据的安全性和完整性。用户使用数据库是有目的的，而数据库管理系统是帮助用户达到这一目的的工具和手段。

4. 数据库系统

数据库系统(DataBase System，DBS)是指在计算机系统中引入数据库后的系统构成，一般由数据、数据库管理系统、应用系统、数据库管理员和用户构成。

5. 数据库系统管理员

数据库系统管理员(DataBase Administrator，DBA)是负责数据库的建立、使用和维护的专门人员。

6. 数据类型

数据类型决定了数据在计算机中的存储格式，代表不同的信息类型。常用的数据类型有：整数数据类型、浮点数数据类型、精确小数类型、二进制数据类型、日期/时间数据类型、字符串数据类型等。数据表中的每一个字段就是某种指定的数据类型，比如 student 表中的"学号"字段为整数数据类型，"性别"字段为字符串数据类型。

1.1.3 数据库标准语言——SQL 语言

SQL 是结构化查询语言(Structured Query Language)的简称。数据库管理系统通过 SQL 来管理数据库中的数据。

SQL 是一种数据库查询和程序设计语言，用于存取数据以及查询、更新和管理关系数据库系统。SQL 是 IBM 公司于 1975—1979 年开发出来的，主要应用于 IBM 关系数据库原型 System R。在 20 世纪 80 年代，SQL 被美国国家标准学会和国际标准化组织认定为关系数据库语言的标准。

SQL 主要包含以下 3 个部分。

(1) 数据定义语言(DDL)：数据定义语言主要用于定义数据库、表、视图、索引和触发器等。其中包括 CREATE(创建)语句、ALTER(修改)语句和 DROP(删除)语句。CREATE 语句主要用于创建数据库、表和视图等；ALTER 语句主要用于修改表的定义、视图的定义等。DROP 语句主要用于删除数据库、表和视图等。

(2) 数据操作语言(DML)：数据操作语言主要用于插入数据、查询数据、更新数据和删除数据。其中包括 INSERT(插入)语句、UPDATE(修改)语句、SELECT(查询)语句、DELETE(删除)语句。

(3) 数据控制语言(DCL)：数据控制语言主要用于控制用户的访问权限。其中包括 GRANT 语句、REVOKE 语句等。GRANT 语句用于给用户增加权限；REVOKE 语句用于收回用户的权限。

数据库管理系统通过这些 SQL 语句可以操作数据库中的数据。在应用程序中，也可以通过 SQL 语句来操作数据。例如，可以在 Java 语言中嵌入 SQL 语句。通过执行 Java 语言来调用 SQL 语句，这样即可在数据库中插入数据、查询数据。另外，SQL 语句也可以嵌入到 C#、PHP 等编程语言之中，可见 SQL 的应用十分广泛。

1.2　Oracle 19c 的下载与安装

在使用 Oracle 数据库之前，需要安装 Oracle 数据库软件。下面介绍安装 Oracle 数据库软件的方法与步骤。

1.2.1　下载 Oracle 19c

安装 Oracle 19c 之前，需要到 Oracle 官方网站(https://www.oracle.com/database/technologies/oracle-database-software-downloads.html)去下载该数据库软件。根据不同的系统，下载不同的 Oracle 版本，这里选择 Windows x64 系统的版本，如图 1-1 所示。

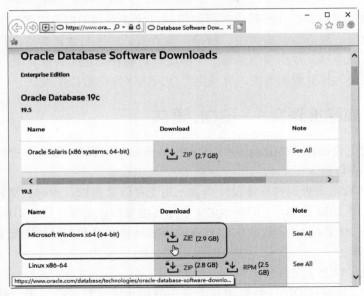

图 1-1　Oracle 下载界面

要想在 Windows 中运行 Oracle 19c 的 64 位版，需要 64 位 Windows 操作系统，通常，在安装时需要具有系统管理员权限。

1.2.2　安装 Oracle 19c

Oracle 下载完成后，找到下载文件，双击进行安装，具体操作步骤如下。

01 双击下载的安装文件，提示用户正在启动 Oracle 数据库安装向导，如图 1-2 所示。

02 稍等片刻，打开【选择配置选项】设置界面，选中【仅设置软件】单选按钮，单击【下一步】按钮，如图 1-3 所示。

第 1 章　Oracle 概述

图 1-2　启动安装向导

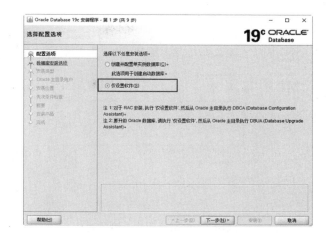

图 1-3　【选择配置选项】设置界面

03 打开【选择数据库安装选项】设置界面，这里选中【单实例数据库安装】单选按钮，单击【下一步】按钮，如图 1-4 所示。

04 打开【选择数据库版本】设置界面，这里选中【企业版】单选按钮，单击【下一步】按钮，如图 1-5 所示。

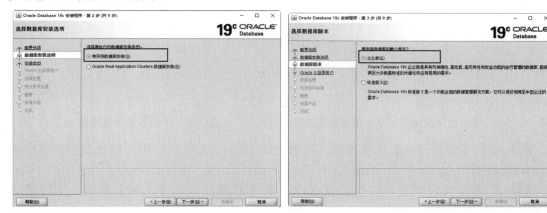

图 1-4　【选择数据库安装选项】设置界面　　　图 1-5　【选择数据库版本】设置界面

05 打开【指定 Oracle 主目录用户】设置界面，这里选中【创建新 Windows 用户】单选按钮，在【用户名】文本框中输入用户名，在【口令】和【确认口令】文本框中输入口令，然后单击【下一步】按钮，如图 1-6 所示。

06 打开【指定安装位置】设置界面，在这里指定 Oracle 数据库的基目录，单击【下一步】按钮，如图 1-7 所示。

07 打开【执行先决条件检查】设置界面，开始检查目标环境是否满足最低安装和配置要求，如图 1-8 所示。

08 检查完成后进入【概要】设置界面，单击【安装】按钮，如图 1-9 所示。

图1-6 【Oracle 主目录用户】设置界面

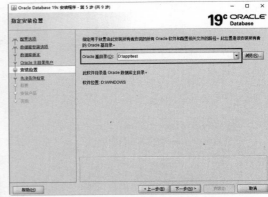
图1-7 【指定安装位置】设置界面

图1-8 【执行先决条件检查】设置界面

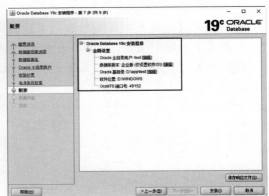
图1-9 【概要】设置界面

09 进入【安装产品】设置界面，开始安装 Oracle 文件，并显示具体安装内容和进度，如图 1-10 所示。

10 数据库安装成功后，打开【完成】设置界面，单击【关闭】按钮，即可完成 Oracle 的安装，如图 1-11 所示。

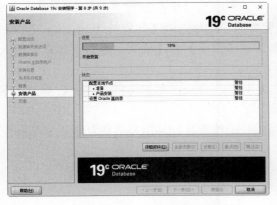
图1-10 【安装产品】设置界面

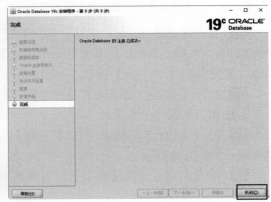
图1-11 【完成】设置界面

1.2.3 配置 Oracle 监听程序

Oracle 19c 数据库软件安装完毕后，还需要配置它的监听程序，具体操作步骤如下。

01 单击【开始】按钮，在弹出的菜单列表中选择 Oracle - OraDB19Home1→Net Configuration Assistant 命令，如图 1-12 所示。

02 打开【欢迎使用】对话框，这里选中【监听程序配置】单选按钮，单击【下一步】按钮，如图 1-13 所示。

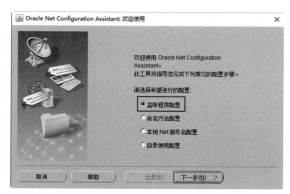

图 1-12　选择 Net Configuration Assistant 命令　　　图 1-13　【欢迎使用】对话框

03 打开【监听程序配置，监听程序】对话框，选中【添加】单选按钮，单击【下一步】按钮，如图 1-14 所示。

04 打开【监听程序配置，监听程序名】对话框，在其中填写监听程序的名称和 Oracle 主目录用户口令，单击【下一步】按钮，如图 1-15 所示。

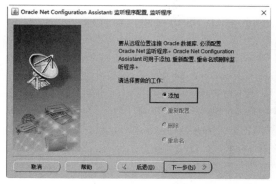
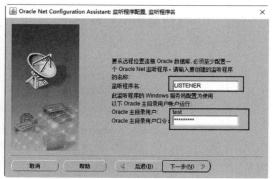

图 1-14　【监听程序配置，监听程序】对话框　　　图 1-15　【监听程序配置，监听程序名】对话框

05 打开【监听程序配置，选择协议】对话框，在【选定的协议】列表框中选择 TCP 选项，单击【下一步】按钮，如图 1-16 所示。

06 打开【监听程序配置，TCP/IP 协议】对话框，选中【使用标准端口号 1521】单选按钮，单击【下一步】按钮，如图 1-17 所示。

07 打开【监听程序配置，更多的监听程序】对话框，选中【否】单选按钮，单击【下一步】按钮，如图 1-18 所示。

08 打开【监听程序配置完成】对话框，提示用户监听程序配置完成，单击【下一步】按钮，如图 1-19 所示。

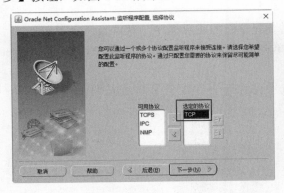
图 1-16 【监听程序配置，选择协议】对话框

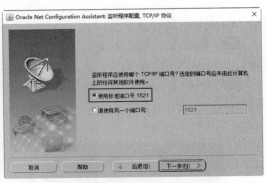
图 1-17 【监听程序配置，TCP/IP 协议】对话框

图 1-18 【监听程序配置，更多的监听程序】对话框

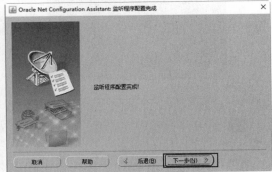
图 1-19 【监听程序配置完成】对话框

⑨ 打开【欢迎使用】对话框，单击【完成】按钮，即可关闭该对话框，完成监听程序的配置操作，如图 1-20 所示。

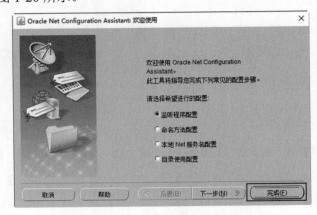
图 1-20 【欢迎使用】对话框

1.2.4　创建全局数据库 orcl

在正式使用 Oracle 19c 管理数据文件之前，还需要创建一个全局数据库，在这里数据

库的名称可以自己定义。具体操作步骤如下。

01 单击【开始】按钮，在弹出的菜单列表中选择 Oracle - OraDB19Home1→Database Configuration Assistant 命令，如图 1-21 所示。

02 打开【选择数据库操作】设置界面，这里选中【创建数据库】单选按钮，单击【下一步】按钮，如图 1-22 所示。

图 1-21　选择 Database Configuration Assistant 命令

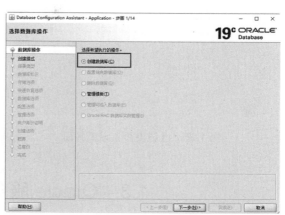

图 1-22　【选择数据库操作】设置界面

03 打开【选择数据库创建模式】设置界面，这里选中【典型配置】单选按钮，然后根据提示设置【全局数据库名】为"orcl"，【存储类型】设置为【文件系统】，【数据库字符集】设置为【AL32UTF8 - Unicode UTF-8 通用字符集】，【数据库文件位置】和【快速恢复区】文本框采用默认设置，然后设置管理口令和 Oracle 主目录用户口令，取消选中【创建为容器数据库】复选框，单击【下一步】按钮，如图 1-23 所示。

04 打开【概要】设置界面，在其中显示了全局数据库的设置信息，单击【完成】按钮，如图 1-24 所示。

图 1-23　【选择数据库创建模式】设置界面

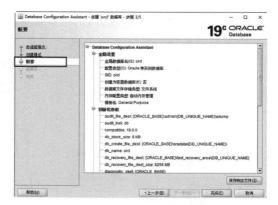

图 1-24　【概要】设置界面

05 打开【进度页】设置界面，在其中显示了全局数据库 orcl 的创建进度，如图 1-25 所示。

06 创建完毕后，进入【完成】设置界面，单击【关闭】按钮，即可完成数据库的创建,如图 1-26 所示。

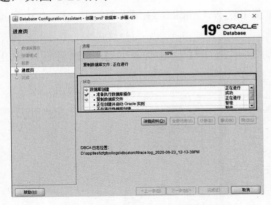

图 1-25 【进度页】设置界面

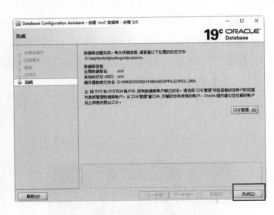

图 1-26 【完成】设置界面

1.3 Oracle 服务的启动与停止

Oracle 安装完毕之后,需要启动 Oracle 服务进程,不然客户端无法连接数据库。下面介绍启动与停止 Oracle 数据库服务的方法。

1.3.1 启动 Oracle 服务

在安装与配置 Oracle 数据库的过程中,已经将 Oracle 安装为 Windows 服务,当 Windows 启动、停止时,Oracle 也自动启动、停止。不过,用户还可以使用图形服务工具来控制 Oracle 服务,具体操作步骤如下。

01 单击【开始】按钮,在弹出的菜单中选择【运行】命令,打开【运行】对话框,在【打开】下拉列表框中输入"services.msc",如图 1-27 所示。

02 单击【确定】按钮,打开 Windows 的【服务】窗口,在其中可以看到以 Oracle 开头的 5 个服务项,其状态全部为"正在运行",表明该服务已经启动,如图 1-28 所示。

图 1-27 【运行】对话框

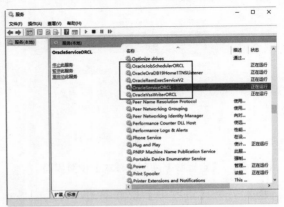

图 1-28 【服务】窗口

由于设置了 Oracle 为自动启动，因此可以看到服务已经启动，而且启动类型为自动。如果没有"正在运行"字样，说明 Oracle 服务未启动。此时可以选择服务并右击鼠标，在弹出的快捷菜单中选择【启动】命令即可，如图 1-29 所示；也可以直接双击 Oracle 服务，在打开的对话框中通过单击【启动】或【停止】按钮来更改服务状态，如图 1-30 所示。

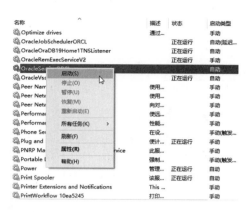 

图 1-29　快捷菜单启动 Oracle 服务　　　　　图 1-30　对话框启动 Oracle 服务

1.3.2　停止 Oracle 服务

当不需要 Oracle 数据库服务时，可以将其停止运行，具体操作步骤如下。

01 在【服务】窗口中选中需要停止运行的 Oracle 数据库服务并右击鼠标，在弹出的快捷菜单中选择【停止】命令，如图 1-31 所示。

02 弹出【服务控制】对话框，在其中显示了停止的进度，稍等片刻，即可停止选中的 Oracle 数据库服务，如图 1-32 所示。

 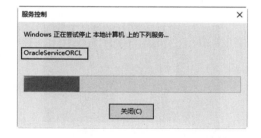

图 1-31　选择【停止】命令　　　　　图 1-32　【服务控制】对话框

1.3.3　重启 Oracle 服务

将 Oracle 数据库服务暂停后，还可以通过菜单将其重新启动，具体操作步骤如下。

01 在【服务】窗口中选中暂停的 Oracle 数据库服务并右击鼠标，在弹出的快捷菜单中选择【重新启动】命令，如图 1-33 所示。

02 弹出【服务控制】对话框，在其中显示了重新启动 Oracle 数据库服务的进度，如图 1-34 所示。

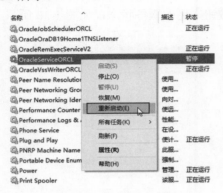
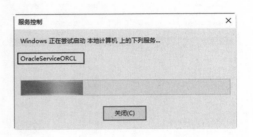

图 1-33　选择【重新启动】命令　　　　图 1-34　【服务控制】对话框

1.4　Oracle 19c 的卸载

当不需要 Oracle 数据库软件后，可以将 Oracle 数据库软件从本机中移除。下面介绍移除 Oracle 数据库软件的方法与步骤。

1.4.1　卸载 Oracle 产品

通过菜单命令可以卸载 Oracle 产品，具体操作步骤如下。

01 依次选择【开始】→Oracle OraDB19Home1→Universal Installer 菜单命令，如图 1-35 所示。

02 打开 Oracle Universal Installer 窗口，在其中显示了相应的核实信息，如图 1-36 所示。

图 1-35　选择 Universal Installer 菜单命令　　　图 1-36　Oracle Universal Installer 窗口

03 稍等片刻，即可打开【Oracle Universal Installer：欢迎使用】对话框，如图 1-37 所示。

04 单击【卸载产品】按钮，打开【产品清单】对话框，选择需要删除的内容，单击【删除】按钮，即可开始卸载，如图 1-38 所示。

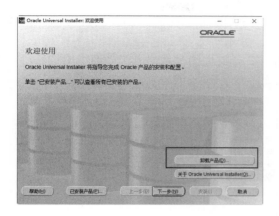

图 1-37 【Oracle Universal Installer：欢迎使用】对话框

图 1-38 【产品清单】对话框

1.4.2 删除注册表项

在【运行】对话框中输入"regedit",单击【确定】按钮启动注册表编辑器,如图 1-39 所示,要彻底删除 Oracle 19c,还需要把注册表中关于 Oracle 的相关信息删除。

图 1-39 注册表编辑器

需要删除的注册表项有以下几个。

(1) HKEY_LOCAL_MACHINE\SOFTWARE\ORACLE 项。

(2) HKEY_LOCAL_MACHINE\SYSTEM\CurrentControlSet\Services 节点下的所有 Oracle 项。

(3) HKEY_LOCAL_MACHINE\SYSTEM\CurrentControlSet\Services\Eventlog\Application 节点下的所有 Oracle.VSSWriter.ORCL 项。

1.4.3 删除环境变量

在使用 Oracle 数据库时,需要配置环境变量,在移除 Oracle 数据库后,还需要删除环境变量,具体操作步骤如下。

01 在系统桌面上右击【此电脑】图标，在弹出的快捷菜单中选择【属性】命令，如图 1-40 所示。

02 打开【系统】窗口，在其中可以查看有关计算机的基本信息，如图 1-41 所示。

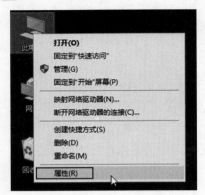

图 1-40 选择【属性】菜单命令

图 1-41 【系统】窗口

03 单击【高级系统设置】超链接，打开【系统属性】对话框，并切换到【高级】选项卡，如图 1-42 所示。

04 单击【环境变量】按钮，打开【环境变量】对话框，查找 Path 变量，然后单击【删除】按钮，如果发现有其他关于 Oracle 的选项，一并删除即可，如图 1-43 所示。

图 1-42 【系统属性】对话框

图 1-43 【环境变量】对话框

1.4.4 删除目录并重启计算机

为了彻底删除 Oracle，还需要把安装目录下的内容全部删除，删除后需要重新启动计算机，图 1-44 所示为 Oracle 软件在计算机中的位置。

删除目录后，需要重启计算机。重启计算机常用的方法是单击【开始】按钮，在弹出的菜单中单击电源图标，然后在弹出的菜单中选择【重启】命令，即可重启计算机，如图 1-45 所示。

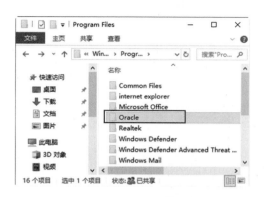

图 1-44　Oracle 文件所在位置

图 1-45　选择【重启】菜单命令

1.5　就业面试问题解答

面试问题 1：Oracle 用户对口令的设置有什么要求？

Oracle 为了安全起见，要求密码强度比较高，输入的密码不能复制，Oracle 建议的标准密码组合为：小写字母+数字+大写字母，当然字符长度还必须保持在 Oracle 19c 数据库要求的范围之内。

面试问题 2：Oracle 数据库中的实例(Instance)、数据库(DataBase)和数据库服务器(DataBase Server)该怎么理解，它们有什么关系？

(1) 实例是指一组 Oracle 后台进程以及在服务器中分配的共享内存区域。

(2) 数据库是由基于磁盘的数据文件、控制文件、日志文件、参数文件和归档日志文件等组成的物理文件集合；其主要功能是存储数据，其存储数据的方式通常称为存储结构。

(3) 数据库服务器是指管理数据库的各种软件工具(比如 SQL PLUS、OEM 等)、实例及数据库 3 个部分。

它们之间的关系为：实例用于管理和控制数据库，而数据库为实例提供数据。一个数据库可以被多个实例装载和打开，而一个实例在其生存周期内只能装载和打开一个数据库。

当用户连接到数据库时，实际上连接的是数据库的实例，然后由实例负责与数据库进行通信，最后将处理结果返回给用户。

1.6　上机练练手

上机练习 1：安装 Oracle 19c

按照 Oracle 19c 程序的安装步骤以及提示进行 Oracle 19c 的安装，最终效果如图 1-46

所示。

上机练习 2：创建全局数据库 orcl

按照创建全局数据库的方法，创建 orcl 数据库。图 1-47 所示为数据库 orcl 创建完成后的效果。

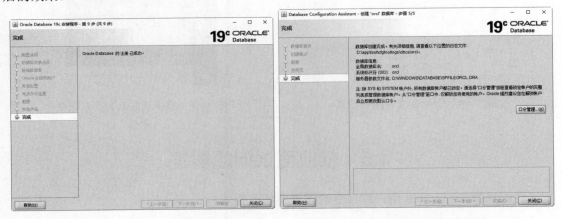

图 1-46　Oracle 19c 安装完成后的效果　　　　图 1-47　数据库 orcl 创建完成后的效果

第 2 章

掌握 Oracle 管理工具

Oracle 数据库中常用的管理工具包括 SQL Developer 工具与 SQL Plus 工具。SQL Developer 是以图形化方式管理数据库数据的工具，而 SQL Plus 是与 Oracle 进行交互的客户端工具，在 SQL Plus 中，可以运行 SQL Plus 命令和 SQL 语句，本章就来介绍 Oracle 的管理工具。

2.1 SQL Developer 管理工具

SQL Developer 是针对 Oracle 数据库的交互式开发环境(IDE)。使用 SQL Developer 可以浏览数据库对象、运行 SQL 语句和脚本、编辑和调试 PL/SQL 语句等。

2.1.1 认识 SQL Developer 工具

Oracle SQL Developer 是 Oracle 公司出品的一个免费集成开发环境，该工具简化了 Oracle 数据库的开发和管理操作。SQL Developer 提供了 PL/SQL 程序的端到端开发、运行查询工作表的脚本、管理数据库的 DBA 控制台、报表接口、完整的数据建模解决方案，并且能够支持将第三方数据库迁移至 Oracle。

要想使用 SQL Developer 工具管理 Oracle 数据库，首先要下载并安装 SQL Developer 工具，具体操作步骤如下。

01 在地址栏中输入 SQL Developer 工具的下载地址：https://www.oracle.com/tools/downloads/sqldev-v192-downloads.html，进入下载页面，如图 2-1 所示。

02 选择适合自己电脑的版本进行下载。这里选择第一项，包含 JDK8 安装包，如图 2-2 所示。

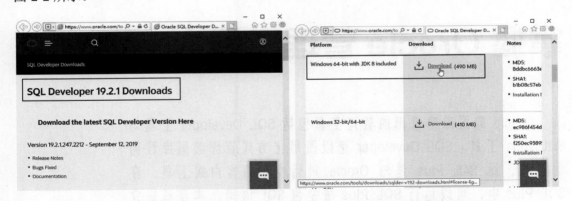

图 2-1 SQL Developer 下载页面　　　　　　图 2-2 选择需要下载的版本

03 下载完成后，直接解压进行安装即可。在解压包下找到 sqldeveloper.exe 双击启动，启动后默认只能连接 Oracle 数据库，如图 2-3 所示。

04 启动过程中会弹出【确认导入首选项】对话框，单击【否】按钮，如图 2-4 所示。

05 开始启动 SQL Developer，并显示启动进度，如图 2-5 所示。

06 启动完毕后，会弹出【Oracle 使用情况跟踪】对话框，选中【允许自动将使用情况报告给 Oracle】复选框，如图 2-6 所示。

07 单击【确定】按钮，即可进入 SQL Developer 工作界面，如图 2-7 所示。

图 2-3　启动 SQL Developer

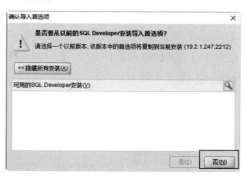

图 2-4　【确认导入首选项】对话框

图 2-5　SQL Developer 启动进度

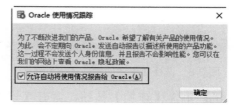

图 2-6　【Oracle 使用情况跟踪】对话框

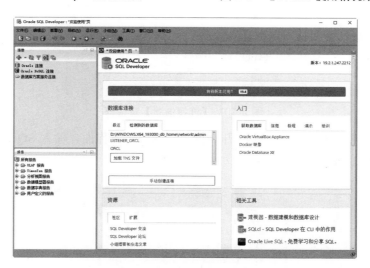

图 2-7　Oracle SQL Developer 工作界面

2.1.2　使用 SQL Developer 登录

启动 SQL Developer 工具后，还需要使用 SQL Developer 登录数据库，才能使用该工具管理 Oracle 数据库中的数据信息。具体操作步骤如下。

01 在 Oracle SQL Developer 窗口中，单击【连接】窗格中的下拉按钮，在弹出的下拉菜单中选择【新建数据库连接】命令，如图 2-8 所示。

02 打开【新建/选择数据库连接】对话框,输入连接名为"OracleConnect",设置【验证类型】为【默认值】,并输入用户名与密码,设置【角色】为 SYSDBA,设置【连接类型】为【基本】,设置【主机名】为 localhost,设置【端口】为 1521,设置 SID 为 orcl,如图 2-9 所示。

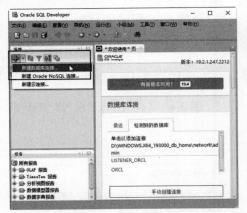

图 2-8 选择【新建数据库连接】命令　　　　图 2-9 【新建/选择数据库连接】对话框

03 单击【连接】按钮,打开【连接信息】对话框,在其中输入用户名与密码,如图 2-10 所示。

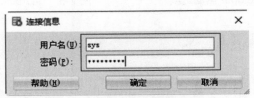

图 2-10 【连接信息】对话框

04 单击【确定】按钮,即可打开 SQL Developer 主界面,输入 SQL 命令,即可进行相关数据库文件的操作,如图 2-11 所示。

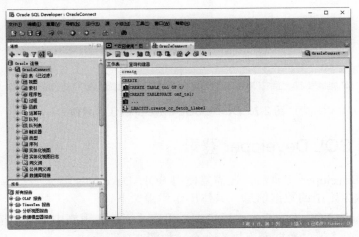

图 2-11 连接数据库后的 SQL Developer 主界面

第 2 章 掌握 Oracle 管理工具

2.2 SQL Plus 管理工具

SQL Plus 是与 Oracle 进行交互的客户端工具，借助 SQL Plus 可以查看和修改数据库记录。在 SQL Plus 中，可以运行 SQL Plus 命令与 SQL 语句。

2.2.1 认识 SQL Plus 工具

SQL Plus 是一个最常用的工具，具有很强的功能，主要功能如下。
(1) 维护数据库，如启动、关闭等，一般在服务器上操作。
(2) 执行 SQL 语句和 PL/SQL 程序。
(3) 执行 SQL 脚本。
(4) 导入和导出数据。
(5) 开发应用程序。
(6) 生成新的 SQL 脚本。
(7) 供应用程序调用。
(8) 用户管理及权限维护等。

SQL Plus 的运行界面如图 2-12 所示。

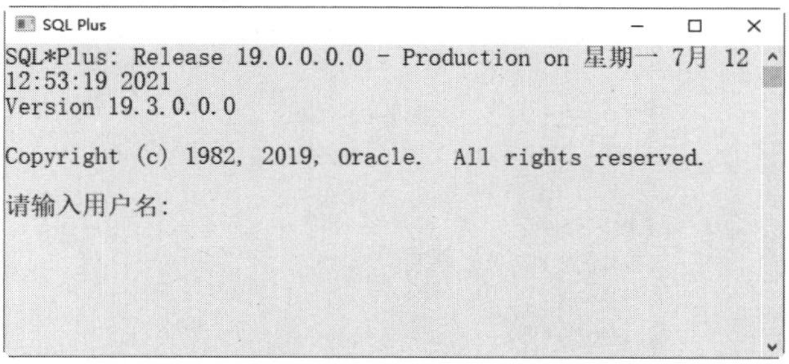

图 2-12 SQL Plus 运行界面

2.2.2 利用 SQL Plus 登录

利用 SQL Plus 登录数据库的操作步骤如下。

01 单击【开始】按钮，在弹出的菜单列表中选择 SQL Plus 命令，如图 2-13 所示。
02 打开 SQL Plus 窗口，输入用户名和口令，并按 Enter 键确认，如图 2-14 所示。

请输入用户名：sys
输入口令：安装时密码 as sysdba

当窗口中出现如图 2-14 所示的说明信息，命令提示符变为 "SQL>" 时，表明已经成功登录 Oracle 服务器，可以开始对数据库进行操作。

图 2-13　选择 SQL Plus 菜单命令

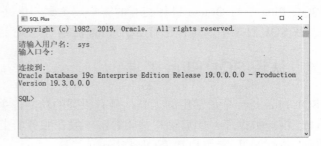

图 2-14　SQL Plus 窗口

2.3　常用的 SQL Plus 命令

SQL Plus 是一个工具(环境)，正如我们所看到的，可以用它来输入 SQL 语句。除此之外，为了有效地输入和编辑 SQL 语句，SQL Plus 还提供了一些常用的命令。

为演示使用 SQL Plus 命令的需要，下面创建数据表 emp，执行语句如下：

```
CREATE TABLE emp
(
  EMPNO              NUMBER(9)    NOT NULL,
  ENAME              VARCHAR2(10),
  JOB                VARCHAR2(10),
  MGR                NUMBER(4),
  SAL                NUMBER(7,2),
  COMM               NUMBER(7,2),
  DEPTNO             NUMBER(4)
);
```

显示结果如图 2-15 所示。

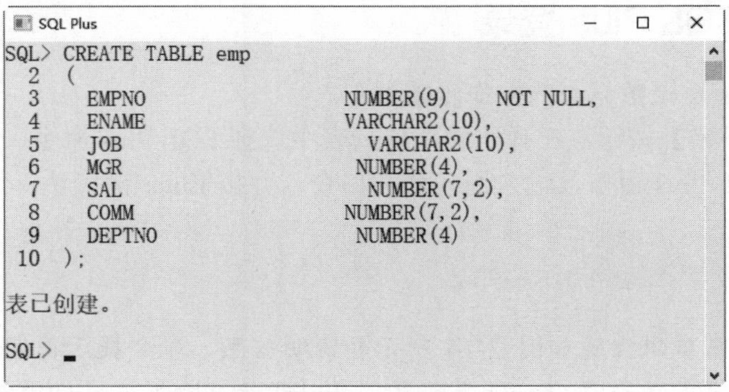

图 2-15　创建数据表 emp

在该数据表中插入记录，执行语句如下：

```
INSERT INTO emp (EMPNO,ENAME,JOB,MGR,SAL,DEPTNO) VALUES (101,'SMITH',
'CLERK',7902,3500,20);
INSERT INTO emp (EMPNO,ENAME,JOB,MGR,SAL,COMM,DEPTNO) VALUES
(102,'ALLEN', 'SALESMAN',7698, 2500,300,30);
INSERT INTO emp (EMPNO,ENAME,JOB,MGR,SAL,COMM,DEPTNO) VALUES (103,'WARD',
'SALESMAN',7692,2500,500,30);
INSERT INTO emp (EMPNO,ENAME,JOB,MGR,SAL,DEPTNO) VALUES (104,'JONE',
'MANAGER',7890,4500,20);
INSERT INTO emp (EMPNO,ENAME,JOB,MGR,SAL,COMM,DEPTNO) VALUES
(105,'MARTIN', 'SALESMAN',7689, 2500,1400,30);
INSERT INTO emp (EMPNO,ENAME,JOB,MGR,SAL,DEPTNO) VALUES (106,'BLAKE',
'MANAGER',7969, 4500,30);
INSERT INTO emp (EMPNO,ENAME,JOB,MGR,SAL,DEPTNO) VALUES (107,'CLARK',
'MANAGER',7888, 4500,10);
INSERT INTO emp (EMPNO,ENAME,JOB,MGR,SAL,DEPTNO) VALUES (108,'SCOTT',
'ANALYST',7588, 3800,20);
INSERT INTO emp (EMPNO,ENAME,JOB,SAL,DEPTNO) VALUES (109,'KING',
'PRESIDENT', 3500,10);
INSERT INTO emp (EMPNO,ENAME,JOB,MGR,SAL,COMM,DEPTNO) VALUES
(110,'TURNER', 'SALESMAN',7698, 3500,0,30);
INSERT INTO emp (EMPNO,ENAME,JOB,MGR,SAL,DEPTNO) VALUES (111,'ADAMS',
'CLERK',7788, 3500,20);
INSERT INTO emp (EMPNO,ENAME,JOB,MGR,SAL,DEPTNO) VALUES (112,'JAMES',
'CLERK',7698, 3500,30);
INSERT INTO emp (EMPNO,ENAME,JOB,MGR,SAL,DEPTNO) VALUES (113,'FORD',
'ANALYST',7566, 3800,20);
INSERT INTO emp (EMPNO,ENAME,JOB,MGR,SAL,DEPTNO) VALUES (114,'MILLER',
'CLERK',7782,3500,10);
```

然后执行查询数据记录，执行语句如下：

```
SELECT * FROM emp;
```

显示结果如图 2-16 所示。

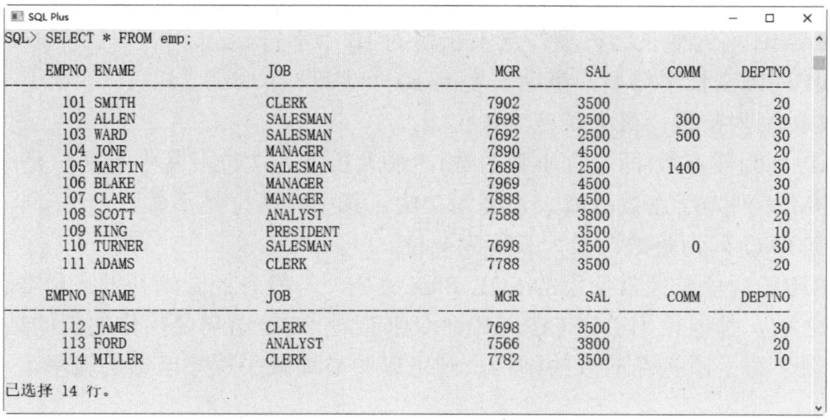
```
SQL> SELECT * FROM emp;

     EMPNO ENAME                JOB                         MGR        SAL       COMM     DEPTNO
---------- -------------------- -------------------- ---------- ---------- ---------- ----------
       101 SMITH                CLERK                      7902       3500                    20
       102 ALLEN                SALESMAN                   7698       2500        300         30
       103 WARD                 SALESMAN                   7692       2500        500         30
       104 JONE                 MANAGER                    7890       4500                    20
       105 MARTIN               SALESMAN                   7689       2500       1400         30
       106 BLAKE                MANAGER                    7969       4500                    30
       107 CLARK                MANAGER                    7888       4500                    10
       108 SCOTT                ANALYST                    7588       3800                    20
       109 KING                 PRESIDENT                             3500                    10
       110 TURNER               SALESMAN                   7698       3500          0         30
       111 ADAMS                CLERK                      7788       3500                    20

     EMPNO ENAME                JOB                         MGR        SAL       COMM     DEPTNO
---------- -------------------- -------------------- ---------- ---------- ---------- ----------
       112 JAMES                CLERK                      7698       3500                    30
       113 FORD                 ANALYST                    7566       3800                    20
       114 MILLER               CLERK                      7782       3500                    10

已选择 14 行。
```

图 2-16　查询数据记录

2.3.1　DESC[RIBE]命令

在操作数据表之前，了解数据表的结构是必要的。用户可以使用 DESC[RIBE]命令来实现，格式如下：

```
DESC[RIBE] tablename
```

其中，tablename 是要查看表结构的数据表名称。

 注意 SQL Plus 命令的结尾处可以不使用分号(;)。

实例 1 查看数据表 emp 的结构

查看数据表 emp 的结构，执行语句如下：

```
DESC emp
```

显示结果如图 2-17 所示。从显示结果可知，所谓一个表的结构，就是该表中包含了多少列，每一列的数据类型及其最大长度，以及该列是否为空(NULL)(也称为约束)。

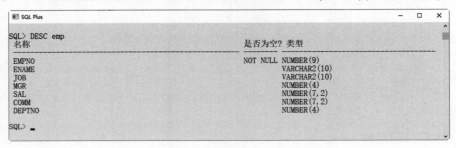

图 2-17 emp 表的结构

从图 2-17 显示的结果可知，emp 数据表中包含了 7 列，其中只有 EMPNO 列不能为空，各列的数据类型如下。

(1) EMPNO 列为整数，最大长度为 9 位。
(2) ENAME 列为变长字符型，最大长度为 10 个字符。
(3) JOB 列为变长字符型，最大长度为 10 个字符。
(4) MGR 列为整数，最大长度为 4 位。
(5) SAL 列为浮点数(即包含小数的数)，最大长度为 7 位，其中有两位是小数。
(6) COMM 列为浮点数，最大长度为 7 位，其中有两位是小数。
(7) DEPTNO 列为整数，最大长度为 4 位。

DESC[RIBE]命令是经常使用的 SQL Plus 命令，一般有经验的开发人员在使用 SQL 语句开发程序之前，都要使用 DESC[RIBE]命令来查看 SQL 语句要操作的表的结构，是因为开发人员如果了解了所操作的表的结构，则可以明显地减少程序出错的概率。

2.3.2 SET 命令

使用 SET 命令可以设置查询结果的格式，包括设置显示页的格式、每页之间间隔的格式、每行显示的字符数等。格式如下：

```
SET PAGESIZE/NEWPAGE/LINESIZE n
```

其中，PAGESIZE 用来设置显示页；NEWPAGE 用来设置每页之间的间隔；LINESIZE 用来设置每行字符数；n 表示对应设置的数量。比较常用的就是使用 SET 命令设置每行显示的字符数。

实例2 设置每行显示的字符数

Oracle 数据库默认每行显示的字符数为 80，如果使用以下 SQL 语句来显示 emp 表中所有的列，将会发现显示的结果很难看懂，执行语句如下：

```
SELECT * FROM emp;
```

显示结果如图 2-18 所示。

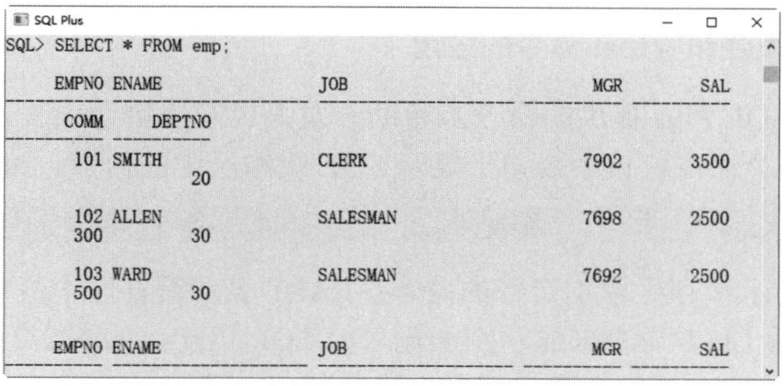

图 2-18　每行字符个数为 80 的显示效果

如果屏幕显示足够大，就可以使用 SET 命令将每行显示的字符个数设置为 100。执行语句如下：

```
SET LINESIZE 100;
```

此时，如果再重新运行以下 SQL 语句就会发现其显示输出好懂得多了，因为每一行数据都显示在同一行上，执行语句如下：

```
SELECT * FROM emp;
```

显示结果如图 2-19 所示。

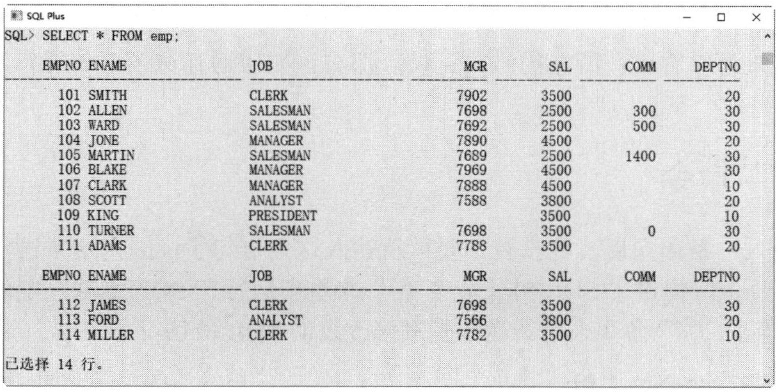

图 2-19　每行字符个数为 100 的显示效果

2.3.3 LIST 命令和 n text 命令

为了练习 SQL Plus 命令，输入以下 SQL 语句：

```
SELECT EMPNO,ENAME,JOB,SAL
FROM dept
WHERE SAL>=3500
ORDER BY JOB,SAL DESC;
```

图 2-20 错误显示效果

显示结果如图 2-20 所示。从显示结果可以看到第 2 行的语句是错误的，这是因为所有显示的列都在 emp 表中而不是在 dept 表中。

实例 3 LIST 命令和 n text 命令的应用

我们可以利用 SQL Plus 提供的命令来帮助开发人员发现错误或改正错误，其中最常用的命令之一就是 LIST 命令，该命令用于显示 SQL 缓冲区中的内容。格式如下：

```
LIST [n/LAST]
```

其中，n 表示显示缓存区中指定行的内容；LAST 表示缓存区中最后一行语句。

例如，可以使用 LIST 命令来显示刚刚输入的 SQL 语句，如图 2-21 所示。

接着，就可以使用 n text 命令来修改出错的部分，其中 n 为在 SQL 缓冲区中的 SQL 语句的行号，text 为替代出错部分的 SQL 语句。因为从 LIST 命令的显示得知是第 2 行出了错，所以现在输入如下命令来修改错误，如图 2-22 所示。

最后，再使用 LIST 命令来显示 SQL 缓冲区中的内容，以检查修改是否正确，如图 2-23 所示。

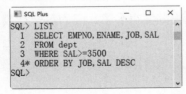　　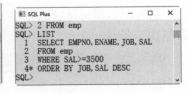

图 2-21 LIST 命令的应用　　图 2-22 修改错误代码　　图 2-23 显示修改后的代码

从显示结果可以看出，所做的修改无误，那么该如何运行这条语句呢？下面介绍"/"命令。

2.3.4 "/"命令

当已经输入一条语句后，就没有必要重新输入这条语句了，因为这条语句已经在 SQL 缓冲区中了。Oracle 提供了 SQL Plus 命令"/"来重新运行在 SQL 缓冲区中的 SQL 语句。于是，就可以输入"/"命令来重新运行刚刚修改过的 SQL 语句。

实例 4 "/"命令的应用

运行 SQL 缓冲区中的 SQL 语句，运行结果如图 2-24 所示。

第 2 章　掌握 Oracle 管理工具

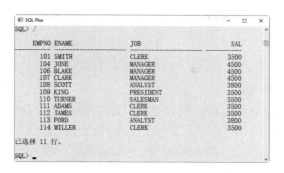

图 2-24　"/"命令的应用

2.3.5　n(设置当前行)和 Append(附加)命令

可以使用 n(设置当前行)命令和 Append(附加)命令修改 SELECT 子句。

实例 5　n(设置当前行)和 Append(附加)命令的应用

为练习 SQL Plus 命令，输入以下 SQL 语句来查询员工信息。

```
SELECT ENAME
FROM emp;
```

显示结果如图 2-25 所示。

从显示结果得知，SELECT 子句中忘了写入 JOB 和 SAL，这时又该如何修改 SELECT 子句呢？首先应使用 LIST 命令来显示 SQL 缓冲区中的内容，如图 2-26 所示。

从显示结果可以看出，2 后面的"*"表示第 2 行为当前行，而 SELECT ENAME 是 SQL 缓冲区中的第 1 行。为了在 ENAME 之后添加",JOB,SAL"，应该先把第 1 行设置为当前行。于是输入 1，该命令把第一行设置为当前行，如图 2-27 所示。

图 2-25　查询员工信息

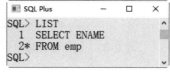

图 2-26　使用 LIST 命令

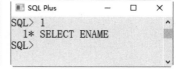

图 2-27　将第 1 行设置为当前行

注意

用 n 来指定第 n 行为当前行，这里 n 为自然数。那么如果想在第 1 行之前插入一行数据，又该怎么办呢？可以使用 0 text 在第 1 行之前插入一行数据。

接着使用 Append(附加)命令把",JOB,SAL"添加到 SELECT ENAME 之后。执行语句如下：

```
Append,JOB,SAL
```

显示结果如图 2-28 所示。

当以上附加命令执行完成之后，可以使用 LIST 命令来检查所做的修改是否正确。执行语句如下：

```
LIST
```

显示结果如图 2-29 所示。

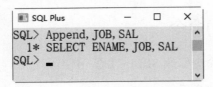 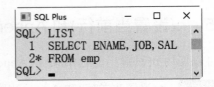

图 2-28　添加查询字段　　　　　　图 2-29　使用 LIST 命令检查修改是否正确

从显示结果得知，发现修改后的查询语句正是所希望的，再一次输入执行命令"/"来重新运行 SQL 缓冲区中的查询语句，就可以得到所需要的结果了，显示结果如图 2-30 所示。

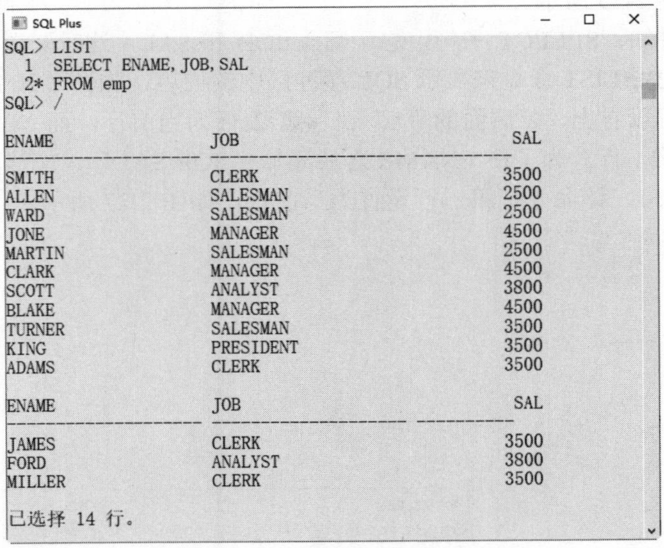

图 2-30　显示查询结果

2.3.6　DEL 命令

可以使用 DEL n 命令删除第 n 行。如果没有指定 n 就是删除当前行，同时也可以使用 DEL m n 命令删除从第 m 行到第 n 行的所有内容。

实例6 DEL 命令的应用

为练习 SQL Plus 命令，输入以下 SQL 语句来查询员工信息。执行语句如下：

```
SELECT EMPNO,ENAME,JOB,SAL
FROM emp
WHERE SAL>=3500
ORDER BY JOB,SAL DESC;
```

为了准确地确定所要删除行的行号，可以使用 LIST 命令查询执行语句的行号，如图 2-31 所示。

为了提高查询效果，这里决定删除 ORDER BY 子句，执行语句如下：

```
DEL 4
```

现在使用 LIST 命令来检查所做的操作是否成功，执行语句如下：

```
LIST
```

显示效果如图 2-32 所示。

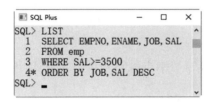

图 2-31 查询执行语句的行号

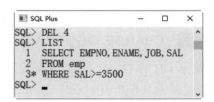

图 2-32 查询删除后的执行语句

从显示结果得知，已经成功地删除了 SQL 缓冲区中包含 ORDER BY 子句的第 4 行。此时，可以使用 "/" 命令运行该语句，如图 2-33 所示。

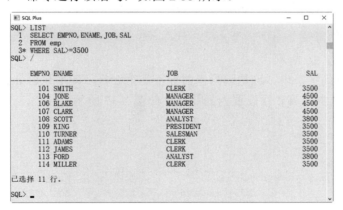

图 2-33 使用 "/" 命令

知识扩展：除了使用 DEL 命令删除指定行外，还可以删除缓冲区中的全部内容，执行语句如下：

```
CLEAR BUFFER;
```

显示结果如图 2-34 所示，从结果可以看出，缓冲区中的程序已经被全部删除了。

图 2-34 删除缓冲区中的内容

2.3.7 CHANGE 命令

可以使用 CHANGE 命令来修改 SQL 缓冲区中的语句，该命令是在当前行中用"新的正文"替代"原文"。格式如下：

```
Change / old text / new text
```

其中，old text 为需要被替换的内容；new text 为替换后的新内容。如果替换时没有输入 new text 的内容，则相当于把原来的字符串删除。

实例 7 CHANGE 命令的应用

为演示 CHANGE 命令的用法，可以在 SQL Plus 窗口中重新输入以下 SQL 语句：

```
SELECT EMPNO,ENAME,JOB,SAL
FROM dept
WHERE SAL>=3500
ORDER BY JOB,SAL DESC;
```

显示结果如图 2-35 所示。

下面使用 CHANGE 命令将 SQL 缓冲区中第 2 行的 dept 改为 emp，执行语句如下：

```
Change /dept/emp
```

显示结果如图 2-36 所示。

这里提示未找到字符串，这是因为当前行不是第 2 行，即不包含 dept。使用 SQL Plus 命令将 SQL 缓冲区中的第 2 行设置为当前行，如图 2-37 所示。

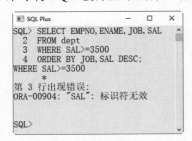
图 2-35 运行结果

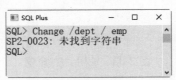
图 2-36 使用 CHANGE 命令

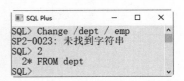
图 2-37 将第 2 行设置为当前行

再次使用 CHANGE 命令将 SQL 缓冲区中第 2 行的 dept 改为 emp，执行语句如下：

```
Change /dept/emp
```

显示结果如图 2-38 所示。

下面使用 LIST 命令来查看修改后的代码，如图 2-39 所示。

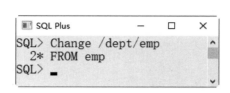
图 2-38　使用 CHANGE 命令

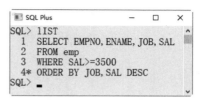
图 2-39　查看修改后的代码

接着使用"/"命令执行修改后的代码，即可显示查询出的结果，如图 2-40 所示。

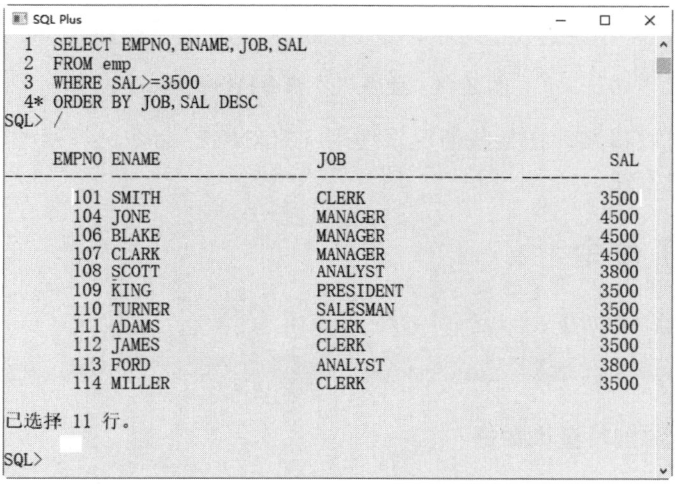

图 2-40　显示查询结果

如果想使输出的结果只按工资(SAL)由大到小排序，首先需要将 SQL 缓冲区中的第 4 行设置为当前行，如图 2-41 所示。

接着使用 CHANGE 命令将 JOB 从 SQL 缓冲区第 4 行中删除，如图 2-42 所示。

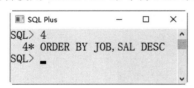
图 2-41　设置第 4 行为当前行

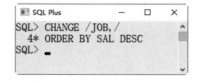
图 2-42　使用 CHANGE 命令

再使用 LIST 命令来验证一下修改是否成功，如图 2-43 所示。

图 2-43　查询代码修改是否成功

最后使用"/"命令来运行 SQL 缓冲区中的语句，如图 2-44 所示。

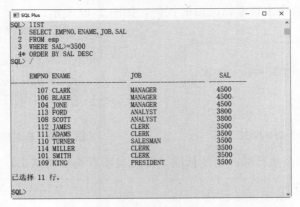

图 2-44 使用"/"命令执行代码

由以上操作可以得知，在某些情况下使用 CHANGE 命令进行修改或删除操作可能比使用其他的命令更方便。

2.3.8 INPUT 命令

添加行操作的命令如下：

```
INPUT text
```

实例 8　通过添加行查询数据

查询 emp 表中指定的字段，然后添加行，内容为 COMM 且条件不为空。

查询指定的字段，执行语句如下：

```
SELECT EMPNO,ENAME,COMM FROM emp;
```

显示结果如图 2-45 所示。

图 2-45 查看指定字段数据信息

添加行，执行语句如下：

```
INPUT WHERE COMM IS NOT NULL;
```

显示结果如图 2-46 所示。

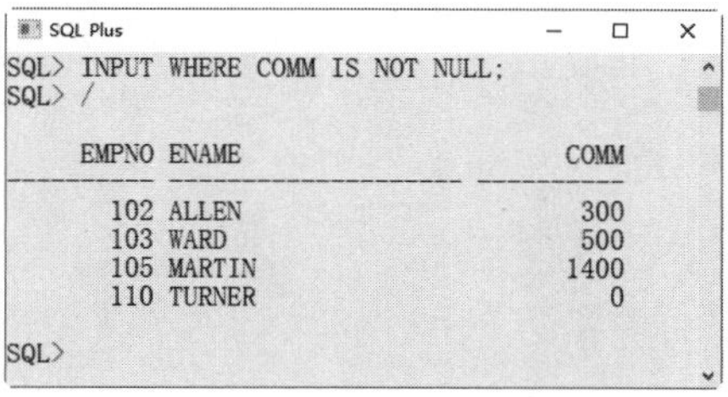

```
SQL> INPUT WHERE COMM IS NOT NULL;
SQL> /

     EMPNO ENAME                      COMM
---------- -------------------- ----------
       102 ALLEN                       300
       103 WARD                        500
       105 MARTIN                     1400
       110 TURNER                        0

SQL>
```

图 2-46　添加行后的查询结果

2.3.9　SPOOL 命令

在 SQL Plus 中经常需要把查询结果保存到文件中。使用 SPOOL 命令可以完成保存的操作，格式如下：

```
SPOOL filename
SPOOL OFF
```

其中，filename 为保存输出结果的文件名，扩展名为.sql，可以包含保存路径；SPOOL OFF 的作用是把查询结果写入指定文件中。

实例 9　把查询结果写入文件中

把查询结果写入 myrest.sql 文件中，执行语句如下：

```
SPOOL d:/myrest.sql
SELECT * FROM emp;
SPOOL OFF;
```

显示结果如图 2-47 所示。

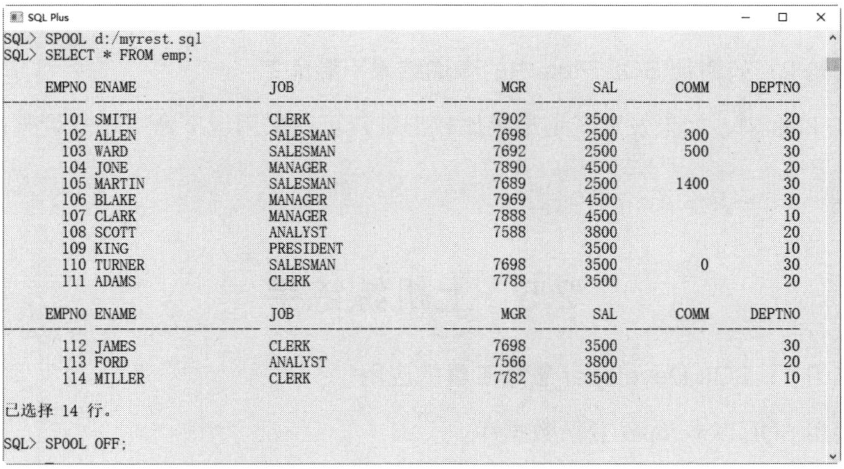

```
SQL> SPOOL d:/myrest.sql
SQL> SELECT * FROM emp;

     EMPNO ENAME                JOB                         MGR        SAL       COMM     DEPTNO
---------- -------------------- -------------------- ---------- ---------- ---------- ----------
       101 SMITH                CLERK                      7902       3500                    20
       102 ALLEN                SALESMAN                   7698       2500        300         30
       103 WARD                 SALESMAN                   7692       2500        500         30
       104 JONE                 MANAGER                    7890       4500                    20
       105 MARTIN               SALESMAN                   7689       2500       1400         30
       106 BLAKE                MANAGER                    7969       4500                    30
       107 CLARK                MANAGER                    7888       4500                    10
       108 SCOTT                ANALYST                    7588       3800                    20
       109 KING                 PRESIDENT                             3500                    10
       110 TURNER               SALESMAN                   7698       3500          0         30
       111 ADAMS                CLERK                      7788       3500                    20

     EMPNO ENAME                JOB                         MGR        SAL       COMM     DEPTNO
---------- -------------------- -------------------- ---------- ---------- ---------- ----------
       112 JAMES                CLERK                      7698       3500                    30
       113 FORD                 ANALYST                    7566       3800                    20
       114 MILLER               CLERK                      7782       3500                    10

已选择 14 行。

SQL> SPOOL OFF;
```

图 2-47　将查询结果写入 myrest.sql 文件

用记事本打开保存的文件 myrest.sql，内容如图 2-48 所示。

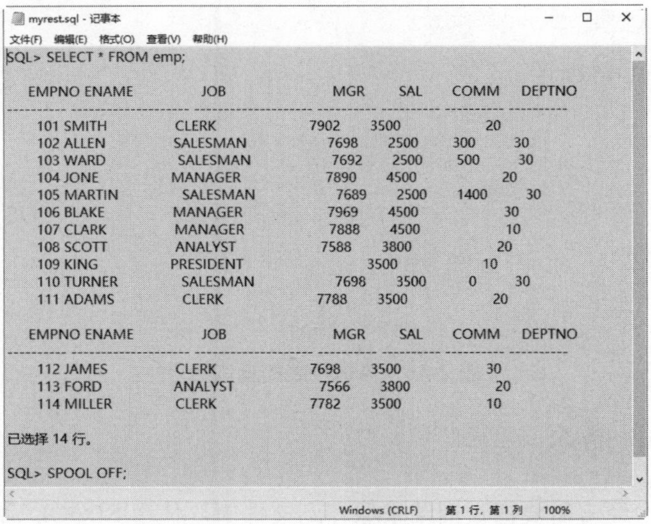

```
SQL> SELECT * FROM emp;

 EMPNO ENAME      JOB         MGR   SAL   COMM  DEPTNO
------ ---------- ---------- ----- ----- ----- -------
   101 SMITH      CLERK       7902  3500          20
   102 ALLEN      SALESMAN    7698  2500   300    30
   103 WARD       SALESMAN    7692  2500   500    30
   104 JONE       MANAGER     7890  4500          20
   105 MARTIN     SALESMAN    7689  2500  1400    30
   106 BLAKE      MANAGER     7969  4500          30
   107 CLARK      MANAGER     7888  4500          10
   108 SCOTT      ANALYST     7588  3800          20
   109 KING       PRESIDENT         3500          10
   110 TURNER     SALESMAN    7698  3500     0    30
   111 ADAMS      CLERK       7788  3500          20

 EMPNO ENAME      JOB         MGR   SAL   COMM  DEPTNO
------ ---------- ---------- ----- ----- ----- -------
   112 JAMES      CLERK       7698  3500          30
   113 FORD       ANALYST     7566  3800          20
   114 MILLER     CLERK       7782  3500          10

已选择 14 行。

SQL> SPOOL OFF;
```

图 2-48　打开 myrest.sql 文件

2.4　就业面试问题解答

面试问题 1：在书写 SQL 语句时，有什么书写规范？

在书写 SQL 语句时，不区分大小写，如 SELECT 与 select 都是允许的。但是关键字不能跨行书写，也不能缩写，比如 SELECT 不能写成 SEL。一个 SQL 语句可以有多行。

Oracle 推荐了书写 SQL 语句的规范，使用该规范会使得 SQL 语句更加容易阅读，并且容易区分 SQL 语句关键字和其他对象名。推荐的规范如下。

(1) SQL 语句的关键字要大写，对象名小写。

(2) 缩进对齐，这样便于阅读。

(3) 每个子句一行。

面试问题 2：如何让 SQL Plus 中的查询结果不混乱？

在 SQL Plus 中，如果发现查询结果比较混乱，可以采用以下命令进行调整：

```
SQL>set wrap off;
SQL>set linesize 180;
```

2.5　上机练练手

上机练习 1：SQL Developer 管理工具的应用

(1) 使用 SQL Developer 登录数据库。

(2) 在 SQL Developer 窗口中创建数据表 student。

(3) 在 SQL Developer 窗口中为数据表 student 插入数据。
(4) 在 SQL Developer 窗口中查询数据表 student。

上机练习 2：SQL Plus 管理工具的应用

(1) 使用 SQL Plus 连接指定数据库。
(2) 使用 SQL Plus 编辑命令查询数据记录。
(3) 使用 SQL Plus 格式化命令设置查看结果的格式。
(4) 使用 SQL Plus 命令输出查询结果到记事本。

第 3 章

数据库与数据表的基本操作

　　数据库是指长期存储在计算机内、有组织的、可共享的数据集合，其存储方式有特定的规律，这样可以方便地处理数据。数据库中的数据表与我们日常生活中使用的表格类似，由行和列组成。本章就来介绍数据库与数据表的基本操作。

3.1 数据库的基本操作

Oracle 安装好以后，用户可以创建、登录和删除数据库。本节就来介绍数据库的基本操作。

3.1.1 创建数据库

安装完 Oracle 数据库系统后，需要创建数据库实例才能真正开始使用 Oracle 数据库服务。Oracle 19c 安装过程中已经创建了名称为 orcl 的数据库。用户也可以在安装完成后重新创建数据库，具体操作步骤如下。

01 依次选择【开始】→Oracle OraDB19Home1→Database Configuration Assistant 菜单命令，如图 3-1 所示。

02 打开【选择数据库操作】设置界面，选中【创建数据库】单选按钮，如图 3-2 所示。

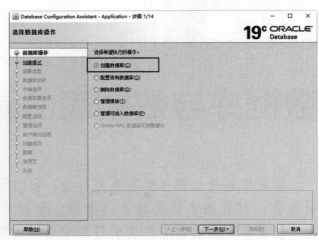

图 3-1 选择 Database Configuration Assistant 菜单命令

图 3-2 【选择数据库操作】设置界面

03 打开【选择数据库创建模式】设置界面，设置全局数据库的名称、设置数据库文件的位置、输入管理口令和 Oracle 主目录用户口令，然后单击【下一步】按钮，如图 3-3 所示。

04 打开【概要】设置界面，查看创建数据库的详细信息，检查无误后，单击【完成】按钮，如图 3-4 所示。

05 系统开始自动创建数据库，并显示数据库的创建过程和创建的详细信息，如图 3-5 所示。

06 数据库创建完成后，打开【完成】设置界面，查看数据库创建的最终信息，单击【关闭】按钮即可完成数据库的创建操作，如图 3-6 所示。

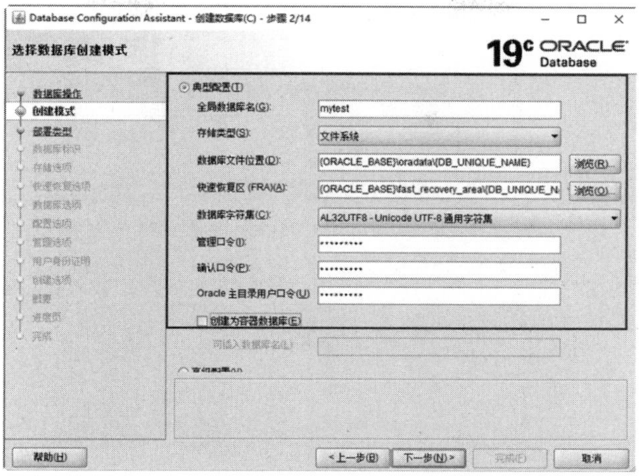

第 3 章 数据库与数据表的基本操作

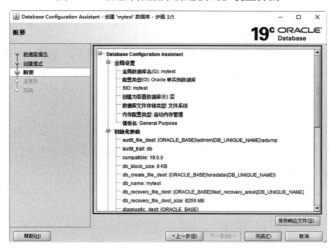

图 3-3 【选择数据库创建模式】设置界面

图 3-4 【概要】设置界面

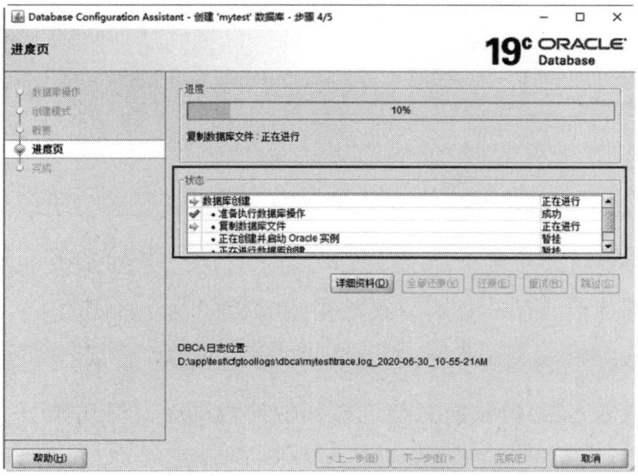

图 3-5 开始自动创建数据库

Oracle 数据库开发实用教程(第 2 版)(微课版)

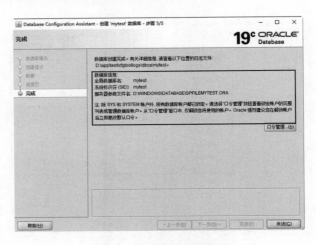

图 3-6 【完成】设置界面

3.1.2 登录数据库

当 Oracle 服务启动完成后，可以登录 Oracle 数据库了，前面章节已经介绍了两种方式，下面介绍第三种方式，即通过 DOS 窗口登录数据库。

1. 通过 DOS 窗口登录数据库

具体操作步骤如下。

01 单击【开始】按钮，在弹出的菜单中选择【运行】命令，打开【运行】对话框，在其中输入命令"cmd"，如图 3-7 所示。

02 单击【确定】按钮，打开 DOS 窗口，输入命令并按 Enter 键确认，如图 3-8 所示。

```
sqlplus "/as sysdba"
```

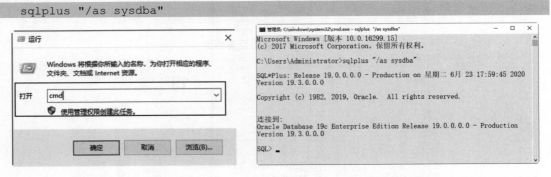

图 3-7 【运行】对话框　　　　　　图 3-8 DOS 窗口

当连接默认数据库后，用户还可以连接指定的数据库。格式如下：

```
SQL>connect username/password @Oracle net 名称
```

用户也可以在进入 SQL Plus 时直接连接其他的数据库，格式如下：

```
C:>sqlplus username/password @Oracle net 名称
```

例如，连接 mytest 数据库，可以执行以下语句：

```
connect scott/Password123 @Oracle net mytest
```

或执行以下语句：

```
C:>sqlplus scott/Password123 @Oracle net mytest
```

2. 使用 scott 用户登录数据库

如果使用系统用户登录数据库，有一些操作是无法运行的，例如，在创建触发器时系统会提示"无法对 SYS 拥有的对象创建触发器"，这就需要改变登录用户了，具体的方法如下：

首先在 SQL Plus 窗口中输入以下语句：

```
alter user scott identified by 123456 account unlock;
```

执行结果如图 3-9 所示，提示"用户已更改"。

接着在 SQL Plus 窗口中输入以下语句：

```
conn scott/123456
```

执行结果如图 3-10 所示，提示"已连接"。这样就可以在普通用户下创建表，并对表创建触发器了。

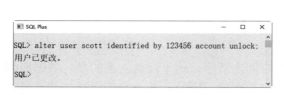
图 3-9　更改登录用户

图 3-10　连接数据库

如果当前 Oracle 数据库中不存在 scott 用户，那么上述操作就是无用的，这时就需要在当前数据库中创建一个名称为 scott 的用户，而且还必须为 scott 用户授予相应的权限，才能对触发器进行创建、修改以及删除等操作。具体操作方法如下。

首先以管理员身份登录 Oracle 数据库，执行代码如下：

```
请输入用户名: sys
输入口令:
连接到:
Oracle Database 19c Enterprise Edition Release 19.0.0.0.0 - Production
Version 19.3.0.0.0
SQL> show user;
USER 为 "SYS"
```

接着创建普通用户 scott，执行代码如下：

```
CREATE USER scott
IDENTIFIED BY 123456
PASSWORD EXPIRE;
```

下面为 scott 用户授予超级管理员权限，执行代码如下：

```
grant dba to scott;
```

为 scott 用户授予其他权限，执行代码如下：

```
grant create session to scott;  --赋予 create session 的权限
grant create table,create view,create trigger, create sequence,create
procedure to scott;--分配创建表，视图，触发器，序列，过程等权限
grant unlimited tablespace to scott; --授权使用表空间
```

下面就以 scott 普通用户登录 Oracle 数据库，执行代码如下：

```
请输入用户名:scott
输入口令：123456(这里是笔者设置的密码)
ERROR:
ORA-28001: the password has expired
更改 scott 的口令
新口令：
重新键入新口令：
口令已更改
连接到:
Oracle Database 19c Enterprise Edition Release 19.0.0.0.0 - Production
Version 19.3.0.0.0
```

这里重新设置 scott 用户的密码，口令更改成功后，就可以以 scott 用户登录到 Oracle 数据库了。

3.1.3 删除数据库

当不需要某个数据库后，可以将其从磁盘空间上清除，这里需要注意的是，数据库删除后，会连同数据库中的表和表中的所有数据均被删除。因此，在执行删除操作前，最好对数据库进行备份。下面介绍删除数据库的方法，具体操作步骤如下。

01 依次选择【开始】→Oracle OraDB19Home1→Database Configuration Assistant 菜单命令，打开【选择数据库操作】设置界面，选中【删除数据库】单选按钮，如图 3-11 所示。

02 打开【选择源数据库】设置界面，选择需要删除的数据，本实例选择 MYTEST 数据库，输入数据库管理员的名称和管理口令，单击【下一步】按钮，如图 3-12 所示。

图 3-11　【选择数据库操作】设置界面

图 3-12　【选择源数据库】设置界面

第 3 章　数据库与数据表的基本操作

03　打开【选择注销管理选项】设置界面，单击【下一步】按钮，如图 3-13 所示。

04　打开【概要】设置界面，查看删除数据库的详细信息，检查无误后，单击【完成】按钮，如图 3-14 所示。

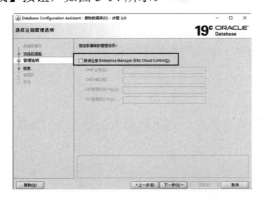
图 3-13　【选择注销管理选项】设置界面

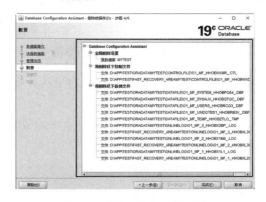
图 3-14　【概要】设置界面

05　弹出警告对话框，单击【是】按钮，如图 3-15 所示。

图 3-15　警告对话框

06　系统开始自动删除数据库，并显示数据库的删除过程和删除的详细信息，如图 3-16 所示。

07　删除数据库完成后，打开【完成】设置界面，单击【关闭】按钮即可完成数据库的删除操作，如图 3-17 所示。

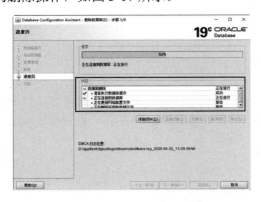
图 3-16　删除数据库的过程

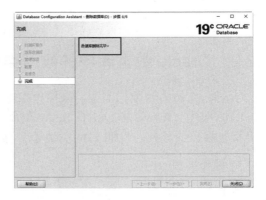
图 3-17　【完成】设置界面

注意　执行删除数据库时要非常谨慎，在执行该操作后，数据库中存储的所有数据表和数据也将一同被删除，而且不能恢复。

3.2 创建与查看数据表

在数据库中，数据表是数据库中最重要、最基本的操作对象，是数据存储的基本单位。数据表被定义为列的集合，数据在表中是按照行和列的格式来存储的。

3.2.1 创建数据表的语法形式

所谓创建数据表，就是在创建好的数据库中建立新表。创建数据表的语句为 CREATE TABLE，语法规则如下：

```
CREATE  TABLE <表名>
(
字段名 1 数据类型 [完整性约束条件],
字段名 2 数据类型 [完整性约束条件],
…
字段名 n 数据类型
);
```

主要参数介绍如下。
- 表名：表示要创建的数据表的名称。
- 字段名：数据表中列的名称。
- 数据类型：数据表中列的数据类型，如 VARCHAR、INTEGER、DECIMAL、DATE 等。
- 完整性约束条件：字段的某些特殊约束条件。

在使用 CREATE TABLE 创建表时，必须指定要创建的表的名称，名称不区分大小写，但是不能使用 SQL 语言中的关键字，如 DROP、ALTER、INSERT 等。另外，必须指定数据表中每个列(字段)的名称和数据类型，如果创建多个列，要用逗号隔开。

3.2.2 Oracle 数据库中的数据类型

Oracle 支持多种数据类型，按照类型来分，可以分为字符串类型、数值类型、日期类型、LOB 类型、RAW & LONG RAW 类型、ROWID & UROWID 类型。其中最常用的数据类型包括数值类型、日期/时间类型和字符串类型等。

1. 数值类型

数值类型主要用来存储数字，Oracle 提供了多种数值类型数据，不同的数据类型提供不同的取值范围，可以存储的值范围越大，其所需要的存储空间也会越大。如表 3-1 所示为 Oracle 的常用数值类型。

表 3-1　Oracle 常用数值类型

类型名称	描述
NUMBER(P,S)	数字类型，P 为整数位，S 为小数位
DECIMAL(P,S)	数字类型，P 为整数位，S 为小数位
INTEGER	整数类型，数值较小的整数
FLOAT	浮点数类型，NUMBER(38)，双精度
REAL	实数类型，NUMBER(63)，精度更高

Oracle 的数值类型主要通过 number(m,n)类型来实现。使用的语法格式如下：

`number(m,n)`

其中，m 的取值范围为 1～38，n 的取值范围为-84～127。

number(m,n)是可变长的数值列，允许是 0、正值及负值，m 是所有有效数字的位数，n 是小数点以后的位数。例如：

`number(5,2)`

则这个字段的最大值是 99.999，如果数值超出了位数限制就会被截取多余的位数。例如：

`number(5,2)`

若在一行数据中的这个字段输入 575.316，则真正保存到字段中的数值是 575.32。例如：

`number(3,0)`

输入 575.316，真正保存的数据是 575。对于整数，可以省略后面的 0，直接表示如下：

`number(3)`

2. 日期与时间类型

Oracle 中表示日期的数据类型，主要包括 DATE 和 TIMESTAMP。具体含义和区别如表 3-2 所示。

表 3-2　Oracle 常用日期与时间类型

类型名称	描述
DATE	日期(日-月-年)，DD-MM-YY(HH-MI-SS)，用来存储日期和时间，取值范围是公元前 4712 年到公元 9999 年 12 月 31
TIMESTAMP	日期(日-月-年)，DD-MM-YY(HH-MI-SS:FF3)，用来存储日期和时间，与 DATE 类型的区别就是显示日期和时间时更精确，DATE 类型的时间精确到秒，而 TIMESTAMP 的数据类型可以精确到小数秒，TIMESTAMP 存放日期和时间还能显示上午、下午和时区

3. 字符串类型

字符串类型用来存储字符串数据,包括 CHAR、VARCHAR2、NVARCHAR2、NCHAR 和 LONG 五种,如表 3-3 所示。

表 3-3 Oracle 中字符串数据类型

类型名称	说　明	取值范围(字节)
CHAR	固定长度的字符串	0～2000
VARCHAR2	可变长度的字符串	0～4000
NVARCHAR2	根据字符集而定的可变长度字符串	0～1000
NCHAR	根据字符集而定的固定长度字符串	0～1000
LONG	超长字符串	0～2GB

VARCHAR2、NVARCHAR2 和 LONG 类型是变长类型,对于其存储需求取决于列值的实际长度,而不是取决于类型的最大可能尺寸。例如,一个 VARCHAR2(10)列能保存最大长度为 10 个字符的字符串。

4. 其他数据类型

除上面介绍的数值类型、日期与时间类型和字符串类型外,Oracle 还支持其他数据类型,如表 3-4 所示。

表 3-4 Oracle 支持的其他数据类型

类　型	含　义	存储描述
RAW	固定长度的二进制数据	最大长度为 2000bytes
LONG RAW	可变长度的二进制数据	最大长度为 2G
BLOB	二进制数据	最大长度为 4G
CLOB	字符数据	最大长度为 4G
NCLOB	根据字符集而定的字符数据	最大长度为 4G
BFILE	存放在数据库外的二进制数据	最大长度为 4G
ROWID	数据表中记录的唯一行号	10bytes
UROWID	二进制数据表中记录的唯一行号	最大长度为 4000bytes

3.2.3 创建不带约束条件的数据表

在了解了创建数据表的语法规则后,就可以使用 CREATE 语句创建数据表了。不过,在创建数据表之前,需要弄清楚表中的字段名和数据类型。

实例 1 创建数据表 student

假如在 Oracle 数据库中创建一个数据表,名称为 student,用于保存学生信息,表的字段名和数据类型如表 3-5 所示。

第 3 章 数据库与数据表的基本操作

表 3-5 student 数据表的结构

字段名称	数据类型	备注
sid	NUMBER(10)	学号
sname	VARCHAR2(4)	名称
sex	VARCHAR2(2)	性别
smajor	VARCHAR2(10)	专业
sbirthday	VARCHAR2(10)	出生日期

首先登录数据库实例 orcl，打开 SQL Plus 工具，执行语句如下：

```
sys;
创建数据库 orcl 时的密码 as sysdba;
```

显示结果如图 3-18 所示，当出现"SQL>"时表示已经登录到数据库实例 orcl 中了。

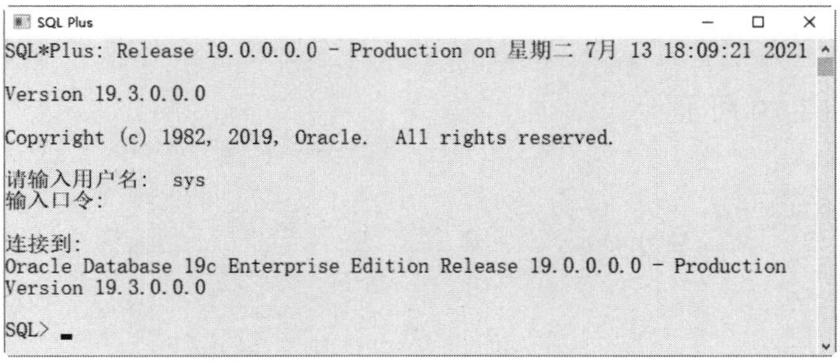

图 3-18 登录到数据库实例 orcl

然后开始创建数据表 student，执行语句如下：

```
CREATE TABLE student
(
sid        NUMBER(10),
sname      VARCHAR2(4),
sex        VARCHAR2(2),
smajor     VARCHAR2(10),
sbirthday  VARCHAR2(10)
);
```

显示结果如图 3-19 所示，这里已经创建了一个名称为 student 的数据表。

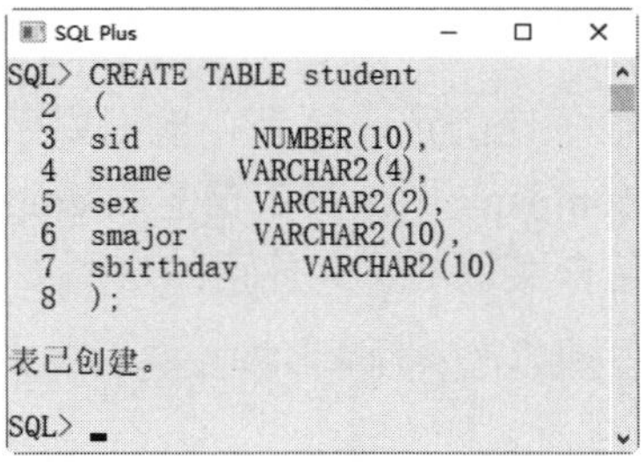

图 3-19 创建数据表 student

3.2.4 查看数据表的结构

数据表创建完成后,我们可以查看数据表的结构,以确认表的定义是否正确。使用 DESCRIBE/DESC 语句可以查看表字段信息,其中包括字段名、字段数据类型、是否为主键、是否有默认值等。语法规则如下:

```
DESCRIBE 表名;
```

或者简写为:

```
DESC 表名;
```

其中,表名为需要查看数据表结构的表的名称。

实例 2　查看数据表 student 的结构

使用 DESCRIBE 或 DESC 查看 student 表的结构。执行语句如下:

```
DESC student;
```

执行结果如图 3-20 所示。

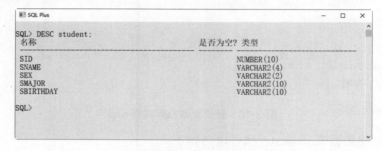

图 3-20　查看表结构

3.3　修改数据表

数据表创建完成后,还可以根据实际需要对数据表进行修改,例如修改表名、字段数据类型、字段名等。

3.3.1　修改数据表的名称

表名可以在一个数据库中唯一地确定一张表,数据库系统通过表名来区分不同的表。例如,在公司管理系统数据库 company 中,员工信息表 emp 是唯一的。在 Oracle 中,修改表名是通过 ALTER TABLE 语句来实现的,具体语法规则如下:

```
ALTER TABLE <旧表名> RENAME TO <新表名>;
```

主要参数介绍如下。
- 旧表名:表示修改前的数据表名称。
- 新表名:表示修改后的数据表名称。

- TO：可选参数，其是否在语句中出现，不会影响执行结果。

实例 3 修改数据表 student 的名称

修改数据表 student 的名称为 student_01。执行修改数据表名称操作之前，使用 DESC 查看 student 数据表。

```
DESC student;
```

显示结果如图 3-21 所示。

使用 ALTER TABLE 将表 student 改名为 student_01，执行语句如下：

```
ALTER TABLE student RENAME TO student_01;
```

显示结果如图 3-22 所示。

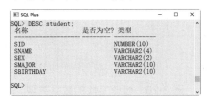

图 3-21 查看数据表

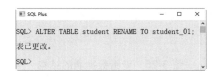

图 3-22 修改数据表的名称

检验表 student 是否改名成功，使用 DESC 查看 student 数据表，结果如图 3-23 所示，提示用户 student 对象已经不存在。

使用 DESC 查看 student_01 数据表，执行语句如下：

```
DESC student_01;
```

显示结果如图 3-24 所示，表示数据表的名称修改成功。

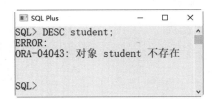

图 3-23 查看数据表 student

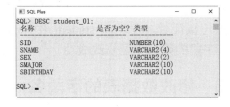

图 3-24 查看数据表 student_01

3.3.2 修改字段数据类型

修改字段的数据类型，就是把字段的数据类型转换成另一种数据类型。在 Oracle 中修改字段数据类型的语法规则如下：

```
ALTER TABLE <表名>MODIFY<字段名> <数据类型>
```

主要参数介绍如下。
- 表名：指要修改数据类型的字段所在表的名称。
- 字段名：指需要修改的字段。
- 数据类型：指修改后字段的新数据类型。

实例 4 修改 student 表中的"名称"字段数据类型

将数据表 student 中 sname 字段的数据类型由 VARCHAR2(4)修改成 VARCHAR2(6)。执行修改字段数据类型操作之前，使用 DESC 查看 student 表的结构，执行语句如下：

```
DESC student;
```

显示结果如图 3-25 所示。可以看到现在 sname 字段的数据类型为 VARCHAR2(4)，下面修改数据类型。执行语句如下：

```
ALTER TABLE student MODIFY sname VARCHAR2(6);
```

显示结果如图 3-26 所示。

图 3-25 查看数据表的结构

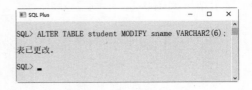

图 3-26 修改字段的数据类型

再次使用 DESC 查看表，结果如图 3-27 所示。

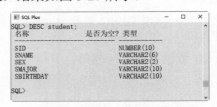

图 3-27 查看修改后的字段数据类型

语句执行后，发现表 student 中 sname 字段的数据类型已经修改成 VARCHAR2(6)，sname 字段的数据类型修改成功。

3.3.3 修改数据表的字段名

数据表中的字段名称定义好后，不是一成不变的，我们可以根据需要对字段名称进行修改。Oracle 中修改数据表字段名的语法格式如下：

```
ALTER TABLE <表名> RENAME COLUMN <旧字段名> TO <新字段名>;
```

主要参数介绍如下。
- 表名：指要修改的字段名所在的数据表。
- 旧字段名：指修改前的字段名。
- 新字段名：指修改后的字段名。

实例 5 修改 student 表中的名称字段的名称

将数据表 student 中的 sname 字段名称改为 new_sname，执行语句如下：

```
ALTER TABLE student RENAME COLUMN sname TO new_sname;
```

执行结果如图 3-28 所示。

使用 DESC 查看表 student，会发现字段名称已经修改成功，结果如图 3-29 所示，从结果可以看出，sname 字段的名称已经修改为 new_sname。

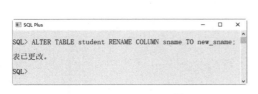

图 3-28 修改数据表字段的名称

图 3-29 查看修改后的字段名称

注意

由于不同类型的数据在机器中存储的方式及长度并不相同，修改数据类型可能会影响到数据表中已有的数据记录。因此，当数据库中已经有数据时，不要轻易修改数据类型。

3.3.4 在数据表中添加字段

当数据表创建完成后，如果字段信息不能满足需要，还可以根据需要在数据表中添加新的字段。在 Oracle 中，添加新字段的语法格式如下：

```
ALTER TABLE <表名> ADD <新字段名> <数据类型>[约束条件];
```

主要参数介绍如下。
- 表名：要添加新字段的数据表名称。
- 新字段名：需要添加的字段名称。
- 约束条件：设置新字段的完整性约束条件。

实例 6 在 student 表中字段的最后添加一个新字段

在数据表 student 中添加一个字段 city，执行语句如下：

```
ALTER TABLE student ADD city VARCHAR2(8);
```

执行结果如图 3-30 所示。

使用 DESC 查看表 student，会发现在数据表的最后添加了一个名为 city 的字段，结果如图 3-31 所示。默认情况下，该字段放在最后一列。

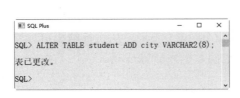

图 3-30 添加字段 city

图 3-31 查看添加的字段 city

实例 7 在 student 表中添加一个不能为空的新字段

在数据表 student 中添加一个 number 类型且不能为空的字段 age，执行语句如下：

```
ALTER TABLE student ADD age number(2) not null;
```

执行结果如图 3-32 所示。

使用 DESC 查看表 student，会发现在表的最后添加了一个名为 age 的 number(2)类型且不为空的字段，结果如图 3-33 所示。

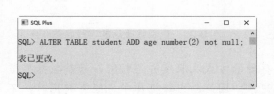

图 3-32 添加字段 age

图 3-33 查看添加的字段 age

3.4 删除数据表

对于不再需要的数据表，可以将其从数据库中删除。本节将详细讲解删除数据库中数据表的方法。

3.4.1 删除没有被关联的表

在 Oracle 中，使用 DROP TABLE 可以一次删除一个或多个没有被其他表关联的数据表。语法格式如下：

```
DROP TABLE [IF EXISTS]表1,表2,…表n;
```

主要参数介绍如下。
- 表 n：指要删除的表的名称，可以同时删除多个表，只需将删除的表名都写在后面，相互之间用逗号隔开。

实例 8 删除数据表 student

删除数据表 student，执行语句如下：

```
DROP TABLE student;
```

执行结果如图 3-34 所示。

使用 DESC 命令查看数据表 student，查看结果如图 3-35 所示。从执行结果可以看出，数据库中已经不存在名称为 student 的数据表了，说明数据表删除成功。

第 3 章 数据库与数据表的基本操作

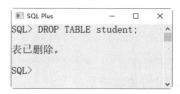

图 3-34 删除数据表 student

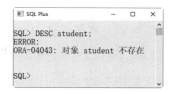

图 3-35 数据表删除成功

3.4.2 删除被其他表关联的主表

数据表之间存在外键关联的情况下，如果直接删除父表，结果会显示失败。原因是直接删除父表，将破坏表的参照完整性。如果必须要删除父表，可以先删除与它关联的子表，再删除父表，只有这样才能同时删除两个表中的数据。如果想要单独删除父表，只需将关联的表的外键约束条件取消，然后再删除父表即可。

实例 9 删除存在关联关系的数据表

在 Oracle 数据库中创建两个关联表。首先，创建表 tb_1，执行语句如下：

```
CREATE TABLE tb_1
(
id       NUMBER(2)   PRIMARY KEY,
name     VARCHAR2(4)
);
```

显示结果如图 3-36 所示。

接下来创建表 tb_2，执行语句如下：

```
CREATE TABLE tb_2
(
id       NUMBER(2)   PRIMARY KEY,
name     VARCHAR2(4),
age      NUMBER(2),
CONSTRAINT fk_tb_dt FOREIGN KEY (id) REFERENCES tb_1(id)
);
```

显示结果如图 3-37 所示。

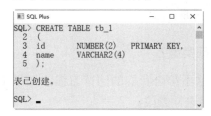

图 3-36 创建数据表 tb_1

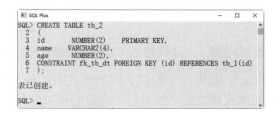

图 3-37 创建数据表 tb_2

下面直接删除父表 tb_1，输入删除语句如下：

```
DROP TABLE tb_1;
```

显示结果如图 3-38 所示。可以看到，如前面所述，在存在外键约束时，主表不能被直接删除。

接下来，解除关联子表 tb_2 的外键约束，执行语句如下：

```
ALTER TABLE tb_2 DROP CONSTRAINTS fk_tb_dt;
```

显示结果如图 3-39 所示，将取消表 tb_1 和 tb_2 之间的关联关系。

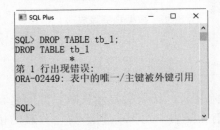

图 3-38　直接删除父表

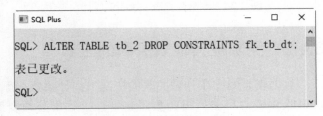

图 3-39　取消表的关联关系

此时，再次输入删除语句，将原来的父表 tb_1 删除，执行语句如下：

```
DROP TABLE tb_1;
```

显示结果如图 3-40 所示。

最后通过 DESC 语句查看数据表列表，执行语句如下：

```
DESC tb_1;
```

显示结果如图 3-41 所示。可以看到，数据表列表中已经不存在名称为 tb_1 的表。

图 3-40　删除父表 tb_1

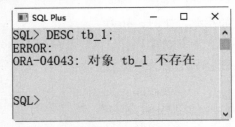

图 3-41　查看数据表 tb_1

3.5　就业面试问题解答

面试问题 1：如何修改 Oracle 数据库中的默认时间类型？

Oracle 数据库中的默认时间格式为"日月年"，这不符合我们的阅读习惯，如果想要把时间格式修改为"年月日"，这时可以使用如下语句进行修改。

```
ALTER SESSION SET NLS_DATE_FORMAT='yyyy-mm-dd';
```

面试问题 2：当删除数据库时，该数据库中的表和所有数据也会被删除吗？

在删除数据库时，会删除该数据库中所有的表和所有数据。因此，删除数据库一定要慎重考虑。如果确定要删除某个数据库，可以先将其备份起来，然后再进行删除。

3.6 上机练练手

上机练习 1：创建数据库 mytest，并登录该数据库

(1) 创建数据库 mytest。
(2) 在 DOS 窗口中登录数据库 mytest。
(3) 利用 SQL Plus 登录数据库 mytest。

上机练习 2：创建并修改数据表 employees

在 Oracle 数据库中，按照表 3-6 给出的表结构创建数据表 employees。

表 3-6 employees 表结构

字 段 名	数据类型
employeeNumber	NUMBER(11)
lastName	VARCHAR2(50)
firstName	VARCHAR2(50)
mobile	VARCHAR2(25)
officeCode	VARCHAR2(10)
jobTitle	VARCHAR2(50)
birth	DATE
note	VARCHAR2(255)
sex	VARCHAR2(5)

(1) 创建表 employees。
(2) 使用 DESC employees;语句查看数据库中的表。
(3) 将表 employees 的 birth 字段改名为 employee_birth。
(4) 使用 DESC employees;语句查看数据表修改后的结果。
(5) 修改 employees 表中的 sex 字段，数据类型为 VARCHAR2(4)。
(6) 使用 DESC employees;语句查看数据表修改后的结果。
(7) 在表 employees 中增加字段名 favoriate_activity，数据类型为 VARCHAR2(100)。
(8) 使用 DESC employees;语句查看增加字段后的数据表。
(9) 将表 employees 名称修改为 employees_info。
(10) 删除表 employees_info。

第 4 章

数据表的约束

　　数据表是数据库的实体,数据的容器。如果说数据库是一个仓库,那么数据表就是存放物品的货架,物品的分类管理是离不开货架的。本章就来介绍如何设置数据表的约束,主要包括主键约束、外键约束、非空约束等。

4.1 设置约束条件

在数据表中添加字段约束可以确保数据的准确性和一致性,即表内的数据不相互矛盾,表之间的数据不相互矛盾,关联性不被破坏。为此,我们可以为数据表的字段添加以下约束条件。

(1) 对列的控制,添加主键约束(PRIMARY KEY)、唯一性约束(UNIQUE)。

(2) 对列数据的控制,添加默认值约束(DEFAULT)、非空约束(NOT NULL)、检查约束(CHECK)。

(3) 对表之间及列之间关系的控制,添加外键约束(FOREIGN KEY)。

4.2 添加主键约束

主键,又称主码,是表中一列或多列的组合。主键约束(Primary Key Constraint)要求主键列的数据唯一,并且不允许为空。主键和记录之间的关系如同身份证和人之间的关系,它们之间是一一对应的。主键分为两种类型:单字段和多字段联合主键。

4.2.1 创建表时添加主键约束

如果主键包含一个字段,则所有记录的该字段值不能相同或为空值;如果主键包含多个字段,则所有记录的该字段组合不能相同,而单个字段值可以相同。一个表中只能有一个主键,也就是说只能有一个 PRIMARY KEY 约束。

数据类型为 IMAGE 和 TEXT 的字段列不能定义为主键。

创建表时创建主键的方法是在数据列的后面直接添加关键字 PRIMARY KEY,语法格式如下:

```
字段名 数据类型 PRIMARY KEY
```

主要参数介绍如下。

- 字段名:表示要添加主键约束的字段。
- 数据类型:表示字段的数据类型。
- PRIMARY KEY:表示所添加约束的类型为主键约束。

实例 1 给数据表添加单字段主键约束

在数据库管理系统中创建一个数据表 tb_emp,用于保存员工信息,并给员工编号添加主键约束,表的字段名和数据类型如表 4-1 所示。

表 4-1 员工信息表

编 号	字 段 名	数据类型	说 明
1	id	NUMBER(6)	编号
2	name	VARCHAR2(25)	姓名
3	sex	CHAR(2)	性别
4	age	NUMBER(2)	年龄
5	salary	NUMBER(9,2)	工资

定义数据表 tb_emp，为 id 创建主键约束。执行语句如下：

```
CREATE TABLE tb_emp
(
id      NUMBER(11)     PRIMARY KEY,
name    VARCHAR2(25),
sex     CHAR(2),
age     NUMBER(2),
salary  NUMBER(9,2)
);
```

显示结果如图 4-1 所示，即可完成创建数据表时添加单字段主键约束的操作。

除了可以在定义字段列时添加主键约束之外，我们还可以在定义完所有字段列之后添加主键，语法格式如下：

```
[CONSTRAINT<约束名>] PRIMARY KEY [字段名]
```

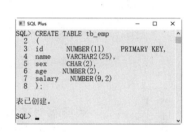

图 4-1 添加单字段主键约束

主要参数介绍如下。
- CONSTRAINT：创建约束的关键字。
- 约束名：设置主键约束的名称。

例如，定义数据表 tb_emp_01，为 id 创建主键约束。执行语句如下：

```
CREATE TABLE tb_emp_01
(
id      NUMBER(11),
name    VARCHAR2(25),
sex     CHAR(2),
age     NUMBER(2),
salary  NUMBER(9,2),
PRIMARY KEY(id)
);
```

显示结果如图 4-2 所示，即可完成创建数据表并在定义完所有字段列之后添加主键的操作。

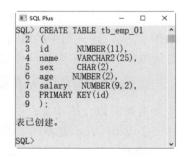

图 4-2 创建表时添加主键

4.2.2 修改表时添加主键约束

数据表创建完成后，如果还需要为数据表创建主键约束，那么不需要再重新创建数据表。我们可以使用 ALTER 语句为现有表添加主键约束。语法格式如下：

```
ALTER TABLE table_name
ADD CONSTRAINT 约束名 PRIMARY KEY (column_name1, column_name2,…)
```

实例 2 给现有数据表添加主键约束

定义数据表 tb_emp_02，创建完成之后，在该表中的 id 字段上创建主键约束。

首先创建数据表，执行语句如下：

```
CREATE TABLE tb_emp_02
(
id        NUMBER(11),
name      VARCHAR2(25),
sex       CHAR(2),
age       NUMBER(2),
salary    NUMBER(9,2)
);
```

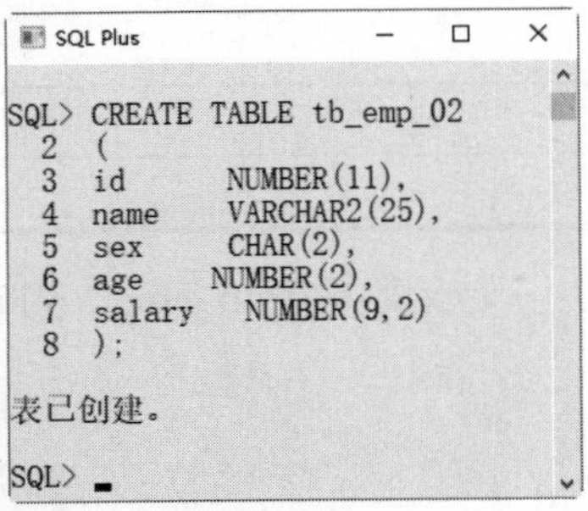

显示结果如图 4-3 所示，即可完成创建数据表的操作。

下面给 id 字段添加主键，执行语句如下：

```
ALTER TABLE tb_emp_02
ADD CONSTRAINT pk_id
PRIMARY KEY(id);
```

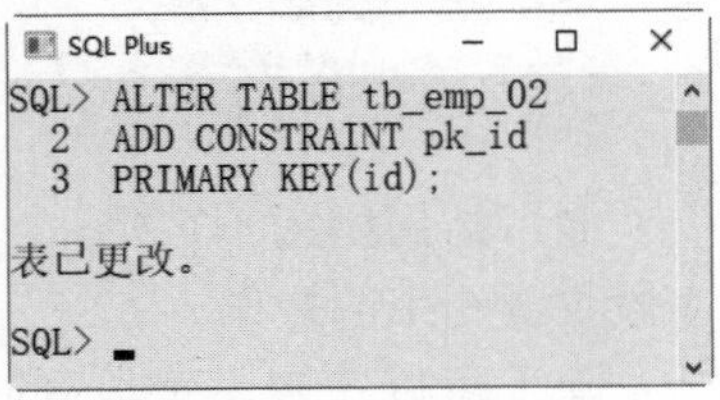

显示结果如图 4-4 所示，即可完成创建主键的操作。

图 4-3 创建数据表 tb_emp_02

图 4-4 修改表时添加主键

注意 数据表创建完成后，如果需要给某个字段创建主键约束，则该字段不允许为空，如果为空的话，在创建主键约束时会报错。

4.2.3 多字段联合主键约束

在数据表中，可以定义多个字段为联合主键约束，如果对多字段定义了 PRIMARY KEY 约束，则一列中的值可以重复，但 PRIMARY KEY 约束定义中所有列的任何值组合必须唯一。添加多字段联合主键约束的语法规则如下：

```
PRIMARY KEY[字段1,字段2,…,字段n]
```

主要参数介绍如下。

字段 n：表示要添加主键的多个字段。

实例 3 给数据表添加多字段联合主键约束

定义数据表 tb_emp_03，假设表中没有主键 id，为了唯一确定一个员工的信息，可以把 name、tel 联合起来作为主键。执行语句如下：

```
CREATE TABLE tb_emp_03
(
   name     VARCHAR2(25),
```

```
    tel      VARCHAR2(11),
    sex      CHAR(2),
    age      NUMBER(2),
    salary   NUMBER(9,2),
    PRIMARY KEY(name,tel)
);
```

显示结果如图 4-5 所示，即可完成数据表的创建以及联合主键约束的添加操作。

图 4-5　为表添加联合主键约束

4.2.4　删除表中的主键约束

当表中不需要指定 PRIMARY KEY 约束时，可以使用 DROP 语句将其删除。语法格式如下：

```
ALTER TABLE table_name
DROP PRIMARY KEY
```

主要参数介绍如下。
- table_name：要去除主键约束的表名。
- PRIMARY KEY：主键约束关键字。

实例 4　直接删除数据表中的主键约束

删除 tb_emp 表中定义的主键。执行语句如下：

```
ALTER TABLE tb_emp
DROP
PRIMARY KEY;
```

显示结果如图 4-6 所示，即可完成删除主键约束的操作。

实例 5　通过约束名称删除主键约束

如果知道数据表中主键约束的名称，我们还可以通过约束名称来删除主键约束，具体语法格式如下：

```
ALTER TABLE 数据表名称
DROP CONSTRAINTS 约束名称
```

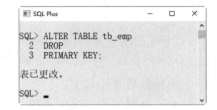

图 4-6　执行删除主键约束

删除数据表 tb_emp_02 的主键约束 pk_id，执行语句如下：

```
ALTER TABLE tb_emp_02
```

```
DROP CONSTRAINTS pk_id;
```

显示结果如图 4-7 所示，即可成功删除主键约束 pk_id。

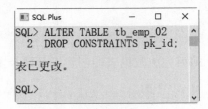

图 4-7 删除 tb_emp_02 表的主键约束

4.3 添加外键约束

外键用来在两个表的数据之间建立链接，它可以是一列或者多列。首先，应在被引用表的关联字段上创建 PRIMARY KEY 约束或 UNIQUE 约束，然后，在应用表的字段上创建 FOREIGN KEY 约束，从而创建外键。

4.3.1 创建表时添加外键约束

外键约束的主要作用是保证数据引用的完整性，定义外键后，不允许删除另一个表中具有关联的行。例如，部门表 tb_dept 的主键 id，在员工表 emp 中有一个键 deptId 与这个 id 关联。外键约束中涉及的数据表有主表与从表之分，具体介绍如下。

- 主表(父表)：对于两个具有关联关系的表，相关联字段中主键所在的那个表即是主表。
- 从表(子表)：对于两个具有关联关系的表，相关联字段中外键所在的那个表即是从表。

创建外键约束的语法规则如下：

```
CREATE TABLE table_name
(
col_name1  datatype,
col_name2  datatype,
col_name3  datatype
…
CONSTRAINT <外键名> FOREIGN KEY 字段名 1[,字段名 2,…字段名 n] REFERENCES
<主表名>主键列 1[,主键列 2,…]
);
```

主要参数介绍如下。

- 外键名：定义的外键约束的名称，一个表中不能有相同名称的外键。
- 字段名：表示从表需要创建外键约束的字段列，可以由多个列组成。
- 主表名：从表外键所依赖的表的名称。
- 主键列：应用表中的列名，也可以由多个列组成。

一个表可以有一个或者多个外键。外键对应的是参照完整性，一个表的外键可以为空值，若不为空值，则每一个外键值必须等于另一个表中主键的某个值。

实例 6 创建数据表的同时添加外键约束

定义数据表 tb_emp1，并且在该表中创建外键约束。首先创建一个部门表 tb_dept1，表的结构如表 4-2 所示。

表 4-2 tb_dept1 表的结构

字段名称	数据类型	备注
id	NUMBER(11)	部门编号
name	VARCHAR2(22)	部门名称
location	VARCHAR2(50)	部门位置

执行语句如下：

```
CREATE TABLE tb_dept1
(
id         NUMBER(11)   PRIMARY KEY,
name       VARCHAR2(22),
location   VARCHAR2(50)
);
```

显示结果如图 4-8 所示。

定义数据表 tb_emp1，让它的 deptId 字段作为外键关联到 tb_dept1 的主键 id，执行语句如下：

```
CREATE TABLE tb_emp1
(
id         NUMBER(11)   PRIMARY KEY,
name       VARCHAR2(25),
deptId     NUMBER(11),
salary     NUMBER(9,2),
CONSTRAINT fk_emp_dept1 FOREIGN KEY(deptId) REFERENCES tb_dept1(id)
);
```

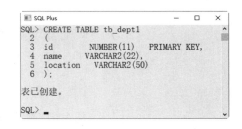

图 4-8 创建数据表 tb_dept1

图 4-9 创建 tb_emp1 表并添加外键约束

显示结果如图 4-9 所示。语句执行成功后，在表 tb_emp1 上添加了名称为 fk_emp_dept1 的外键约束，外键名称为 deptId，其依赖于表 tb_dept1 的主键 id。

 外键一般不需要与相应的主键名称相同，但是，为了便于识别，当外键与相应主键在不同的数据表中时，通常使用相同的名称。另外，外键不一定要与相应的主键在不同的数据表中，也可以在同一个数据表中。

4.3.2 修改表时添加外键约束

在创建表时如果没有添加外键约束，可以在修改表时为表添加外键约束。添加外键约束的语法格式如下：

```
ALTER TABLE table_name
ADD CONSTRAINTS fk_name FOREIGN KEY(col_name1, col_name2,…) REFERENCES
referenced_table_name(ref_col_name1, ref_col_name1,…)
ON DELETE CASCADE;
```

主要参数含义如下。
- CONSTRAINTS：创建约束的关键字。
- fk_name：设置外键约束的名称。
- FOREIGN KEY：表示所创建约束的类型为外键约束。

实例 7 在现有数据表中添加外键约束

假如在创建数据表 tb_emp1 时没有添加外键约束，但还需要在该表中添加外键约束，那么可以在 SQL Plus 窗口中执行如下语句：

```
ALTER TABLE tb_emp1
ADD CONSTRAINTS fk_emp_dept1 FOREIGN KEY(deptId)
REFERENCES tb_dept1(id)
ON DELETE CASCADE;
```

显示结果如图 4-10 所示。语句执行完成后，即为 tb_emp1 表的 deptId 字段添加了外键约束。

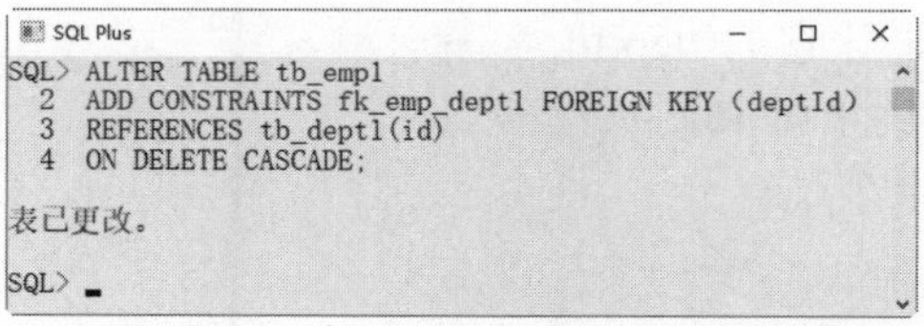

图 4-10 修改 tb_emp1 表并添加外键约束

4.3.3 删除表中的外键约束

当数据表中不需要使用外键时，可以将其删除，删除外键约束的方法和删除主键约束的方法相同，删除时指定外键名称。

通过 DROP 语句删除 FOREIGN KEY 约束的语法格式如下：

```
ALTER TABLE table_name
DROP CONSTRAINTS fk_name
```

主要参数介绍如下。
- table_name：要去除外键约束的表名。
- fk_name：外键约束的名字。

实例 8 删除 tb_emp1 表中的外键约束

执行语句如下：

```
ALTER TABLE tb_emp1
DROP CONSTRAINTS fk_emp_dept1;
```

显示结果如图 4-11 所示，即可成功删除 tb_emp1 表的外键约束。

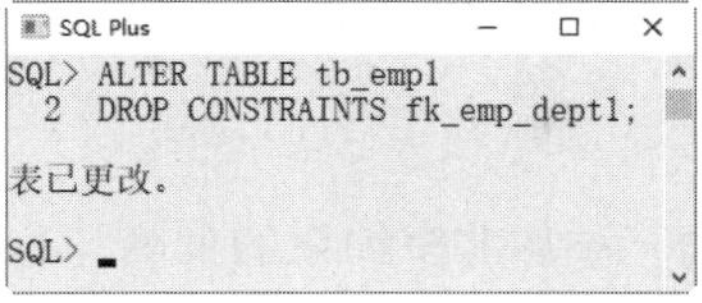

图 4-11　删除 tb_emp1 表的外键约束

4.4　添加非空约束

非空性是指字段的值不能为空值(NULL)。在 Oracle 数据库中，定义为主键的列，系统强制为非空约束。一张表中可以设置多个非空约束，它主要用来规定某一列必须要输入值，有了非空约束，就可以避免表中出现空值了。

4.4.1　创建表时添加非空约束

非空约束通常都是在创建数据表时创建，创建非空约束的操作很简单，只需要在列后添加 NOT NULL。对于设置了主键约束的列，就没有必要设置非空约束了。添加非空约束的语法格式如下：

```
CREATE TABLE table_name
(
COLUMN_NAME1  DATATYPE NOT NULL,
COLUMN_NAME2  DATATYPE NOT NULL,
COLUMN_NAME3  DATATYPE
…
);
```

实例 9　创建 tb_emp2 表时添加非空约束

定义数据表 tb_emp2，指定 name 不能为空，执行语句如下：

```
CREATE TABLE tb_emp2
(
    id       NUMBER(11) PRIMARY KEY,
    name     VARCHAR2(25) NOT NULL,
    deptId   NUMBER(11),
    salary   NUMBER(9,2),
    city     VARCHAR2(10)
);
```

显示结果如图 4-12 所示，即可完成创建非空约束的操作，这样 tb_emp2 表中的 name 字段的插入值不能为空 (NOT NULL)。

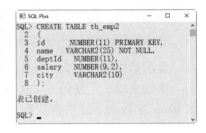

图 4-12　添加非空约束

4.4.2　修改表时创建非空约束

数据表创建完成后，可以通过修改表来创建非空约束，语法格式如下：

```
ALTER TABLE table_name
MODIFY col_name NOT NULL;
```

主要参数介绍如下。
- table_name：表名。
- col_name：列名，要为其添加非空约束的列名。
- NOT NULL：非空约束的关键字。

实例 10 给现有数据表添加非空约束

在现有 tb_emp2 表中，为 deptId 字段添加非空约束，执行语句如下：

```
ALTER TABLE tb_emp2
MODIFY deptId NOT NULL;
```

显示结果如图 4-13 所示，即可完成添加非空约束的操作。执行完成后，使用 DESC tb_emp2;语句即可看到该数据表的结构，如图 4-14 所示，可以看到字段 deptId 添加了非空约束。

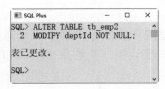

图 4-13　添加非空约束

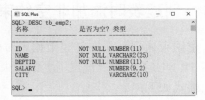

图 4-14　查看添加的非空约束

4.4.3　删除表中的非空约束

NOT NULL 约束的删除操作很简单，具体的语法格式如下：

```
ALTER TABLE table_name
MODIFY col_name NULL;
```

实例 11 删除 tb_emp2 表中的非空约束

在现有 tb_emp2 表中，删除姓名 name 字段的非空约束。执行语句如下：

```
ALTER TABLE tb_emp2 MODIFY name NULL;
```

显示结果如图 4-15 所示，即可完成删除 NOT NULL 约束的操作。

执行完成后，使用 DESC tb_emp2;语句即可看到该数据表的结构，在其中可以看到姓名 name 字段的非空约束被删除，也就是说该列允许为空值，如图 4-16 所示。

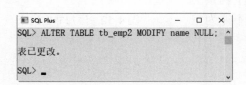

图 4-15　删除非空约束

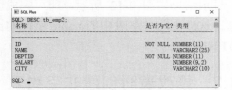

图 4-16　查看删除非空约束后的效果

4.5 添加唯一性约束

唯一性约束(Unique Constraint)要求列值唯一,允许为空,但只能出现一个空值。唯一性约束可以确保一列或者几列不出现重复值。

4.5.1 创建表时添加唯一性约束

在 Oracle 数据库中,创建唯一性约束比较简单,只需要在列的数据类型后面加上 UNIQUE 关键字就可以了。创建表时添加唯一性约束的语法格式如下:

```
CREATE TABLE table_name
(
COLUMN_NAME1   DATATYPE   UNIQUE,
COLUMN_NAME2   DATATYPE,
COLUMN_NAME3   DATATYPE
…
);
```

主要参数介绍如下。
UNIQUE:唯一性约束的关键字。

实例 12　给数据表添加唯一性约束

定义数据表 tb_emp3,将 name 字段设置为唯一性约束。执行语句如下:

```
CREATE TABLE tb_emp3
(
id        NUMBER(4)     PRIMARY KEY,
name      VARCHAR2(20)  UNIQUE,
tel       VARCHAR2(20) ,
remark    VARCHAR2(200)
);
```

显示结果如图 4-17 所示,即可完成添加唯一性约束的操作。

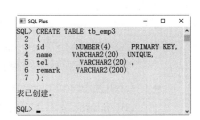

UNIQUE 和 PRIMARY KEY 的区别:一个表中可以有多个字段声明为 UNIQUE,但只能有一个 PRIMARY KEY 声明;声明为 PRIMAY KEY 的列不允许有空值,但是声明为 UNIQUE 的字段允许存在空值(NULL)。

图 4-17　添加 UNIQUE 约束

另外,在定义完所有列之后还可以指定唯一性约束,语法规则如下:

```
CREATE TABLE table_name
(
COLUMN_NAME1   DATATYPE,
COLUMN_NAME2   DATATYPE,
COLUMN_NAME3   DATATYPE
```

```
…
[CONSTRAINT <约束名>] UNIQUE(<字段名>)
);
```

例如，定义数据表 tb_emp4，将 name 字段设置为唯一性约束。执行语句如下：

```
CREATE TABLE tb_emp4
(
id        NUMBER(4)      PRIMARY KEY,
name      VARCHAR2(20),
tel       VARCHAR2(20),
remark    VARCHAR2(200),
CONSTRAINT STH UNIQUE(name)
);
```

显示结果如图 4-18 所示，即可完成添加唯一性约束的操作。

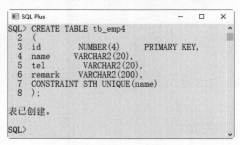

图 4-18　添加唯一性约束

4.5.2　修改表时添加唯一性约束

修改表时添加唯一性约束的方法只有一种，而且在添加唯一性约束时，需要保证添加唯一性约束的列中存放的值没有重复的。修改表时添加唯一性约束的语法格式如下：

```
ALTER TABLE table_name
ADD CONSTRAINT uq_name UNIQUE(col_name);
```

主要参数介绍如下。

- table_name：表名，它是要添加唯一性约束列所在的表的名称。
- CONSTRAINT uq_name：添加名为 uq_name 的约束。该语句可以省略，省略后系统会为添加的约束自动生成一个名字。
- UNIQUE(col_name)：唯一性约束的定义，UNIQUE 是唯一性约束的关键字，col_name 是添加唯一性约束的列名。如果想要同时为多个列设置唯一性约束，就要省略唯一性约束的名字，名字由系统自动生成。

实例 13　给现有数据表添加唯一性约束

给现有 tb_emp4 表的 tel 字段添加唯一性约束，执行语句如下：

```
ALTER TABLE tb_emp4
ADD CONSTRAINT uq_tel UNIQUE(tel);
```

显示结果如图 4-19 所示，即可完成添加唯一性约束的操作。

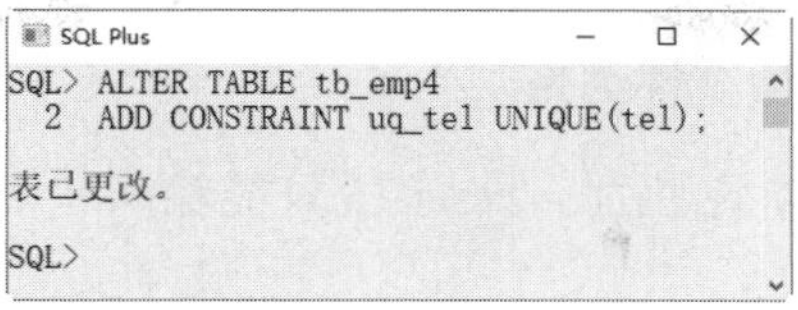

图 4-19　添加唯一性约束

4.5.3　删除表中的唯一性约束

删除唯一性约束的方法很简单，具体的语法格式如下：

```
ALTER TABLE table_name
DROP CONSTRAINTS uq_name;
```

主要参数介绍如下。
- table_name：表名。
- uq_name：添加的唯一性约束的名称。

实例 14　删除 tb_emp4 表中的唯一性约束

删除 tb_emp4 表中 tel 字段的唯一性约束，执行语句如下：

```
ALTER TABLE tb_emp4
DROP CONSTRAINTS uq_tel;
```

显示结果如图 4-20 所示，即可完成删除唯一性约束的操作。

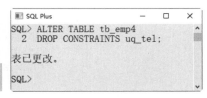

图 4-20　删除唯一性约束

4.6　添加检查性约束

添加检查性约束使用 CHECK 关键字，规定每一列能够输入的值，从而可以确保数值的正确性。例如，性别字段规定只能输入"男"或者"女"，此时可以用到检查性约束。

4.6.1　创建表时添加检查性约束

检查性约束的语法规则如下：

```
CREATE TABLE table_name
(
COLUMN_NAME1  DATATYPE  UNIQUE,
COLUMN_NAME2  DATATYPE,
COLUMN_NAME3  DATATYPE
…
CONSTRAINT 检查性约束名称 CHECK(检查条件)
);
```

实例 15 给数据表添加检查性约束

定义数据表 tb_emp5，指定性别 sex 字段只能输入"男"或者"女"，执行语句如下：

```
CREATE TABLE tb_emp5
(
    id      NUMBER(11)  PRIMARY KEY,
    name    VARCHAR2(25)  NOT NULL,
    sex     VARCHAR2(4),
    age     NUMBER(2),
    CONSTRAINT CHK_sex CHECK(sex='男' or sex='女')
);
```

显示结果如图 4-21 所示，为表 tb_emp5 上的字段 sex 添加了检查性约束，插入数据记录时只能输入"男"或者"女"。

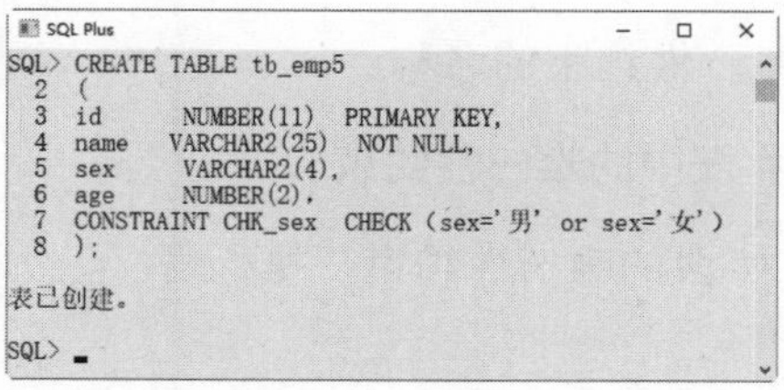

图 4-21 添加检查性约束

4.6.2 修改表时添加检查性约束

修改表时也可以添加检查性约束，语法格式如下：

```
ALTER TABLE 数据表名称
ADD CONSTRAINT 约束名称 CHECK(检查条件);
```

实例 16 给现有数据表添加检查性约束

为 tb_emp5 表上的字段 age 添加检查性约束，规定年龄输入值为 15～25。执行语句如下：

```
ALTER TABLE tb_emp5
ADD CONSTRAINT chk_age CHECK(age>=15 and age<=25);
```

显示结果如图 4-22 所示，为表 tb_emp5 上的字段 age 添加了检查性约束，插入数据记录时只能输入大于或等于 15 小于或等于 25 的数据。

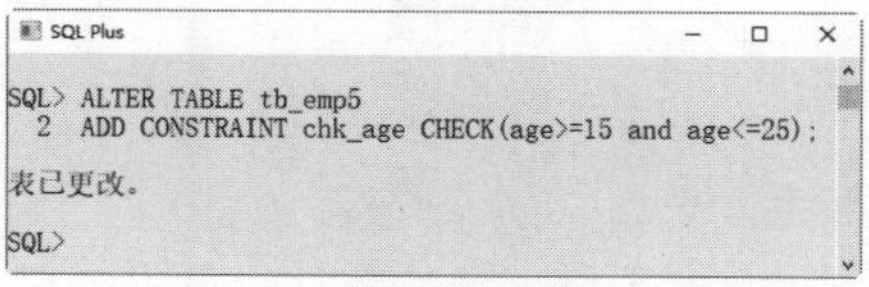

图 4-22 修改表时添加检查性约束

4.6.3 删除表中的检查性约束

对于不需要的检查性约束，可以将其删除，具体的语法格式如下：

```
ALTER TABLE 数据表名称
DROP CONSTRAINTS 约束名称；
```

实例 17　删除 tb_emp5 表中的检查性约束

删除数据表 tb_emp5 中的检查性约束 chk_age，执行语句如下：

```
ALTER TABLE tb_emp5
DROP CONSTRAINTS chk_age;
```

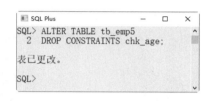

图 4-23　删除表中的检查性约束

显示结果如图 4-23 所示，即可完成删除检查性约束 chk_age 的操作。

4.7　添加默认约束

默认约束(Default Constraint)用于指定某列的默认值。注意，一个字段只有在不可为空的时候才能设置默认约束。

数据表的默认约束可以在创建表时添加，一般添加默认约束的字段有两种情况：一种是该字段不能为空；另一种是该字段添加的值总是某一个固定值。创建表时添加默认约束的语法格式如下：

```
CREATE TABLE table_name
(
COLUMN_NAME1  DATATYPE DEFAULT constant_expression,
COLUMN_NAME2  DATATYPE,
COLUMN_NAME3  DATATYPE
…
);
```

主要参数介绍如下。

- DEFAULT：默认约束的关键字，它通常放在字段的数据类型之后。
- constant_expression：常量表达式，该表达式可以是一个具体的值，也可以是一个通过表达式得到的值，但是，这个值必须与该字段的数据类型相匹配。

除了可以为表中的一个字段设置默认约束外，还可以为表中的多个字段同时设置默认约束。不过，一个字段只能设置一个默认约束。

实例 18　创建表的同时添加默认约束

定义数据表 tb_emp6，为 city 字段添加一个默认值"北京"，执行语句如下：

```
CREATE TABLE tb_emp6
(
```

```
    id       NUMBER(11)   PRIMARY KEY,
    name     VARCHAR2(25),
    deptId   NUMBER(11),
    salary   NUMBER(9,2),
    city     VARCHAR2(10)  DEFAULT '北京'
);
```

显示结果如图 4-24 所示，这样就为表 tb_emp6 上的字段 city 添加了一个默认值"北京"，新插入的记录如果没有指定城市信息，则都默认为"北京"。

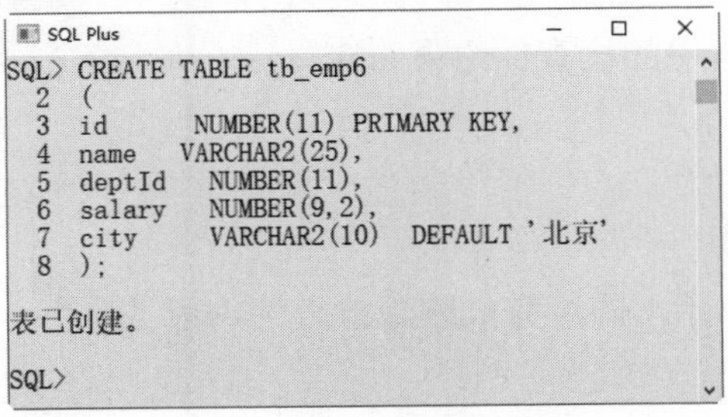

图 4-24 添加默认约束

4.8 设置表字段自增约束

在 Oracle 数据库设计中，会遇到需要系统自动生成字段的主键值的情况。例如用户表中需要 id 字段自增，这时可以通过设置主键的 GENERATED BY DEFAULT AS IDENTITY 关键字来实现。

默认地，在 Oracle 中自增值的初始值是 1，每新增一条记录，字段值自动加 1。一个表只能有一个字段使用自增约束，且该字段必须为主键的一部分。具体的语法格式如下：

```
CREATE TABLE table_name
(
COLUMN_NAME1  DATATYPE GENERATED BY DEFAULT AS IDENTITY,
COLUMN_NAME2  DATATYPE,
COLUMN_NAME3  DATATYPE
…
);
```

实例 19 设置表字段的自增约束

定义数据表 tb_emp7，指定 id 字段为自动递增，执行语句如下：

```
CREATE TABLE tb_emp7
(
    id       NUMBER(11)   GENERATED BY DEFAULT AS IDENTITY,
    name     VARCHAR2(25)  NOT NULL,
    price    NUMBER(11),
    place    VARCHAR2(25)
);
```

显示结果如图 4-25 所示。

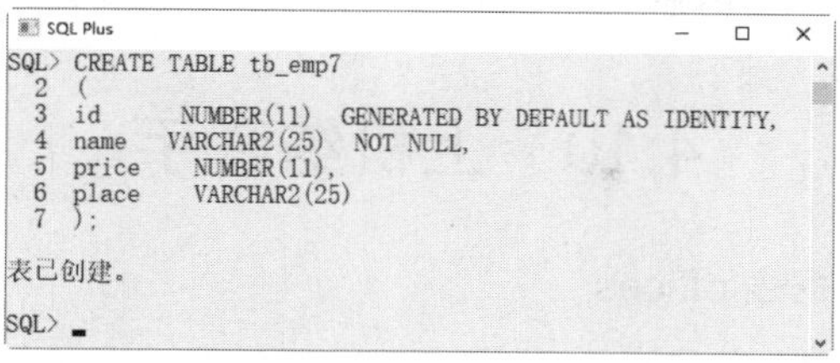

```
SQL Plus
SQL> CREATE TABLE tb_emp7
  2  (
  3  id        NUMBER(11)   GENERATED BY DEFAULT AS IDENTITY,
  4  name    VARCHAR2(25)   NOT NULL,
  5  price      NUMBER(11),
  6  place      VARCHAR2(25)
  7  );

表已创建。

SQL>
```

图 4-25　创建数据表 tb_emp7 并指定自增约束

这样，表 tb_emp7 中的 id 字段值在添加记录时会自动增加，在插入记录的时候，默认的自增字段 id 的值从 1 开始，每次添加一条新记录，该值自动加 1。

例如，在 SQL Plus 窗口中，执行如下语句：

```
INSERT INTO tb_emp7 (name) VALUES('黄瓜');
INSERT INTO tb_emp7 (name) VALUES('茄子');
```

显示结果如图 4-26 所示。语句执行完成后，tb_emp7 表中增加了 2 条记录，在这里并没有输入 id 的值，但系统已经自动添加该值。

使用 SELECT 命令查看记录，在 SQL Plus 窗口中，执行以下语句：

```
SELECT * FROM tb_emp7;
```

显示结果如图 4-27 所示。

```
SQL Plus
SQL> INSERT INTO tb_emp7 (name) VALUES('黄瓜');

已创建 1 行。

SQL> INSERT INTO tb_emp7 (name) VALUES('茄子');

已创建 1 行。

SQL>
```

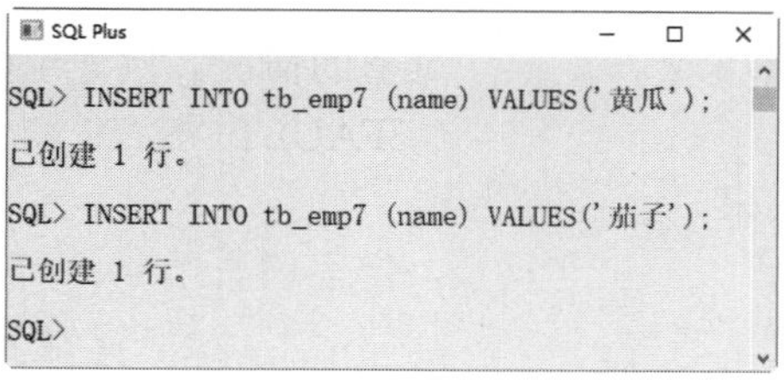

图 4-26　添加数据并自动增加 id 值

```
SQL Plus
SQL> SELECT * FROM tb_emp7;

        ID NAME                  PRICE PLACE
---------- ---------- ---------- --------------------
         1 黄瓜
         2 茄子

SQL>
```

图 4-27　查看数据表中添加的数据记录

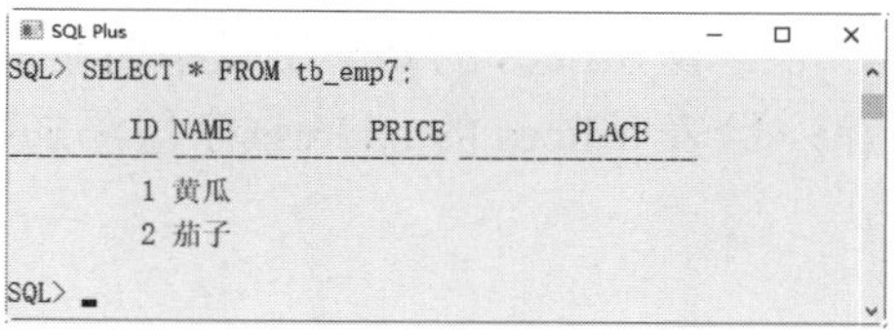

提示：这里使用 INSERT 声明向表中插入记录的方法，一次只能插入一行数据。如果想一次插入多行数据，需要使用 INSERT INTO....SELECT...子查询的方式。具体使用方法参考本书后面的章节。

4.9　就业面试问题解答

面试问题 1：主键约束与唯一性约束有什么区别？

一个表中可以有多个字段声明为唯一性约束，但只能有一个主键约束；声明为主键约束的列不允许有空值，但是声明为唯一性约束的字段允许空值(NULL)的存在。

面试问题 2：每一个表中都要有一个主键吗？

并不是每一个表中都需要主键，一般多个表之间进行连接操作时需要用到主键。因此，并不需要为每个表都建立主键。

4.10 上机练练手

上机练习 1：创建数据表 offices

在 Oracle 数据库中，按照表 4-3 给出的表结构创建数据表 offices。

表 4-3　offices 表结构

字段名	数据类型	主键	外键	非空	唯一	自增
officeCode	NUMBER(10)	是	否	是	是	否
city	NUMBER(11)	否	否	是	否	否
address	VARCHAR2(50)	否	否	否	否	否
country	VARCHAR2(50)	否	否	是	否	否
postalCode	VARCHAR2(25)	否	否	否	是	否

(1) 创建表 offices。
(2) 使用 DESC offices;语句查看数据表 offices。

上机练习 2：修改数据表 offices，并为其添加约束条件

(1) 给表 offices 的 officeCode 字段添加主键约束。
(2) 给表 offices 的 city 字段添加非空约束。
(3) 给表 offices 的 address 字段添加唯一性约束。

第 5 章

数据操作语言

数据操作语言实现对表中数据的各种操作,如向表中插入数据、删除一行数据或者更新表中的行数据。无论读者使用何种高级语言开发连接数据库的程序,数据操作语句的使用都是使用频率最高的。本章就来介绍数据操作语言,包括 INSERT 语句、UPDATE 语句和 DELETE 语句。

5.1 INSERT 语句

数据库与数据表创建完毕后，就可以向数据表中添加数据了，也只有数据表中有了数据，数据库才有意义。那么，如何向数据表中添加数据呢？在 Oracle 中，我们可以使用 INSERT 语句向数据表中插入数据。

5.1.1 给表里的所有字段插入数据

使用 INSERT 语句可以向数据表中添加数据，语法格式如下：

```
INSERT INTO table_name (column_name1, column_name2,…)
VALUES (value1, value2,…);
```

主要参数介绍如下。
- table_name：指定要插入数据的表的名称。
- column_name：可选参数，列名。用户需要向这些列插入数据，可以是一列，也可以是多列，如果向表中所有列插入一行数据，也可以不使用任何 column_name，但需要用户清楚知道该表中的列名和列的属性。
- value：值。指定每个列对应插入的数据。插入的值的数据类型必须和 column_name 的数据类型相匹配，多个值之间用逗号隔开。

向表中所有的字段同时插入数据，是一个比较常见的应用，也是 INSERT 语句形式中最简单的应用。在演示插入数据操作之前，需要准备一张数据表。这里创建一个 person 表，数据表的结构如表 5-1 所示。

表 5-1 person 表的结构

字段名称	数据类型	备注
id	NUMBER(2)	编号
name	VARCHAR2(10)	姓名
age	NUMBER(2)	年龄
info	VARCHAR2(10)	备注信息

根据表 5-1 的结构，创建 person 数据表，执行语句如下：

```
CREATE TABLE person
(
id      NUMBER(2)   GENERATED BY DEFAULT AS IDENTITY,
name    VARCHAR2(10)  NOT NULL,
age     NUMBER(2)    NOT NULL ,
info    VARCHAR2(10)  NULL,
PRIMARY KEY (id)
);
```

显示结果如图 5-1 所示，即可完成数据表的创建操作。执行完成后，使用 DESC person;语句可以查看数据表的结构，如图 5-2 所示。

第 5 章 数据操作语言

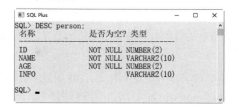

图 5-1 创建数据表 person　　图 5-2 查看数据表 person 的结构

实例 1 在 person 表中插入第 1 条记录

在 person 表中，插入一条新记录，id 值为 10，name 值为 Tom，age 值为 21，info 值为 NEW YORK。

执行插入操作之前，使用 SELECT 语句查看表中的数据，执行语句如下：

```
SELECT * FROM person;
```

显示结果如图 5-3 所示，显示当前表为空，没有数据。

接下来执行插入数据操作，执行语句如下：

```
INSERT INTO person (id ,name, age , info)
VALUES (10,'Tom', 21, 'NEW YORK');
```

显示结果如图 5-4 所示。

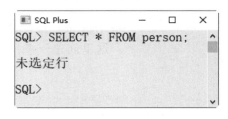 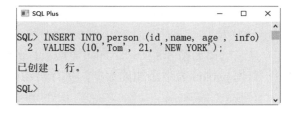

图 5-3 查询数据表为空　　图 5-4 插入一条数据记录

语句执行完毕，查看插入数据的执行结果，执行语句如下：

```
SELECT * FROM person;
```

显示结果如图 5-5 所示。可以看到插入记录成功，在插入数据时，指定了 person 表的所有字段，因此将为每一个字段插入新的值。

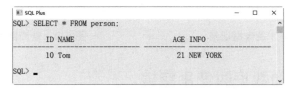

图 5-5 查询插入的数据记录

实例 2 在 person 表中插入第 2 条记录

INSERT 语句后面的列名称可以不按照数据表定义时的顺序安排，只需要保证值的写入顺序与列字段的写入顺序相同即可。在 person 表中，插入第 2 条新记录，执行语句

如下:

```
INSERT INTO person (name, id, age , info)
   VALUES ('Sam',11,19, 'BOSTON');
```

显示结果如图 5-6 所示,即可完成数据的插入操作。

查询 person 表中添加的数据,执行语句如下:

```
SELECT * FROM person;
```

显示结果如图 5-7 所示,即可完成数据的查看操作,并显示查看结果。

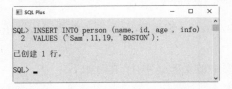
图 5-6　插入第 2 条数据记录

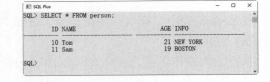
图 5-7　查询插入的数据记录

实例3　在 person 表中插入第 3 条记录

使用 INSERT 语句插入数据时,允许插入的字段列表为空,此时,值列表中需要为表的每一个字段指定值,并且值的写入顺序必须和数据表中字段定义时的顺序相同。在 person 表中,插入第 3 条新记录,执行语句如下:

```
INSERT INTO person
   VALUES (12,'Rose',19, 'DALLAS');
```

显示结果如图 5-8 所示,即可完成数据的插入操作。

查询 person 表中添加的数据,执行语句如下:

```
SELECT * FROM person;
```

显示结果如图 5-9 所示,即可完成数据的查看操作,并显示查看结果,可以看到 INSERT 语句成功地插入了 3 条记录。

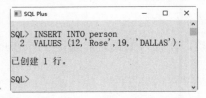
图 5-8　插入第 3 条数据记录

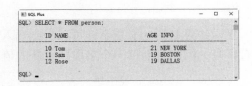
图 5-9　查询插入的数据记录

5.1.2　向表中添加数据时使用空值

为表的指定字段插入数据,就是使用 INSERT 语句向部分字段插入值,而其他字段的值为空值。

实例 4 向 person 表中添加数据时使用空值

向 person 表中添加数据并使用空值，执行语句如下：

```
INSERT INTO person (id,name,age)
   VALUES (13,'Jack',20);
```

显示结果如图 5-10 所示，即可完成数据的插入操作。

查询 person 表中添加的数据，执行语句如下：

```
SELECT * FROM person;
```

显示结果如图 5-11 所示，即可完成数据的查看操作，并显示查看结果，可以看到 INSERT 语句成功地插入了 4 条记录。

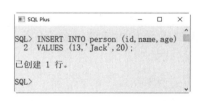
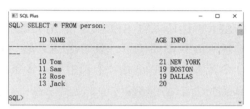

图 5-10　插入第 4 条数据记录　　　　　图 5-11　查询插入的数据记录

从显示结果可以看到，Oracle 自动向相应字段插入了空值。

在插入数据时，要保证每个插入值的类型和对应列的数据类型匹配，如果类型不匹配，将无法插入。

5.1.3　一次插入多条数据

使用多个 INSERT 语句可以向数据表中插入多条记录。

实例 5 在 person 表中一次插入多条数据

向 person 表中添加多条数据记录，执行语句如下：

```
INSERT INTO person (id ,name, age , info)
  VALUES (14,'BROWN',19, 'BOSTON');
INSERT INTO person (id ,name, age , info)
  VALUES (15,'WILSON',18, 'MANHATTAN');
INSERT INTO person (id ,name, age , info)
  VALUES (16,'THOMAS',19, 'CHICAGO');
```

显示结果如图 5-12 所示，即可完成数据的插入操作。

查询 person 表中添加的数据，执行语句如下：

```
SELECT * FROM person;
```

显示结果如图 5-13 所示。即可完成数据的查看操作，并显示查看结果，可以看到 INSERT 语句一次成功地插入了 3 条记录。

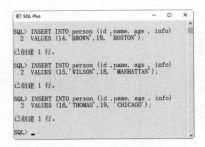

图 5-12　插入多条数据记录

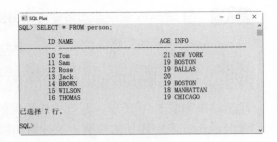

图 5-13　查询数据表数据记录

5.1.4　通过复制表数据插入数据

INSERT 还可以将 SELECT 语句查询的结果插入表中，而不需要把多条记录的值一个一个地输入，只需要使用一条 INSERT 语句和一条 SELECT 语句组成的组合语句即可快速地从一个或多个表中向另一个表中插入多条记录。语法格式如下：

```
INSERT INTO table_name1(column_name1, column_name2,…)
SELECT column_name_1, column_name_2,…
FROM table_name2 WHERE (condition)
```

主要参数介绍如下。
- table_name1：插入数据的表。
- column_name1：表中要插入值的列名。
- column_name_1：table_name2 中的列名。
- table_name2：取数据的表。
- condition：指定 SELECT 语句的查询条件。

实例 6　通过复制表数据插入数据

查询 person_old 表中所有的记录，并将其插入 person 表中。

首先，创建一个名为 person_old 的数据表，其表结构与 person 表的结构相同，执行语句如下：

```
CREATE TABLE person_old
(
id      NUMBER(2)    GENERATED BY DEFAULT AS IDENTITY,
name    VARCHAR2(10) NOT NULL,
age     NUMBER(2)    NOT NULL ,
info    VARCHAR2(10) NULL,
PRIMARY KEY (id)
);
```

显示结果如图 5-14 所示，即可完成数据表的创建操作。
接着向 person_old 表中添加两条数据记录，执行语句如下：

```
INSERT INTO person_old (id ,name, age , info)
  VALUES (17,'EVANS',21,'CHICAGO');
INSERT INTO person_old (id ,name, age , info)
  VALUES (18,'DAVIES',20,'DALLAS');
```

显示结果如图 5-15 所示，即可完成数据的插入操作。

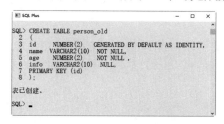
图 5-14　创建 person_old 表

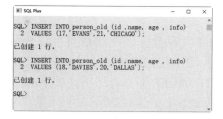
图 5-15　插入 2 条数据记录

查询数据表 person_old 中添加的数据，执行语句如下：

```
SELECT * FROM person_old;
```

显示结果如图 5-16 所示，即可完成数据的查看操作，并显示查看结果。由结果可以看到 INSERT 语句一次成功地插入了 2 条记录。

person_old 表中现在有 2 条记录。接下来将 person_old 表中所有的记录插入到 person 表中，执行语句如下：

```
INSERT INTO person(id,name,age,info)
SELECT id,name,age,info FROM person_old;
```

显示结果如图 5-17 所示，即可完成数据的插入操作。

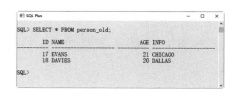

图 5-16　person_old 表　　　　　图 5-17　插入 2 条数据记录到 person 表中

查询 person 表中添加的数据，执行语句如下：

```
SELECT * FROM person;
```

显示结果如图 5-18 所示，即可完成数据的查看操作，并显示查看结果。由结果可以看到，INSERT 语句执行后，preson 表中多了 2 条记录，这 2 条记录和 person_old 表中的记录完全相同，数据转移成功。

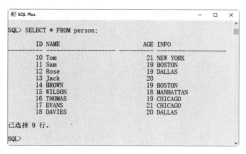

图 5-18　将查询结果插入表中

5.2 UPDATE 语句

如果发现数据表中的数据不符合要求，用户是可以对其进行更新的。使用 UPDATA 语句可以更新表中的数据，该语句可以更新特定的数据，也可以同时更新所有的数据行。UPDATE 语句的基本语法格式如下：

```
UPDATE table_name
SET column_name1 = value1,column_name2=value2,…column_nameN=valueN
WHERE search_condition
```

主要参数介绍如下。
- table_name：要更新的数据表名称。
- SET 子句：指定要更新的字段名和字段值，可以是常量或者表达式。
- column_name1,column_name2,……,column_nameN：需要更新的字段的名称。
- value1,value2,……valueN：相对应的指定字段的更新值，更新多个列时，每个"列=值"之间用逗号隔开，最后一列之后不需要逗号。
- WHERE 子句：指定待更新的记录需要满足的条件，具体的条件在 search_condition 中指定。如果不指定 WHERE 子句，则对表中所有的数据行进行更新。

5.2.1 更新表中的全部数据

更新表中某列所有数据记录的操作比较简单，只要在 SET 关键字后设置更新条件即可。

实例 7 一次性更新 person 表中的全部数据

在 person 表中，将 info 字段值全部更新为 "NEW YORK"，执行语句如下：

```
UPDATE person
SET info='NEW YORK';
```

显示结果如图 5-19 所示，即可完成数据的更新操作。

查询 person 表中更新的数据，执行语句如下：

```
SELECT * FROM person;
```

显示结果如图 5-20 所示，即可完成数据的查看操作，并显示查看结果。由结果可以看到，UPDATE 语句执行后，person 表中 info 列的数据全部更新为 "NEW YORK"。

图 5-19　更新表中某列所有数据记录

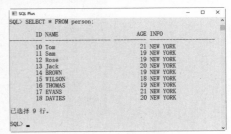

图 5-20　查询更新后的数据表

5.2.2 更新表中指定的单行数据

通过设置条件，可以更新表中指定的单行数据记录。

实例 8 更新 person 表中的单行数据

在 person 表中，更新 id 值为 14 的记录，将 info 字段值改为 "CHICAGO"，将 "年龄"字段值改为 22，执行语句如下：

```
UPDATE person
SET info='CHICAGO',age='22'
WHERE id=14;
```

显示结果如图 5-21 所示，即可完成数据的更新操作。

查询 person 表中更新的数据，执行语句如下：

```
SELECT * FROM person WHERE id=14;
```

显示结果如图 5-22 所示，即可完成数据的查看操作。由结果可以看到，UPDATE 语句执行后，person 表中 id 为 14 的数据记录已经被更新。

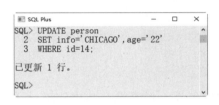

图 5-21 更新表中指定数据记录

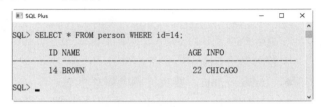

图 5-22 查询更新后的数据记录

5.2.3 更新表中指定的多行数据

通过指定条件，可以同时更新表中指定的多行数据记录。

实例 9 更新 person 表中指定的多行数据

在 person 表中，更新 id 字段值为 12～16 的记录，将 info 字段值都更新为"DALLAS"，执行语句如下：

```
UPDATE person
SET info='DALLAS'
WHERE id BETWEEN 12 AND 16;
```

显示结果如图 5-23 所示，即可完成数据的更新操作。

查询 person 表中更新的数据，执行语句如下：

```
SELECT * FROM person WHERE id BETWEEN 12 AND 16;
```

显示结果如图 5-24 所示，即可完成数据的查看操作，并显示查看结果，由结果可以看到，UPDATE 语句执行后，person 表中符合条件的数据记录已全部被更新。

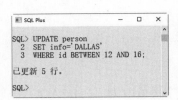

图 5-23　更新表中多行数据记录

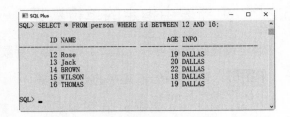

图 5-24　查询更新后的多行数据记录

5.3　DELETE 语句

如果数据表中的数据没用了，就可以将其删除。需要注意的是，删除数据操作不容易恢复，因此需要谨慎操作。在删除数据表中的数据之前，如果不能确定这些数据以后是否还会有用，最好对其进行备份处理。

删除数据表中的数据使用 DELETE 语句，DELETE 语句允许 WHERE 子句指定删除条件。具体的语法格式如下：

```
DELETE FROM table_name
WHERE <condition>;
```

主要参数介绍如下。

- table_name：要执行删除操作的表。
- WHERE <condition>：为可选参数，指定删除条件。如果没有 WHERE 子句，DELETE 语句将删除表中的所有记录。

5.3.1　根据条件清除数据

当要删除数据表中的部分数据时，需要指定删除记录的满足条件，即在 WHERE 子句后设置删除条件。

实例 10　删除 person 表中指定的数据记录

在 person 表中，删除 info 字段值为 "DALLAS" 的记录。

删除之前首先查询一下 info 字段值为 "DALLAS" 的记录，执行语句如下：

```
SELECT * FROM person
WHERE info='DALLAS';
```

显示结果如图 5-25 所示，即可完成数据的查看操作。

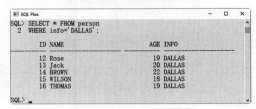

图 5-25　查询删除前的数据记录

下面执行删除操作，输入如下 SQL 语句：

```
DELETE FROM person
WHERE info='DALLAS';
```

显示结果如图 5-26 所示，即可完成数据的删除操作。

再次查询一下 info 字段值为 DALLAS 的记录，执行语句如下：

```
SELECT * FROM person
WHERE info='DALLAS';
```

显示结果如图 5-27 所示，即可完成数据的查看操作，并显示查看结果。该结果表示为空记录，说明数据已经被删除。

图 5-26　删除符合条件的数据记录

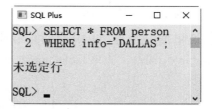

图 5-27　查询删除后的数据记录

5.3.2　清空表中的数据

删除表中的所有数据记录也就是清空表中所有的数据，该操作非常简单，只需要去掉 WHERE 子句就可以了。

实例 11　清空 person 表中所有的记录

删除之前，首先查询一下数据记录，执行语句如下：

```
SELECT * FROM person;
```

执行结果如图 5-28 所示，即可完成数据的查看操作。

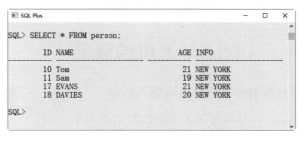

图 5-28　查询删除记录前的数据表

下面执行删除操作，执行语句如下：

```
DELETE FROM person;
```

显示结果如图 5-29 所示，即可完成数据的删除操作。

再次查询数据记录，执行语句如下：

```
SELECT * FROM person;
```

显示结果如图 5-30 所示，即可完成数据的查看操作，并显示查看结果。通过对比两次查询结果，可以得知数据表已经清空，删除表中所有记录成功，现在 person 表中已经没有任何数据记录。

图 5-29　删除表中的所有记录

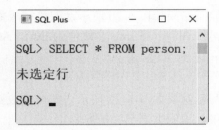

图 5-30　清除数据表中数据后的查询结果

知识扩展：使用 TRUNCATE 语句也可以删除数据，具体的方法为：TRUNCATE TABLE table_name，其中 table_name 为要删除数据记录的数据表的名称。

5.4　就业面试问题解答

面试问题 1：插入记录时一定要指定字段名称吗？

在插入数据记录时，可以不指定字段的名称。但是，必须给每个字段提供一个值，否则将产生一条错误信息。如果要在插入操作中省略某些字段，这些字段需要满足一定条件，即该列定义为允许空值；或者表定义时给出默认值，如果不给出值，将使用默认值。

面试问题 2：更新或者删除表时必须指定 WHERE 子句吗？

一般情况下，所有的更新和删除语句都会添加 WHERE 子句来指定条件。如果省略 WHERE 子句，更新和删除语句会被应用到表中所有行。因此，除非确实打算更新或者删除所有记录，否则一定要在更新或者删除表时指定 WHERE 子句。建议在对表进行更新和删除操作之前，使用 SELECT 语句确认需要删除的记录，以免造成无法挽回的结果。

5.5　上机练练手

上机练习 1：创建数据表并在数据表中插入数据

(1) 创建数据表 books，并按表 5-2 所示结构定义各个字段。

表 5-2　books 表结构

字段名	字段说明	数据类型	主键	外键	非空	唯一	自增
b_id	图书编号	NUMBER(11)	是	否	是	是	否
b_name	书名	VARCHAR2(50)	否	否	是	否	否
authors	作者	VARCHAR2(100)	否	否	是	否	否
price	价格	NUMBER(8,2)	否	否	是	否	否

续表

字段名	字段说明	数据类型	主键	外键	非空	唯一	自增
pubdate	出版日期	DATA	否	否	是	否	否
note	说明	VARCHAR2(100)	否	否	否	否	否
num	库存	NUMBER(11)	否	否	是	否	否

(2) books 表创建好之后，使用 SELECT 语句查看表中的数据。

(3) 将表 5-3 中的数据记录插入 books 表中，分别使用不同的方法插入记录。

表 5-3 books 表中的记录

b_id	b_name	authors	price	pubdate	note	num
1	Tale of AAA	Dickes	23	1995	novel	11
2	EmmaT	Jane lura	35	1993	joke	22
3	Story of Jane	Jane Tim	40	2001	novel	0
4	Lovey Day	George Byron	20	2005	novel	30
5	Old Land	Honore Blade	30	2010	law	0
6	The Battle	Upton Sara	30	1999	medicine	40
7	Rose Hood	Richard Haggard	28	2008	cartoon	28

① 指定所有字段名称插入记录。
② 不指定字段名称插入记录。
③ 使用 SELECT 语句查看当前表中的数据。
④ 同时插入多条记录，使用 INSERT 语句将剩余的多条记录插入表中。
⑤ 总共插入了 7 条记录，使用 SELECT 语句查看表中所有的记录。

上机练习 2：对数据表中的数据记录进行管理

(1) 将 books 表中小说类型(novel)的图书的价格都增加 5。

(2) 将 books 表名称为 EmmaT 的图书的价格改为 40，并将说明改为 drama。

(3) 删除 books 表库存为 0 的记录。

第 6 章

SQL 查询基础

　　Oracle 的 SQL 查询语句即 SELECT 语句。如果需要查询数据库中的数据，就需要使用该语句。在使用 SELECT 语句时，必须有相应的 FROM 子句。当需要复杂查询时可以使用 WHERE 子句。把整个查询语句中的 SELECT、FROM 和 WHERE 称为关键字。本章就来介绍 SQL 查询基础，主要包括查询语句的用法和各个关键字的含义。

6.1　认识 SELECT 语句

一个简单的 SELECT 语句至少包含一个 SELECT 子句和一个 FROM 子句。其中 SELECT 子句指明要显示的列，而 FROM 子句指明包含要查询的表，该表包含了在 SELECT 子句中的列。语法格式如下：

```
SELECT * | { [DISTINCT] column | expression [alias],...}
FROM table;
```

主要参数介绍如下。
- SELECT：选择一个列或多个列。
- *：选择表中所有的列。
- |：表示或的关系。
- []：表示可选。
- DISTINCT：去掉列中重复的值。
- column | expression：选择列的名字或表达式。
- alias：为指定的列设置不同标题。
- FROM table：指定要选择的列所在的表，即对哪个表进行数据查询。

6.2　数据的简单查询

一般来讲，简单查询是指对一张表的查询操作，使用的关键字是 SELECT，要想真正使用好查询语句并不是一件很容易的事情，本节就来介绍简单查询数据的方法。

6.2.1　查询表中所有数据

SELECT 查询记录最简单的形式是从一个表中检索所有记录，查询表中所有数据的方法有两种，一种是列出表的所有字段，另一种是使用"*"号查询所有字段。

1. 列出所有字段

Oracle 中，可以在 SELECT 语句的"属性列表"中列出所有查询的表中的所有的字段，从而查询表中所有数据。

为演示数据的查询操作，下面创建水果信息表(fruits 表)，执行语句如下：

```
CREATE TABLE fruits
(
f_id       varchar2(10)     NOT NULL,
s_id       number(6)        NOT NULL,
f_name     varchar2(10)     NOT NULL,
f_price    number (8,2)
);
```

显示结果如图 6-1 所示，即可完成数据表的创建。

创建好数据表后，向 fruits 表中输入数据，执行语句如下：

```
INSERT INTO fruits (f_id, s_id, f_name, f_price) VALUES ('a1',101,'苹果',5.2);
INSERT INTO fruits (f_id, s_id, f_name, f_price) VALUES ('b1',101,'黑莓',10.2);
INSERT INTO fruits (f_id, s_id, f_name, f_price) VALUES ('bs1',102,'橘子',11.2);
INSERT INTO fruits (f_id, s_id, f_name, f_price) VALUES ('bs2',105,'甜瓜',8.2);
INSERT INTO fruits (f_id, s_id, f_name, f_price) VALUES ('t1',102,'香蕉',10.3);
INSERT INTO fruits (f_id, s_id, f_name, f_price) VALUES ('t2',102,'葡萄',5.3);
INSERT INTO fruits (f_id, s_id, f_name, f_price) VALUES ('o2',103,'椰子',9.2);
INSERT INTO fruits (f_id, s_id, f_name, f_price) VALUES ('c0',101,'草莓',3.2);
INSERT INTO fruits (f_id, s_id, f_name, f_price) VALUES ('a2',103,'杏子',2.2);
INSERT INTO fruits (f_id, s_id, f_name, f_price) VALUES ('l2',104,'柠檬',6.4);
INSERT INTO fruits (f_id, s_id, f_name, f_price) VALUES ('b2',104,'浆果',7.6);
INSERT INTO fruits (f_id, s_id, f_name, f_price) VALUES ('m1',106,'芒果',15.6);
INSERT INTO fruits (f_id, s_id, f_name, f_price) VALUES ('m2',105,'甘蔗',2.6);
INSERT INTO fruits (f_id, s_id, f_name, f_price) VALUES ('t4',107,'李子',3.6);
INSERT INTO fruits (f_id, s_id, f_name, f_price) VALUES ('m3',105,'山竹',11.6);
INSERT INTO fruits (f_id, s_id, f_name) VALUES ('b5',107,'火龙果');
```

显示结果如图 6-2 所示。

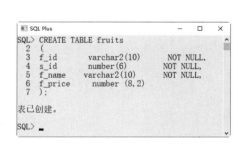

图 6-1　创建数据表 fruits　　　　图 6-2　fruits 表数据记录

实例 1　查询数据表 fruits 中的全部数据

使用 SELECT 语句查询 fruits 表中所有字段的数据，执行语句如下：

```
SELECT f_id, s_id, f_name, f_price FROM fruits;
```

显示结果如图 6-3 所示，即可完成数据的查询，并显示查询结果。

```
SQL> SELECT f_id, s_id, f_name, f_price FROM fruits;

F_ID                      S_ID F_NAME                   F_PRICE
------------------- ---------- -------------------- ----------
a1                         101 苹果                        5.2
b1                         101 黑莓                       10.2
bs1                        102 橘子                       11.2
bs2                        105 甜瓜                        8.2
t1                         102 香蕉                       10.3
t2                         102 葡萄                        5.3
o2                         103 椰子                        9.2
c0                         101 草莓                        3.2
a2                         103 杏子                        2.2
l2                         104 柠檬                        6.4
b2                         104 浆果                        7.6

F_ID                      S_ID F_NAME                   F_PRICE
------------------- ---------- -------------------- ----------
m1                         106 芒果                       15.6
m2                         105 甘蔗                        2.6
t4                         107 李子                        3.6
m3                         105 山竹                       11.6
b5                         107 火龙果

已选择 16 行。
```

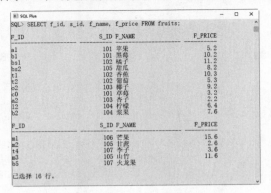

图 6-3　显示数据表中的全部记录

2. 使用“*”号查询所有字段

在 Oracle 中，SELECT 语句的“属性列表”中可以使用“*”。语法格式如下：

```
SELECT * FROM 表名;
```

实例 2　使用“*”号查询 fruits 表中的全部数据

从 fruits 表中查询所有字段数据记录，执行语句如下：

```
SELECT * FROM fruits;
```

显示结果如图 6-4 所示，即可完成数据的查询，并显示查询结果。从结果中可以看到，使用“*”号通配符时，将返回所有数据记录，数据记录按照定义表时候的顺序显示。

```
SQL> SELECT * FROM fruits;

F_ID                      S_ID F_NAME                   F_PRICE
------------------- ---------- -------------------- ----------
a1                         101 苹果                        5.2
b1                         101 黑莓                       10.2
bs1                        102 橘子                       11.2
bs2                        105 甜瓜                        8.2
t1                         102 香蕉                       10.3
t2                         102 葡萄                        5.3
o2                         103 椰子                        9.2
c0                         101 草莓                        3.2
a2                         103 杏子                        2.2
l2                         104 柠檬                        6.4
b2                         104 浆果                        7.6

F_ID                      S_ID F_NAME                   F_PRICE
------------------- ---------- -------------------- ----------
m1                         106 芒果                       15.6
m2                         105 甘蔗                        2.6
t4                         107 李子                        3.6
m3                         105 山竹                       11.6
b5                         107 火龙果

已选择 16 行。
```

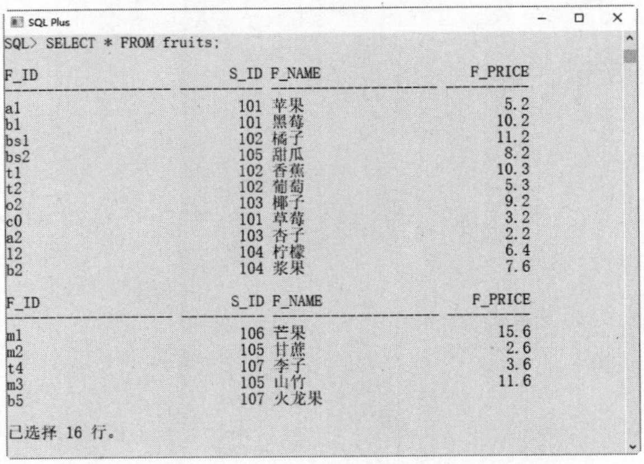

图 6-4　查询表中所有数据记录

6.2.2　查询表中想要的数据

使用 SELECT 语句，可以获取多个字段的数据，只需要在关键字 SELECT 后面指定要查找的字段的名称，不同字段名称之间用逗号(,)隔开，最后一个字段后面不需要加逗号。

使用这种查询方式可以获得有针对性的查询结果，其语法格式如下：

```
SELECT 字段名 1,字段名 2,…,字段名 n  FROM 表名;
```

实例 3　查询数据表 fruits 中水果的编号、名称和价格

从 fruits 表中获取编号、名称和价格，执行语句如下：

```
SELECT f_id, f_name, f_price FROM fruits;
```

显示结果如图 6-5 所示，即可完成指定数据的查询，并显示查询结果。

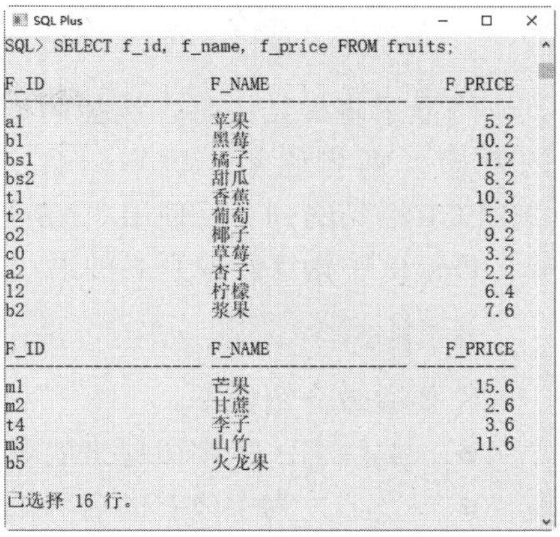

```
SQL> SELECT f_id, f_name, f_price FROM fruits;

F_ID                 F_NAME               F_PRICE
-------------------- -------------------- ----------
a1                   苹果                        5.2
b1                   黑莓                       10.2
bs1                  橘子                       11.2
bs2                  甜瓜                        8.2
t1                   香蕉                       10.3
t2                   葡萄                        5.3
o2                   椰子                        9.2
c0                   草莓                        3.2
a2                   杏子                        2.2
l2                   柠檬                        6.4
b2                   浆果                        7.6

F_ID                 F_NAME               F_PRICE
-------------------- -------------------- ----------
m1                   芒果                       15.6
m2                   甘蔗                        2.6
t4                   李子                        3.6
m3                   山竹                       11.6
b5                   火龙果

已选择 16 行。
```

图 6-5　查询数据表中的指定字段

提示：Oracle 中的 SQL 语句是不区分大小写的，因此 SELECT 和 select 的作用是相同的，但是，许多开发人员习惯将关键字大写，而将数据列和表名小写，读者也应该养成一个良好的编程习惯，这样写出来的语句更容易阅读和维护。

6.2.3　对查询结果进行计算

在 SELECT 查询结果中，可以根据需要使用算术运算符或者逻辑运算符对查询的结果进行处理。

实例 4　设置查询列的表达式，从而返回查询结果

查询 fruits 表中所有水果的名称和价格，并对价格加 2 之后输出查询结果。执行语句如下：

```
SELECT f_name, f_price 原来的价格, f_price+2 加 2 后的价格
FROM fruits;
```

显示结果如图 6-6 所示。

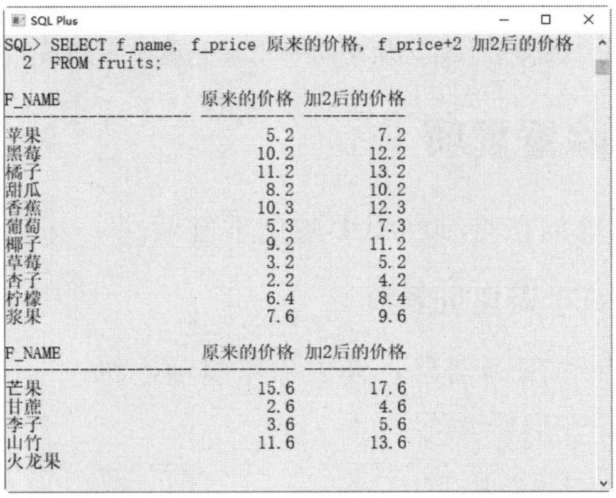

```
SQL> SELECT f_name, f_price 原来的价格, f_price+2 加2后的价格
  2  FROM fruits;

F_NAME               原来的价格 加2后的价格
-------------------- ---------- -----------
苹果                        5.2         7.2
黑莓                       10.2        12.2
橘子                       11.2        13.2
甜瓜                        8.2        10.2
香蕉                       10.3        12.3
葡萄                        5.3         7.3
椰子                        9.2        11.2
草莓                        3.2         5.2
杏子                        2.2         4.2
柠檬                        6.4         8.4
浆果                        7.6         9.6

F_NAME               原来的价格 加2后的价格
-------------------- ---------- -----------
芒果                       15.6        17.6
甘蔗                        2.6         4.6
李子                        3.6         5.6
山竹                       11.6        13.6
火龙果
```

图 6-6　查询结果

6.2.4 为结果列使用别名

当显示查询结果时,选择的列通常以原表中的列名作为标题,在建表时出于节省空间的考虑,别名通常比较短,含义也模糊。为了改变查询结果中显示的列名,可以在 SELECT 语句的列名后使用"AS 标题名",这样,在显示时便以该标题名作为列名。

Oracle 中为字段取别名的语法格式如下:

属性名 [AS] 别名

主要参数介绍如下。
- 属性名:为字段原来的名称。
- 别名:为字段新的名称。
- AS:关键字可有可无。结果是一样的,通过这种方式,显示结果中"别名"就代替了"属性名"。

实例 5 使用 AS 关键字给列取别名

查询 fruits 表中所有的记录,并重命名列名,执行语句如下:

```
SELECT f_id AS 水果编号, s_id AS 供应商编号,f_name AS 水果名称, f_price AS 水果价格 FROM fruits;
```

显示结果如图 6-7 所示,即可完成指定数据的查询,并显示查询结果。

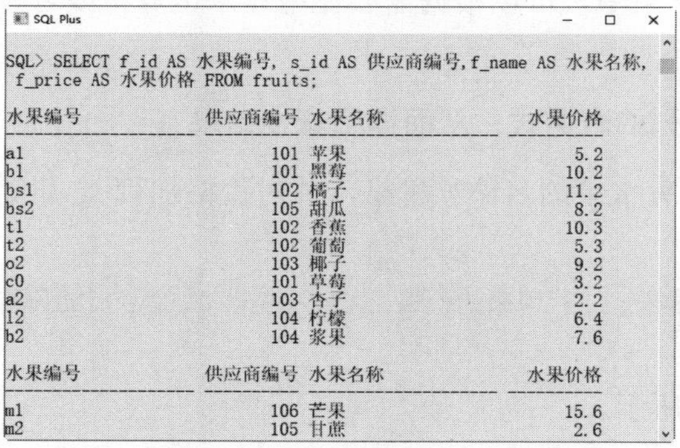

图 6-7 查询表中所有记录并重命名列名

6.2.5 在查询时去除重复项

使用 DISTINCT 选项可以在查询结果中避免重复项。

实例 6 使用 DISTINCT 避免重复项

查询 fruits 表中的水果供应商信息,并去除重复项,执行语句如下:

```
SELECT DISTINCT s_id FROM fruits;
```

显示结果如图 6-8 所示,即可完成指定数据的查询,

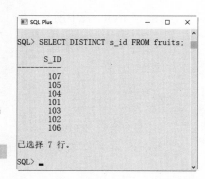

图 6-8 在查询中避免重复项

并显示查询结果。

6.2.6 在查询结果中给表取别名

如果要查询的数据表的名称比较长，在查询中直接使用表名很不方便。这时可以为表取一个别名。Oracle 中为表取别名的基本形式如下：

表名　表的别名

通过这种方式，"表的别名"就能在此次查询中代替"表名"了。

实例 7 为数据表取别名

查询 fruits 表中所有的记录，并为 fruits 表取别名为"水果表"，执行语句如下：

SELECT * FROM fruits 水果表;

显示结果如图 6-9 所示，即可完成为数据表取别名的操作，并显示查询结果。

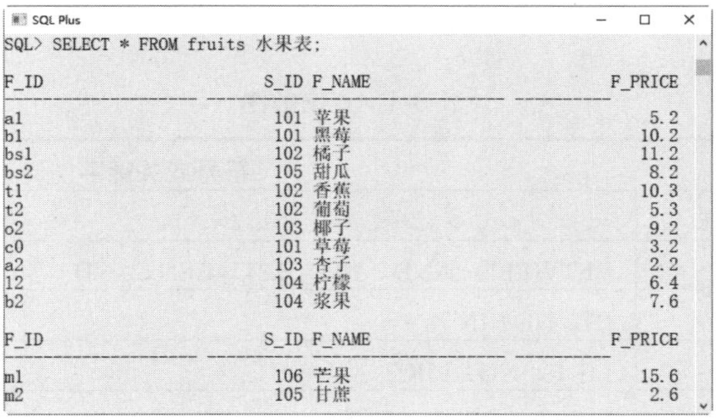

图 6-9　在查询结果中给表取别名

6.2.7 使用 ROWNUM 限制查询数据

当数据表中包含大量的数据时，可以通过指定显示记录数限制返回的结果中的行数。ROWNUM 是 Oracle 中的一个特殊关键字，可以用来限制查询结果。

实例 8 使用 ROWNUM 关键字限制查询数据

查询 fruits 表中所有的数据记录，但只显示前 5 条，执行语句如下：

SELECT * FROM fruits where ROWNUM<6;

显示结果如图 6-10 所示，即可完成指定数据的查询。显示结果从第一行开始，"行数"为小于 6 行，因此返回的结果为表中的前 5 行记录。这就说明 ROWNUM<6 限制了显示条数为 5。

知识扩展：ROWNUM 关键字是 Oracle 中所特有的，在使用 ROWNUM 时，只支持<、<=和!=符号，不支持>、>=、=和 BETWEEN...AND 符号。

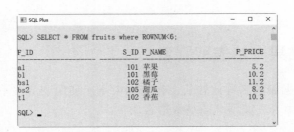

图 6-10 指定显示查询结果

6.3 使用 WHERE 子句

对于一个特定的表,如果用户想查询一个特定条件的表该怎么办呢。Oracle 提供了 WHERE 子句来限制查询条件,WHERE 子句可以限制选择的行数,这样可以满足一定条件的数据查询,实现更加灵活的应用。WHERE 子句常用的查询条件有多种,如表 6-1 所示。

表 6-1 查询条件

查询条件	符号或关键字
比较	=、<、<=、>、>=、!=、<>、!>、!<
指定范围	BETWEEN...AND、NOT BETWEEN...AND
指定集合	IN、NOT IN
匹配字符	LIKE、NOT LIKE
是否为空值	IS NULL、IS NOT NULL
多个查询条件	AND、OR

6.3.1 比较查询条件的数据查询

Oracle 中比较查询条件中的运算符如表 6-2 所示。比较字符串数据时,字符的逻辑顺序由字符数据的排序规则来定义。系统将从两个字符串的第一个字符开始自左至右进行对比,直到对比出两个字符串的大小。

表 6-2 比较运算符表

运 算 符	说 明
=	相等
<>	不相等
<	小于
<=	小于或者等于
>	大于
>=	大于或者等于

续表

运 算 符	说　明
!=	不等于，与<>作用相同
!>	不大于
!<	不小于

实例 9　使用关系表达式查询数据记录

在 fruits 数据表中查询价格为 3.6 的水果信息，使用 "=" 操作符，执行语句如下：

```
SELECT f_id, f_name, f_price
FROM fruits
WHERE f_price=3.6;
```

显示结果如图 6-11 所示。该实例采用了简单的相等过滤，查询指定列 f_price，其值为 3.6。另外，相等判断还可以用来比较字符串。

查找名称为"苹果"的水果信息，执行语句如下：

```
SELECT f_id, f_name, f_price
FROM fruits
WHERE f_name='苹果';
```

显示结果如图 6-12 所示。

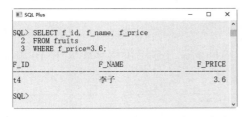 

图 6-11　使用相等运算符判断数值　　　　图 6-12　使用相等运算符判断字符串值

查询水果价格小于 5 的水果信息，使用 "<" 操作符，执行语句如下：

```
SELECT f_id,f_name,f_price
FROM fruits
WHERE f_price<5;
```

显示结果如图 6-13 所示。可以看到在查询结果中，所有记录的 f_price 字段的值均小于 5，而大于或等于 5 的记录没有被返回。

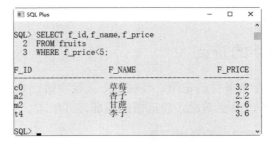

图 6-13　使用小于运算符进行查询

6.3.2 带 BETWEEN...AND 的范围查询

使用 BETWEEN...AND 可以进行范围查询，该运算符需要两个参数，即范围的开始值和结束值，如果记录的字段值满足指定的范围查询条件，则这些记录被返回。

实例 10 使用 BETWEEN...AND 查询数据记录

查询水果价格在 3～10 之间的水果信息，执行语句如下：

```
SELECT f_id,f_name,f_price
FROM fruits
WHERE f_price BETWEEN 3 AND 10;
```

显示结果如图 6-14 所示，可以看到，返回结果包含了价格从 3～10 之间的字段值。

注意：如果水果价格中有 3 或 10 的数据记录，它们也会在返回结果中，这是因为 BETWEEN 匹配范围中所有值，包括开始值和结束值。

如果在 BETWEEN...AND 运算符前加关键字 NOT，表示指定范围之外的值，即字段值不满足指定范围内的值。

例如：查询价格在 3～10 之外的水果信息，执行语句如下：

```
SELECT f_id,f_name,f_price
FROM fruits
WHERE f_price NOT BETWEEN 3 AND 10;
```

显示结果如图 6-15 所示。由结果可以看到，返回的记录包括价格字段大于 10 和价格字段小于 3 的记录，但不包括开始值和结束值。

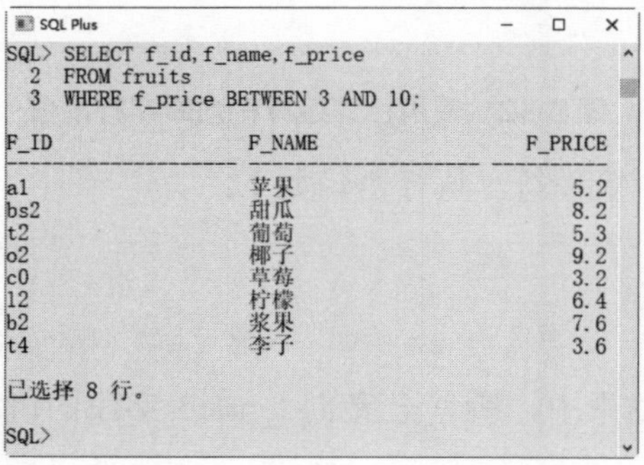

图 6-14 使用 BETWEEN...AND 运算符 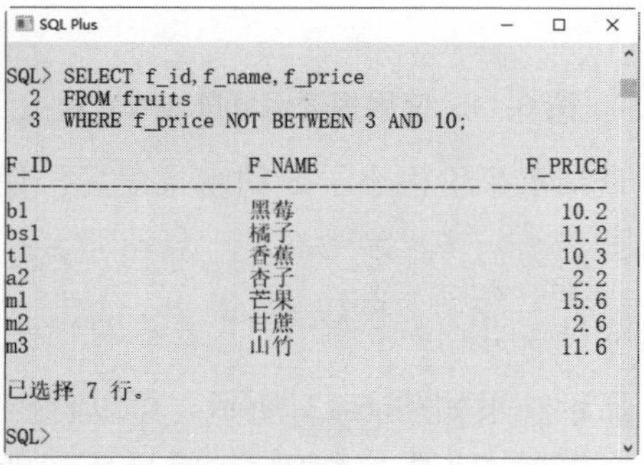　　图 6-15 使用 NOT BETWEEN...AND 运算符

6.3.3 带 IN 关键字的查询

IN 关键字用来查询指定条件的记录。使用 IN 关键字时，将所有检索条件用括号括起来，检索条件用逗号隔开，只要满足条件范围的值即为匹配项。

实例 11 使用 IN 关键字查询数据记录

查询 s_id 为 101 和 102 的水果记录，执行语句如下：

```
SELECT f_id, s_id,f_name, f_price
FROM fruits
WHERE s_id IN (101,102);
```

显示结果如图 6-16 所示。

相反地，可以使用关键字 NOT IN 来检索不在条件范围内的记录。

例如，查询所有 s_id 不等于 101 也不等于 102 的水果记录，执行语句如下：

```
SELECT f_id, s_id,f_name, f_price
FROM fruits
WHERE s_id NOT IN (101,102);
```

显示结果如图 6-17 所示。从查询结果可以看到，该语句在 IN 关键字前面加上了 NOT 关键字，这使得查询的结果与上述实例的结果正好相反。前面检索了 s_id 等于 101 和 102 的记录，而这里所要查询的记录中的 s_id 字段值不等于这两个值中的任意一个值。

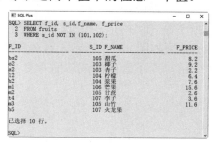

图 6-16　使用 IN 关键字查询　　　　　图 6-17　使用 NOT IN 运算符查询

6.3.4　带 LIKE 的字符匹配查询

LIKE 关键字可以匹配字符串是否相等。如果字段的值与指定的字符串相匹配，则满足查询条件，该记录将被查询出来。如果与指定的字符串不匹配，则不满足查询条件。语法格式如下：

```
[NOT] LIKE '字符串'
```

主要参数介绍如下。

- NOT：可选参数，表示与指定的字符串不匹配时满足条件。
- 字符串：用来匹配的字符串，该字符串必须加上单引号或双引号。字符串参数的值可以是一个完整的字符串，也可以是包含百分号(%)或者下划线(_)的通配符。

知识扩展：

百分号(%)或者下划线(_)在应用时有很大的区别，其区别如下。

- 百分号(%)：可以代表任意长度的字符串，长度可以是 0。例如，b%k 表示以字母 b 开头，以字母 k 结尾的任意长度的字符串，该字符串可以是 bk、book、break 等字符串。
- 下划线(_)：只能表示单个字符。例如，b_k 表示以字母 b 开头，以字母 k 结尾的 3 个字符。中间的下划线(_)可以代表任意一个字符。该字符串可以代表 bok、buk 和 bak 等字符串。

实例 12 使用 LIKE 关键字查询数据记录

1. 百分号通配符"%",匹配任意长度的字符,甚至包括零字符

例如,查找所有水果编号以'b'开头的水果信息,执行语句如下:

```
SELECT f_id, s_id,f_name, f_price
FROM fruits
WHERE f_id LIKE 'b%';
```

显示结果如图 6-18 所示。该语句查询的结果返回所有以'b'开头的水果信息,'%'告诉 Oracle 数据库,返回所有 f_id 字段以'b'开头的记录,不管'b'后面有多少个字符。

另外,在搜索匹配时,通配符"%"可以放在不同位置。

例如,在 fruits 表中,查询水果编号字段包含字符'm'的记录,执行语句如下:

```
SELECT f_id, s_id,f_name, f_price
FROM fruits
WHERE f_id LIKE '%m%';
```

显示结果如图 6-19 所示。该语句查询 f_id 字段描述中包含'm'的水果信息,只要描述中有字符'm',而不管前面或后面有多少个字符,都满足查询的条件。

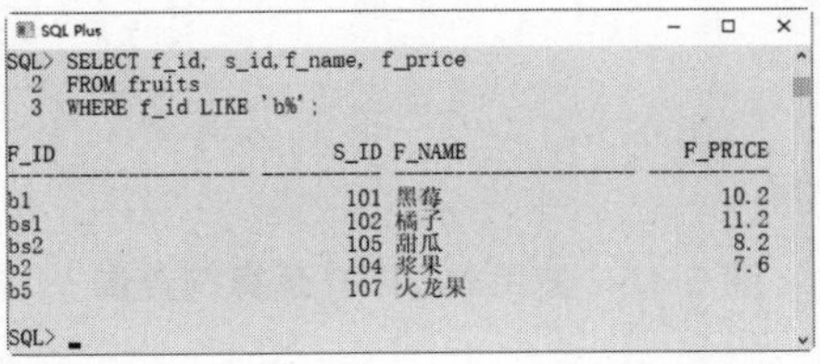

图 6-18 查询以'b'开头的水果信息

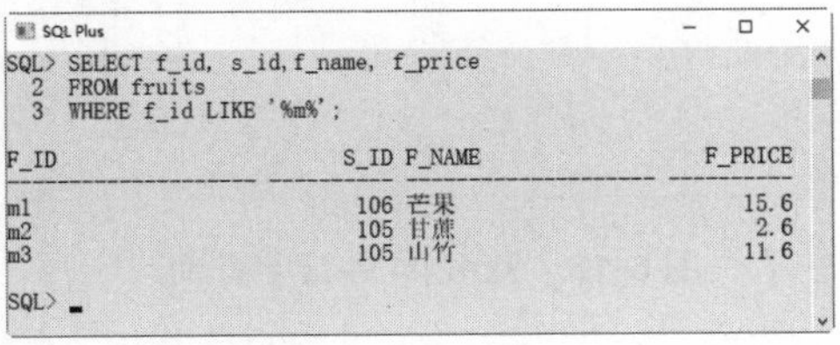

图 6-19 水果编号字段包含'm'字符的信息

2. 下划线通配符"_",一次只能匹配任意一个字符

下划线通配符"_",一次只能匹配任意一个字符,该通配符的用法和"%"相同,区别是"%"匹配多个字符,而"_"只匹配任意单个字符,如果要匹配多个字符,则需要使用相同个数的"_"。

例如,在 fruits 表中,查询水果名称以字符'果'结尾,且'果'前面只有 1 个字符的记录,执行语句如下:

```
SELECT f_id, s_id,f_name, f_price
FROM fruits
WHERE f_name LIKE '_果';
```

显示结果如图 6-20 所示。从结果可以看到,以'果'结尾且前面只有 1 个字符的记录有 3 条。

3. NOT LIKE 关键字

NOT LIKE 关键字表示字符串不匹配的情况下满足条件。

例如,查找 fruits 表中所有水果编号不是以"b"开头的水果信息,执行语句如下:

```
SELECT *FROM fruits
WHERE f_id NOT LIKE 'b%';
```

显示结果如图 6-21 所示，即可完成数据的条件查询，并显示查询结果，该语句查询的结果返回不是以“b”开头的水果信息。

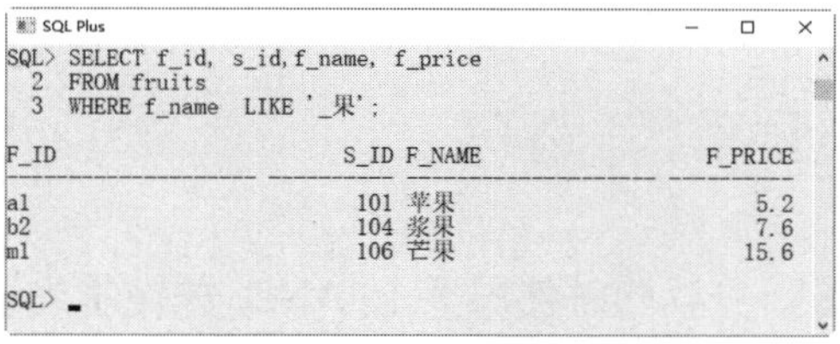

```
SQL Plus
SQL> SELECT f_id, s_id,f_name, f_price
  2  FROM fruits
  3  WHERE f_name  LIKE '_果';

F_ID                 S_ID F_NAME               F_PRICE
--------------- --------- --------------- ----------
a1                    101 苹果                    5.2
b2                    104 浆果                    7.6
m1                    106 芒果                   15.6

SQL>
```

图 6-20　查询结果

```
SQL Plus
SQL> SELECT *FROM fruits
  2  WHERE f_id NOT LIKE 'b%';

F_ID                 S_ID F_NAME               F_PRICE
--------------- --------- --------------- ----------
a1                    101 苹果                    5.2
t1                    102 香蕉                   10.3
t2                    102 葡萄                    5.3
o2                    103 椰子                    9.2
c0                    101 草莓                    3.2
a2                    103 杏子                    2.2
12                    104 柠檬                    6.4
m1                    106 芒果                   15.6
m2                    105 甘蔗                    2.6
t4                    107 李子                    3.6
m3                    105 山竹                   11.6

已选择 11 行。

SQL>
```

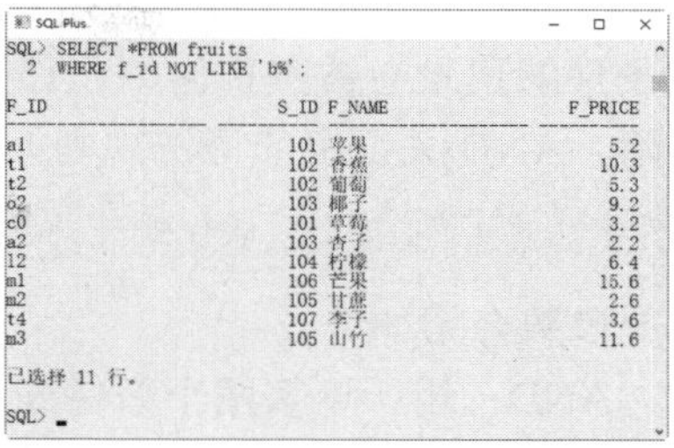

图 6-21　显示不以“b”开头的水果信息

6.3.5　未知空数据的查询

创建数据表的时候，设计者可以指定某列中是否可以包含空值(NULL)。空值不同于 0，也不同于空字符串，空值一般表示数据未知、不适用或将在以后添加。在 SELECT 语句中使用 IS NULL 子句，可以查询某字段内容为空的记录。

实例 13　使用 IS NULL 查询空值

查询 fruits 表中 f_price 字段为空的数据记录，执行语句如下：

```
SELECT * FROM fruits
WHERE f_price IS NULL;
```

显示结果如图 6-22 所示。

与 IS NULL 相反的是 IS NOT NULL，该子句查找字段不为空的记录。

例如，查询 fruits 表中 f_price 不为空的数据记录，执行语句如下：

```
SELECT * FROM fruits
WHERE f_price IS NOT NULL;
```

显示结果如图 6-23 所示。可以看到，查询出来的记录的 f_price 字段都不为空值。

```
SQL Plus
SQL> SELECT * FROM fruits
  2  WHERE f_price IS NULL;

F_ID                 S_ID F_NAME               F_PRICE
--------------- --------- --------------- ----------
b5                    107 火龙果

SQL>
```

图 6-22　查询 f_price 字段为空的记录

```
SQL Plus
SQL> SELECT * FROM fruits
  2  WHERE f_price IS NOT NULL;

F_ID                 S_ID F_NAME               F_PRICE
--------------- --------- --------------- ----------
a1                    101 苹果                    5.2
b1                    101 黑莓                   10.2
bs1                   102 橘子                   11.2
bs2                   105 甜瓜                    8.2
t1                    102 香蕉                   10.3
t2                    102 葡萄                    5.3
o2                    103 椰子                    9.2
c0                    101 草莓                    3.2
a2                    103 杏子                    2.2
12                    104 柠檬                    6.4
b2                    104 浆果                    7.6

F_ID                 S_ID F_NAME               F_PRICE
--------------- --------- --------------- ----------
m1                    106 芒果                   15.6
m2                    105 甘蔗                    2.6
t4                    107 李子                    3.6
m3                    105 山竹                   11.6

已选择 15 行。

SQL>
```

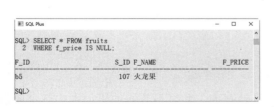

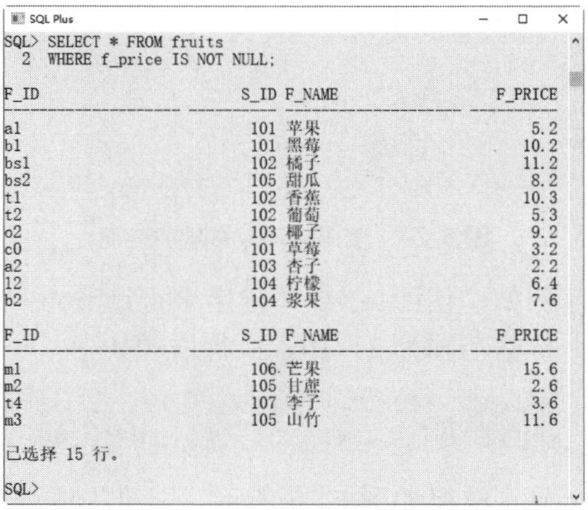

图 6-23　查询 f_price 字段不为空的记录

6.3.6 带 AND 的多条件查询

AND 关键字可以用来联合多个条件进行查询,使用 AND 关键字时,只有同时满足所有查询条件的记录会被查询出来。如果不满足这些查询条件中的任意一个,这样的记录就将被排除。AND 关键字的语法规则如下:

> 条件表达式 1 AND 条件表达式 2 [...AND 条件表达式 n]

主要参数介绍如下。
- AND:用于连接两个条件表达式。而且,可以同时使用多个 AND 关键字,这样可以连接更多的条件表达式。
- 条件表达式 n:用于查询的条件。

实例 14 使用 AND 关键字查询数据

使用 AND 关键字来查询 fruits 表中 s_id 为 "101",而且 "f_name" 为 "苹果" 的记录。执行语句如下:

```
SELECT *FROM fruits
WHERE s_id=101 AND f_name LIKE '苹果';
```

显示结果如图 6-24 所示,即可完成数据的条件查询,并显示查询结果。可以看到,查询出来的记录中 s_id 为 "101",且 f_name 为 "苹果"。

例如,使用 AND 关键字来查询 fruits 表中 s_id 为 "103","f_name" 为 "椰子",而且价格小于 10 的记录。执行语句如下:

```
SELECT *FROM fruits
WHERE s_id=103 AND f_name='椰子' AND f_price<10;
```

显示结果如图 6-25 所示,即可完成数据的条件查询,并显示查询结果,可以看到,查询出来的记录满足 3 个条件。本实例中使用了 "<" 和 "=" 两个运算符,其中,"=" 可以用 LIKE 替换。

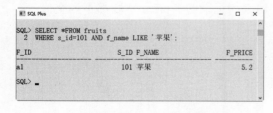

图 6-24 使用 AND 关键字查询

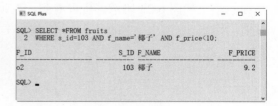

图 6-25 显示查询结果

例如,使用 AND 关键字来查询 fruits 表,查询条件为 s_id 的取值在 {101,102,103} 集合中,价格范围为 3~10。执行语句如下:

```
SELECT *FROM fruits
WHERE s_id IN (101,102,103) AND f_price BETWEEN 3 AND 10;
```

显示结果如图 6-26 所示,即可完成数据的条件查询,并显示查询结果。本实例中使用了 IN、BETWEEN...AND 关键字。因此,结果中显示的记录同时满足这两个条件表达式。

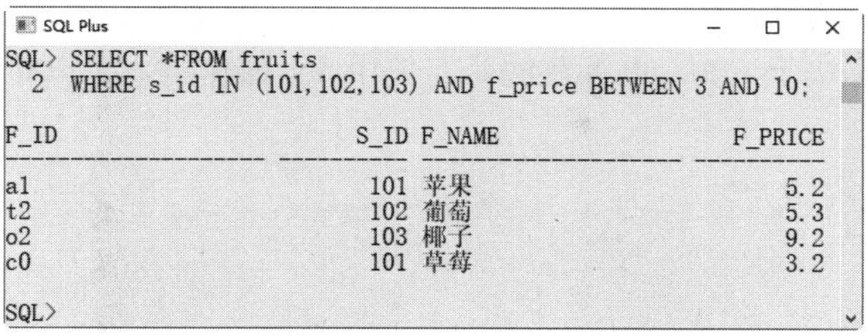

```
SQL> SELECT *FROM fruits
  2  WHERE s_id IN (101,102,103) AND f_price BETWEEN 3 AND 10;

F_ID                       S_ID F_NAME                  F_PRICE
-------------------- ---------- -------------------- ----------
a1                          101 苹果                        5.2
t2                          102 葡萄                        5.3
o2                          103 椰子                        9.2
c0                          101 草莓                        3.2

SQL>
```

图 6-26　显示满足条件的记录

6.3.7　带 OR 的多条件查询

OR 关键字也可以用来联合多个条件进行查询，但是与 AND 关键字不同，使用 OR 关键字时，只要满足这几个查询条件中的一个，这样的记录就会被查询出来。如果不满足这些查询条件中的任何一个，这样的记录将被排除。OR 关键字的语法规则如下：

```
条件表达式 1 OR 条件表达式 2 [...OR 条件表达式 n]
```

主要参数介绍如下。

- OR：用于连接两个条件表达式。而且，可以同时使用多个 OR 关键字，这样可以连接更多的条件表达式。
- 条件表达式 n：用于查询的条件。

实例 15　使用 OR 关键字查询数据

查询 s_id=101 或者 s_id=102 水果供应商的 f_price 和 f_name，执行语句如下：

```
SELECT s_id,f_name, f_price FROM fruits WHERE s_id = 101 OR s_id = 102;
```

显示结果如图 6-27 所示，即可完成数据的条件查询，并显示查询结果。结果显示了 s_id=101 和 s_id=102 水果供应商的水果名称和价格。OR 操作符告诉 Oracle，检索的时候只需要满足其中的一个条件，不需要全部条件都满足。如果这里使用 AND 的话，将检索不到符合条件的数据。

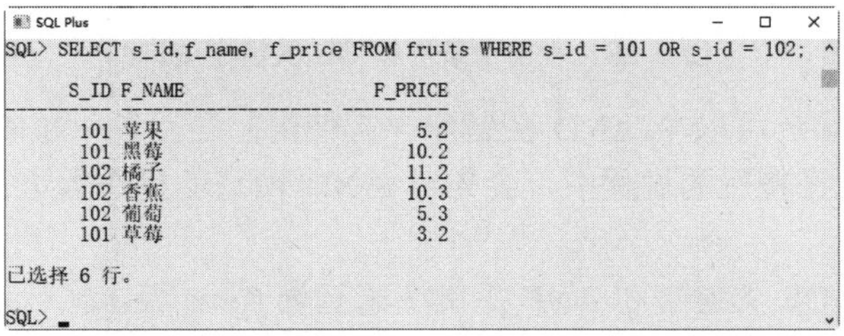

```
SQL> SELECT s_id,f_name, f_price FROM fruits WHERE s_id = 101 OR s_id = 102;

      S_ID F_NAME                  F_PRICE
---------- -------------------- ----------
       101 苹果                        5.2
       101 黑莓                       10.2
       102 橘子                       11.2
       102 香蕉                       10.3
       102 葡萄                        5.3
       101 草莓                        3.2

已选择 6 行。

SQL>
```

图 6-27　带 OR 关键字的查询

在这里，也可以使用 IN 操作符实现与 OR 相同的功能。例如，查询 s_id=101 或者 s_id=102 水果供应商的 f_price 和 f_name，执行语句如下：

```
SELECT s_id,f_name, f_price FROM fruits WHERE s_id IN(101,102);
```

显示结果如图 6-28 所示，在这里可以看到，IN 操作符和 OR 操作符使用后的结果是一样的，它们可以实现相同的功能。但是使用 IN 操作符使得检索语句更加简洁明了，并且 IN 执行的速度要快于 OR。更重要的是，使用 IN 操作符，可以执行更加复杂的嵌套查询。

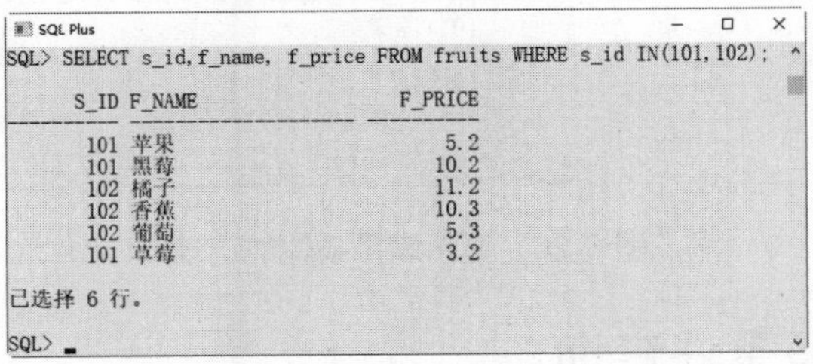

```
SQL> SELECT s_id,f_name, f_price FROM fruits WHERE s_id IN(101,102);

      S_ID F_NAME                  F_PRICE
---------- -------------------- ----------
       101 苹果                        5.2
       101 黑莓                       10.2
       102 橘子                       11.2
       102 香蕉                       10.3
       102 葡萄                        5.3
       101 草莓                        3.2

已选择 6 行。

SQL>
```

图 6-28　使用 IN 操作符查询数据

例如，使用 OR 关键字来查询 fruits 表，查询条件为 s_id 的取值在{101,102,103}集合中，或者价格范围为 5～10，或者 f_name 为“苹果”。执行语句如下：

```
SELECT *FROM fruits
WHERE s_id IN (101,102,103) OR f_price BETWEEN 5 AND 10 OR f_name LIKE
'苹果';
```

显示结果如图 6-29 所示，即可完成数据的条件查询，并显示查询结果。本实例中使用了 IN、BETWEEN...AND 和 LIKE 关键字。因此，结果中显示的记录只要满足这 3 个条件表达式中的任何一个，这样的记录就会被查询出来。

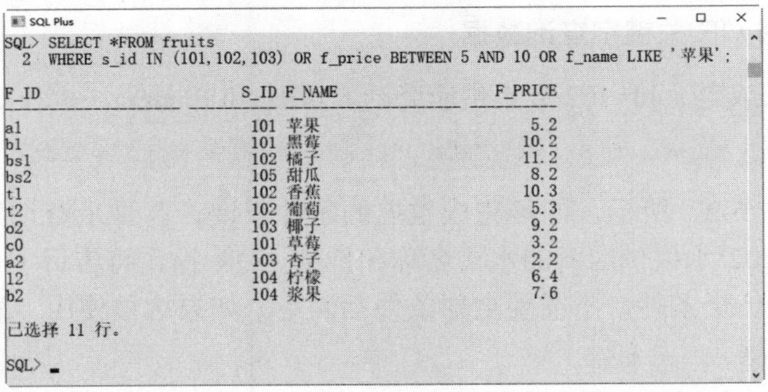

```
SQL> SELECT *FROM fruits
  2  WHERE s_id IN (101,102,103) OR f_price BETWEEN 5 AND 10 OR f_name LIKE '苹果';

F_ID                       S_ID F_NAME                  F_PRICE
-------------------- ---------- -------------------- ----------
a1                          101 苹果                        5.2
b1                          101 黑莓                       10.2
bs1                         102 橘子                       11.2
bs2                         105 甜瓜                        8.2
t1                          102 香蕉                       10.3
t2                          102 葡萄                        5.3
o2                          103 椰子                        9.2
c0                          101 草莓                        3.2
a2                          103 杏子                        2.2
l2                          104 柠檬                        6.4
b2                          104 浆果                        7.6

已选择 11 行。

SQL>
```

图 6-29　带多个条件的 OR 关键字查询

另外，OR 关键字还可以与 AND 关键字一起使用，当两者一起使用时，AND 的优先级要比 OR 高。因此在使用的过程中，会先对 AND 两边的操作数进行操作，再与 OR 中的操作数结合。

例如，同时使用 OR 关键字和 AND 关键字来查询 fruits 表，执行语句如下：

```
SELECT *FROM fruits
WHERE s_id IN (101,102,103) AND f_price=10.2 OR f_name LIKE '香蕉';
```

显示结果如图 6-30 所示，即可完成数据的条件查询，并显示查询结果。从查询结果中可以得出，条件 s_id IN (101,102,103) AND f_price =10.2 确定了 s_id 为 101 的记录。条件“f_name LIKE '香蕉'”确定了 s_id 为 102 的记录。

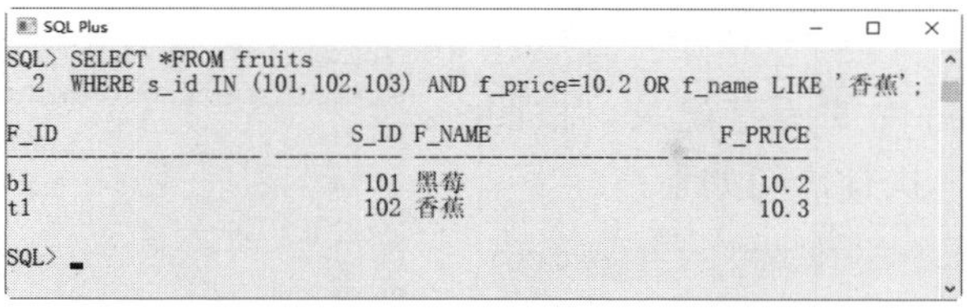

图 6-30 OR 关键字和 AND 关键字的查询

如果将条件 s_id IN (101,102,103) AND f_price=10.2 与 "f_name LIKE '香蕉'" 的顺序调换一下，我们再来看看执行结果。执行语句如下：

```
SELECT *FROM fruits
WHERE f_name LIKE '香蕉' OR s_id IN (101,102,103) AND f_price =10.2;
```

显示结果如图 6-31 所示，即可完成数据的条件查询，并显示查询结果，可以看出结果是一样的。这就说明 AND 关键字前后的条件先结合，然后再与 OR 关键字的条件结合。也即说明 AND 要比 OR 优先计算。

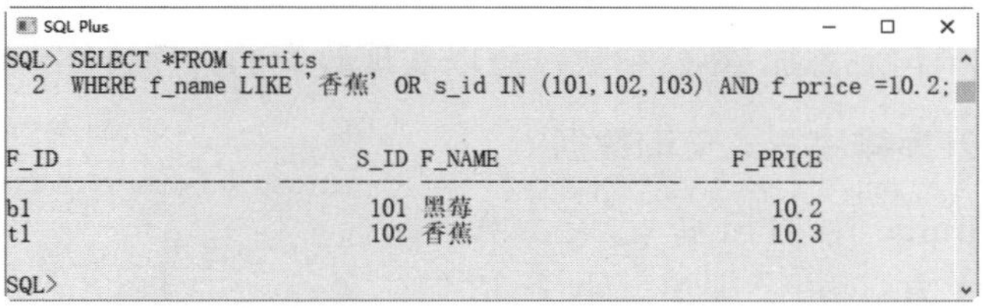

图 6-31 显示查询结果

知识扩展：AND 和 OR 关键字可以连接条件表达式，这些条件表达式中可以使用 "="、">" 等操作符，也可以使用 IN、BETWEEN...AND 和 LIKE 等关键字，而且，LIKE 关键字匹配字符串时可以使用 "%" 和 "_" 等通配符。

6.4 使用 ORDER BY 子句

为了使查询结果的顺序满足要求，可以使用 ORDER BY 关键字对记录进行排序，其语法格式如下：

```
ORDER BY 属性名[ASC|DESC]
```

主要参数介绍如下。
- 属性名：表示按照该字段进行排序。
- ASC：表示按升序的顺序进行排序。
- DESC：表示按降序的顺序进行排序。默认情况下，按照 ASC 方式进行排序。

6.4.1 使用默认排序方式

默认情况下，查询结果会按照 ASC 方式进行排序。

实例 16　使用默认排序方式查询数据

查询水果表 fruits 中的所有记录，按照 f_price 字段进行排序，执行语句如下：

```
SELECT * FROM fruits ORDER BY f_price;
```

显示结果如图 6-32 所示，即可完成数据的排序查询，并显示查询结果。从查询结果可以看出，fruits 表中的记录是按照 f_price 字段的值进行升序排序的。这就说明 ORDER BY 关键字可以设置查询结果按某个字段进行排序，而且默认情况下，是按升序进行排序的。

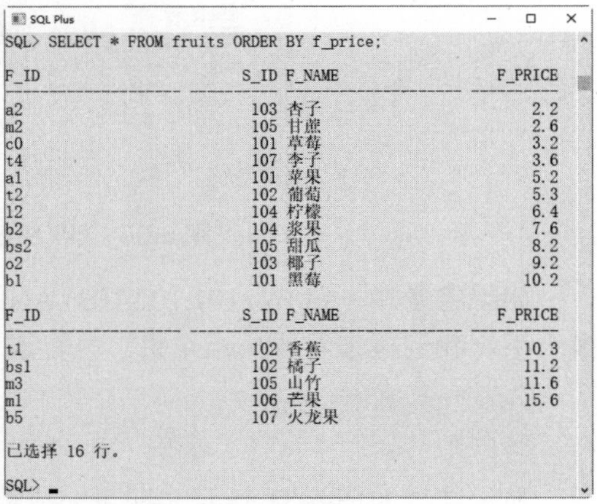

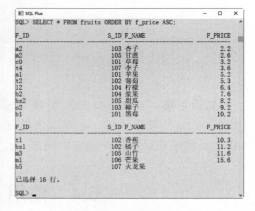

图 6-32　默认排序方式

6.4.2　使用升序排序方式

在 ORDER BY 子句后添加 ASC 参数，可以实现数据的升序排序。

实例 17　使用升序排序方式查询数据

查询水果表 fruits 中的所有记录，按照 f_price 字段的升序方式进行排序，执行语句如下：

```
SELECT * FROM fruits ORDER BY f_price ASC;
```

显示结果如图 6-33 所示，即可完成数据的排序查询，并显示查询结果。从查询结果可以看出，fruits 表中的记录是按照 f_price 字段的值进行升序排序的。这就说明，加上 ASC 参数，记录是按照升序进行排序的，这与不加 ASC 参数返回的结果一样。

图 6-33　对查询结果升序排序

6.4.3　使用降序排序方式

在 ORDER BY 子句后添加 DESC 参数，可以实现数据的降序排序。

实例 18　使用降序排序方式查询数据

查询水果表 fruits 中的所有记录，按照 f_price 字段的降序方式进行排序，执行语句如下：

```
SELECT * FROM fruits ORDER BY f_price DESC;
```

执行结果如图 6-34 所示，即可完成数据的排序查询，并显示查询结果。从查询结果可以看出，fruits 表中的记录是按照 f_price 字段的值进行降序排序的。这就说明，加上 DESC 参数，记录是按照降序进行排序的。

第 6 章 SQL 查询基础

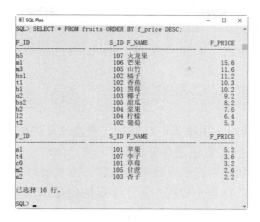

图 6-34 对查询结果降序排序

 在查询时,如果数据表中要排序的字段中有空值(NULL)时,这条记录将显示为第一条记录。因此,按升序排序时,含空值的记录将最先显示。可以理解为空值是该字段的最小值,而按降序排序时,该字段为空值的记录将最后显示。

6.5 使用 GROUP BY 子句

分组查询是对数据按照某个或多个字段进行分组,Oracle 中使用 GROUP BY 子句对数据进行分组,语法格式如下:

```
[GROUP BY 字段]  [HAVING <条件表达式>]
```

主要参数介绍如下。
- 字段表示进行分组时所依据的列名称。
- HAVING <条件表达式>:指定 GROUP BY 分组显示时需要满足的限定条件。

6.5.1 对查询结果进行分组

GROUP BY 子句通常和分组函数一起使用,例如 MAX()、MIN()、COUNT()、SUM()、AVG()。

实例 19 对查询结果进行分组显示

根据 s_id 字段对 fruits 表中的数据进行分组,执行语句如下:

```
SELECT s_id, COUNT(*) AS Total FROM fruits
GROUP BY s_id;
```

显示结果如图 6-35 所示。从查询结果显示,s_id 表示水果供应商编号,Total 字段使用 COUNT()函数计算得出,GROUP BY 子句按照编号 s_id 字段将数据分组。

使用 GROUP BY 可以对多个字段进行分组,GROUP BY 子句后面跟需要分组的字段。Oracle 数据库根据多字段的值来进行层次分组,分组层次从左到右,即先按第 1 个字段分组,然后在第 1 个字段值相同的记录中再根据第 2 个字段的值进行分组,以此类推。

例如,根据水果供应商编号 s_id 和水果名称 f_name 字段对 fruits 表中的数据进行分组,执行语句如下:

```
SELECT s_id, f_name FROM fruits
GROUP BY s_id, f_name;
```

显示结果如图 6-36 所示。由结果可以看到,查询记录先按 s_id 字段进行分组,再对水果名称 f_name 字段按不同的取值进行分组。

如果要查看每个供应商提供的水果种类的名称,该怎么办呢?可以在 GROUP BY 子句中使用 LISTAGG()函数,将每个分组中各个字段的值显示出来。

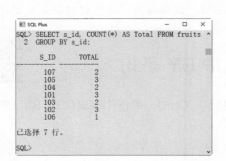

图 6-35 对查询结果分组

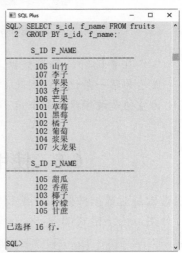

图 6-36 根据多列对查询结果排序

例如,根据 s_id 对 fruits 表中的数据进行分组,将每个供应商的水果名称显示出来,执行语句如下:

```
SELECT s_id, LISTAGG(f_name,',') within group (order by s_id ) AS names
FROM fruits GROUP BY s_id;
```

显示结果如下:

```
S_ID   NAMES
------ ------------------------------
101    苹果,草莓,黑莓
102    橘子,葡萄,香蕉
103    杏子,椰子
104    柠檬,浆果
105    山竹,甘蔗,甜瓜
106    芒果
107    李子,火龙果
```

由结果可以看到,LISTAGG()函数将每个分组中的名称显示出来了,其名称的个数与 COUNT()函数计算出来的相同。

6.5.2 对分组结果过滤查询

GROUP BY 可以和 HAVING 一起限定显示记录所需满足的条件,只有满足条件的分组才会被显示。

实例 20 对查询结果进行分组并过滤显示

根据 s_id 字段对 fruits 表中的数据进行分组,并显示水果数量大于 1 的分组信息,执行语句如下:

```
SELECT s_id, LISTAGG(f_name,',') within group (order by s_id ) AS names
FROM fruits
GROUP BY s_id HAVING COUNT(f_name) > 1;
```

显示结果如下:

```
S_ID   NAMES
------ ------------------------------
101    苹果,草莓,黑莓
102    橘子,葡萄,香蕉
103    杏子,椰子
104    柠檬,浆果
105    山竹,甘蔗,甜瓜
107    李子,火龙果
```

由结果可以看到,s_id 为 106 的水果供应商的数量为 1,不满足这里的限定条件,因此不在返回结果中。

6.6 使用分组函数

有时候并不需要返回实际表中的数据,而只是对数据进行总结,Oracle 提供了一些查询功能,可以对获取的数据进行分析和报告,这就是分组函数,具体的名称和作用如表 6-3 所示。

表 6-3 分组函数

函 数	作 用
AVG()	返回某列的平均值
COUNT()	返回某列的行数
MAX()	返回某列的最大值
MIN()	返回某列的最小值
SUM()	返回某列值的和

6.6.1 使用 SUM()求列的和

SUM()是一个求总和的函数,返回指定列值的总和。

实例 21 使用 SUM()函数统计列的和

使用 SUM()函数统计 fruits 表中供应商 s_id 为 107 的水果订单的总价格，执行语句如下：

```
SELECT SUM(f_price) AS sum_price
FROM fruits
WHERE s_id = 107;
```

显示结果如图 6-37 所示，即可完成数据的计算操作，并显示计算结果。

另外，SUM()可以与 GROUP BY 一起使用，来计算每个分组的总和。例如，使用 SUM()函数统计 fruits 表中不同 s_id 的水果价格总和，输入 SQL 语句如下：

```
SELECT s_id,SUM(f_price) AS sum_price
FROM fruits
GROUP BY s_id;
```

显示结果如图 6-38 所示，即可完成数据的计算操作，并显示计算结果。由查询结果可以看到，表中的记录先通过 GROUP BY 关键字进行分组，然后，通过 SUM()函数计算每个分组的水果价格总和。

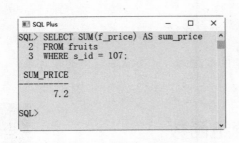

图 6-37 SUM()函数统计列的和

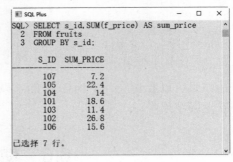

图 6-38 SUM()与 GROUP BY 查询数据

注意 SUM()函数在计算时，会忽略列值为 NULL 的行。

6.6.2 使用 AVG()求列平均值

AVG()函数通过计算返回的行数和每一行数据的和，求得指定列数据的平均值。

实例 22 使用 AVG()函数统计列的平均值

在 fruits 表中，查询 s_id 为 101 的水果价格的平均值，执行语句如下：

```
SELECT AVG(f_price) AS avg_price
FROM fruits
WHERE s_id=101;
```

显示结果如图 6-39 所示。该例中通过添加查询过滤条件，计算出指定水果供应商所供应水果的平均值。

另外，AVG()可以与 GROUP BY 一起使用，来计算每个分组的平均值。

例如，在 fruits 表中，查询每一个水果供应商所供应水果价格的平均值，执行语句如下：

```
SELECT s_id,AVG(f_price) AS avg_price
FROM fruits
GROUP BY s_id;
```

显示结果如图 6-40 所示。

　　　　GROUP BY 子句根据 s_id 字段对记录进行分组，然后计算出每个分组的平均值，这种分组求平均值的方法非常有用，例如，求不同班级学生成绩的平均值，求不同部门工人的平均工资，求各地的年平均气温等。

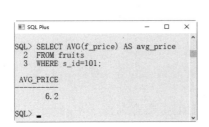

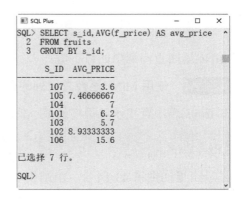

图 6-39　使用 AVG()函数对列求平均值　　　图 6-40　使用 AVG()函数对分组求平均值

6.6.3　使用 MAX()求列最大值

MAX()返回指定列中的最大值。

实例 23　使用 MAX()函数查找列的最大值

在 fruits 表中查找水果价格的最大值，执行语句如下：

```
SELECT MAX(f_price) AS max_price
FROM fruits;
```

显示结果如图 6-41 所示，由结果可以看到，MAX()函数查询出了 f_price 字段中的最大值 15.6。

MAX()也可以和 GROUP BY 子句一起使用，求每个分组中的最大值。

例如，在 fruits 表中查找不同水果供应商所提供水果价格的最大值，执行语句如下：

```
SELECT s_id, MAX(f_price) AS max_price
FROM fruits
GROUP BY s_id;
```

显示结果如图 6-42 所示。由结果可以看到，GROUP BY 子句根据 s_id 字段对记录进行分组，然后计算出每个分组中的最大值。

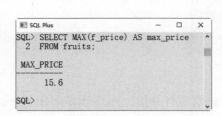

图 6-41 使用 MAX()函数求最大值

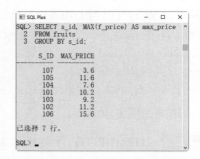

图 6-42 使用 MAX()函数求每个分组中的最大值

6.6.4 使用 MIN()求列最小值

MIN()返回查询列中的最小值。

实例 24 使用 MIN()函数查找列的最小值

在 fruits 表中查找水果价格的最小值，执行语句如下：

```
SELECT MIN(f_price) AS min_price
FROM fruits;
```

显示结果如图 6-43 所示。由结果可以看到，MIN()函数查询出了 f_price 字段的最小值 2.2。

另外，MIN()函数也可以和 GROUP BY 子句一起使用，求每个分组中的最小值。

例如，在 fruits 表中查找不同水果供应商所提供水果价格的最小值，执行语句如下：

```
SELECT s_id, MIN(f_price) AS min_price
FROM fruits
GROUP BY s_id;
```

显示结果如图 6-44 所示。由结果可以看到，GROUP BY 子句根据 s_id 字段对记录进行分组，然后计算出每个分组中的最小值。

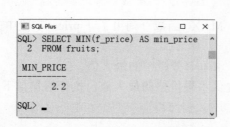

图 6-43 使用 MIN()函数求列最小值

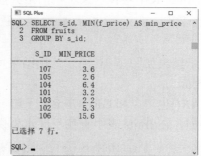

图 6-44 使用 MIN()函数求分组中的最小值

MIN()函数与 MAX()函数类似，不仅适用于查找数值类型的数据，也可用于查找字符类型。

6.6.5 使用 COUNT()统计

COUNT()函数统计数据表中包含的记录行的总数，或者根据查询结果返回列中包含的数据行数。其使用方法有两种。
- COUNT(*)：计算表中总的行数，不管某列有数值或者为空值。
- COUNT(字段名)：计算指定列下总的行数，计算时将忽略字段中为空值的行。

实例 25 使用 COUNT()统计数据表的行数

查询水果信息表 fruits 表中总的行数，执行语句如下：

```
SELECT COUNT(*) AS 水果总种类
FROM fruits;
```

显示查询结果如图 6-45 所示，由查询结果可以看到，COUNT(*)返回水果信息表 fruits 中记录的总行数，不管其值是什么，返回的总数为水果信息数据记录的总数。

当要查询的信息为空值时，COUNT()函数不计算该行记录。

例如，查询水果信息表 fruits 中有 f_price 字段信息的记录总数，执行语句如下：

```
SELECT COUNT(f_price) AS f_price_num
FROM fruits;
```

执行查询结果如图 6-46 所示。由查询结果可以看到，表中 16 个水果数据记录只有 1 个没有价格信息，因此返回数值为 15。

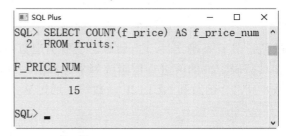

图 6-45　使用 COUNT()函数计算总记录数　　图 6-46　返回有具体列值的记录总数

实例 25 中的两个小例子中不同的数值，说明了两种方式在计算总数的时候对待 NULL 值的方式不同：指定列的值为空的行被 COUNT()函数忽略；如果不指定列，而是在 COUNT()函数中使用星号"*"，则所有记录都不会被忽略。

另外，COUNT()函数与 GROUP BY 子句可以一起使用，用来计算不同分组中的记录总数。

例如，在 fruits 表中，使用 COUNT()函数统计不同水果供应商所供应的水果数量，执行语句如下：

```
SELECT s_id as 水果供应商, COUNT(f_name) 水果数量
FROM fruits
GROUP BY s_id;
```

执行结果如图 6-47 所示。由查询结果可以看到，GROUP BY 子句先按照水果供应商编号进行分组，然后计算每个分组中的总记录数。

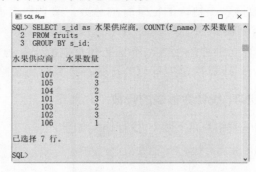

图 6-47　使用 COUNT()函数求分组记录和

6.7　就业面试问题解答

面试问题 1：　如果想要查询一个特定条件的表该怎么办呢？

Oracle 提供了 WHERE 子句来限制查询条件，WHERE 子句可以限制选择的行数。这样可以实现满足一定条件的数据查询，实现更加灵活的应用。

面试问题 2：在 Oracle 数据库中，怎么理解空值？

空值是非常特殊的值，既不能说它不存在，也不能说它是零。空值表示一类没有定义的值，具有不确定性。当然对于空值的运算也具有特殊性，因为具有不确定性的值是无法和具有确定性的值进行逻辑或算术运算的，Oracle 提供了一类空值处理函数，如 NVL 函数、NVL2 函数和 NULLIF 函数等，通过这些函数可以实现空值的运算。

6.8　上机练练手

上机练习 1：创建数据表并在数据表中插入数据

创建数据表 employee 和 dept，表结构以及表中的数据记录如表 6-4～表 6-7 所示。

表 6-4　employee 表结构

字段名	字段说明	数据类型	主　键	外　键	非　空	唯　一	自　增
e_no	员工编号	NUMBER(11)	是	否	是	是	否
e_name	员工姓名	VARCHAR2(50)	否	否	是	否	否
e_gender	员工性别	CHAR(4)	否	否	否	否	否
dept_no	部门编号	NUMBER(11)	否	否	是	否	否
e_job	职位	VARCHAR2(50)	否	否	否	否	否
e_salary	薪水	NUMBER(11)	否	否	否	否	否
hireDate	入职日期	DATE	否	否	否	否	否

表 6-5　dept 表结构

字段名	字段说明	数据类型	主键	外键	非空	唯一	自增
d_no	部门编号	NUMBER(11)	是	是	是	是	是
d_name	部门名称	VARCHAR2(50)	否	否	是	否	否
d_location	部门地址	VARCHAR2(100)	否	否	否	否	否

表 6-6　employee 表中的记录

e_no	e_name	e_gender	dept_no	e_job	e_salary	hireDate
1001	SMITH	m	20	CLERK	800	2005-11-12
1002	ALLEN	f	30	SALESMAN	1600	2003-05-12
1003	WARD	f	30	SALESMAN	1250	2003-05-12
1004	JONES	m	20	MANAGER	2975	1998-05-18
1005	MARTIN	m	30	SALESMAN	1250	2001-06-12
1006	BLAKE	f	30	MANAGER	2850	1997-02-15
1007	CLARK	m	10	MANAGER	2450	2002-09-12
1008	SCOTT	m	20	ANALYST	3000	2003-05-12
1009	KING	f	10	PRESIDENT	5000	1995-01-01
1010	TURNER	f	30	SALESMAN	1500	1997-10-12
1011	ADAMS	m	20	CLERK	1100	1999-10-05
1012	JAMES	f	30	CLERK	950	2008-06-15

表 6-7　dept 表中的记录

d_no	d_name	d_location
10	ACCOUNTING	ShangHai
20	RESEARCH	BeiJing
30	SALES	ShenZhen
40	OPERATIONS	FuJian

(1) 创建数据表 dept，并为 d_no 字段添加主键约束。

(2) 创建 employee 表，为 dept_no 字段添加外键约束，这里 employee 表 dept_no 依赖于父表 dept 的主键 d_no 字段。

(3) 向 dept 表中插入数据。

(4) 向 employee 表中插入数据。

上机练习 2：查询数据表中满足条件的数据记录

(1) 在 employee 表中，查询所有记录的 e_no、e_name 和 e_salary 字段值。

(2) 在 employee 表中，查询 dept_no 等于 10 和 20 的所有记录。

(3) 在 employee 表中，查询工资范围在 800～2500 之间的员工信息。

(4) 在 employee 表中，查询部门编号为 20 的部门中的员工信息。

(5) 在 employee 表中，查询每个部门最高工资的员工信息。
(6) 查询员工 BLAKE 所在部门和部门所在地。
(7) 查询所有员工的部门和部门信息。
(8) 在 employee 表中，计算每个部门各有多少名员工。
(9) 在 employee 表中，计算不同类型职工的总工资数。
(10) 在 employee 表中，计算不同部门的平均工资。
(11) 在 employee 表中，查询工资低于 1500 的员工信息。
(12) 在 employee 表中，将查询记录先按部门编号由高到低排列，再按员工工资由高到低排列。

第 7 章

SQL 高级查询

　　数据库管理系统的一个重要功能就是提供数据查询。数据查询不是简单地返回数据库中存储的数据,而是根据需要对数据进行筛选,以及数据将以什么样的格式显示。本章就来介绍数据表中数据的复杂查询,主要内容包括嵌套查询、多表连接查询、使用排序函数查询、使用正则表达式查询等。

7.1 多表嵌套查询

多表嵌套查询又被称为子查询,在 SELECT 子句中先计算子查询,子查询结果作为外层另一个查询的过滤条件,查询可以基于一个表或者多个表。子查询中可以使用比较运算符,如 "<" "<=" ">" ">=" 和 "!=" 等,子查询中常用的操作符有 ANY、SOME、ALL、IN、EXISTS 等。

7.1.1 使用比较运算符的嵌套查询

为演示多表之间的嵌套查询操作,这里创建 employee 表并在表中插入数据记录。创建 employee 表的代码如下:

```
CREATE TABLE employee
(
e_id      number(2)       NOT NULL,
d_id      number(6)       NOT NULL,
name      varchar2(10)    NOT NULL,
age       number(4)       NOT NULL,
sex       varchar2(4)     NOT NULL,
info      varchar2(20)    NOT NULL
);
```

插入数据记录的代码如下:

```
INSERT INTO employee (e_id,d_id,name,age,sex,info) VALUES (1,1001,'张丹','28','女','北京市海淀区');
INSERT INTO employee (e_id,d_id,name,age,sex,info) VALUES (2,1001,'李煜','29','男','北京市昌平区');
INSERT INTO employee (e_id,d_id,name,age,sex,info) VALUES (3,1002,'张峰','49','男','上海市浦东区');
INSERT INTO employee (e_id,d_id,name,age,sex,info) VALUES (4,1004,'王凯','39','男','郑州市金水区');
```

接着还需要创建 department 表,执行语句如下:

```
CREATE TABLE department
(
  d_id      number(6),
  d_name    varchar2(12),
  function  varchar2(20),
  address   varchar2(20)
);
```

创建好数据表,下面向数据表 department 中添加数据记录,执行语句如下:

```
INSERT INTO department (d_id,d_name,function,address) VALUES('1001','科研部','研发产品','科研楼1层');
INSERT INTO department (d_id,d_name,function,address) VALUES('1002','生产部','生产产品','厂区1号楼');
INSERT INTO department (d_id,d_name,function,address) VALUES('1003','销售部','策划销售','行政楼1层');
```

第 7 章 SQL 高级查询

实例 1 使用比较运算符进行嵌套查询

在 department 表中查询部门名称为"科研部"的编号 d_id，然后在 employee 表中查询所有属于该部门编号的员工信息，执行语句如下：

```
SELECT e_id,name,age,sex,info FROM employee
WHERE d_id=
(SELECT d_id FROM department WHERE d_name='科研部');
```

显示结果如图 7-1 所示。该子查询首先在 department 表中查找 d_name 等于科研部的编号 d_id，然后在外层查询时，在 employee 表中查找 d_id 等于内层查询返回值的记录。

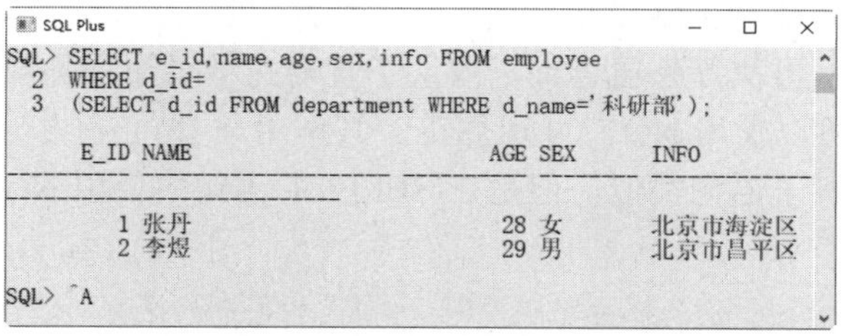

图 7-1 使用等号运算符进行比较子查询

例如，在 department 表中查询 d_name 等于科研部的部门编号 d_id，然后在 employee 表中查询所有非该部门的员工信息，执行语句如下：

```
SELECT e_id,name,age,sex,info FROM employee
WHERE d_id<>
(SELECT d_id FROM department WHERE d_name='科研部');
```

显示结果如图 7-2 所示。该子查询的执行过程与前面相同，在这里使用了不等于"<>"运算符，因此返回的结果和前面正好相反。

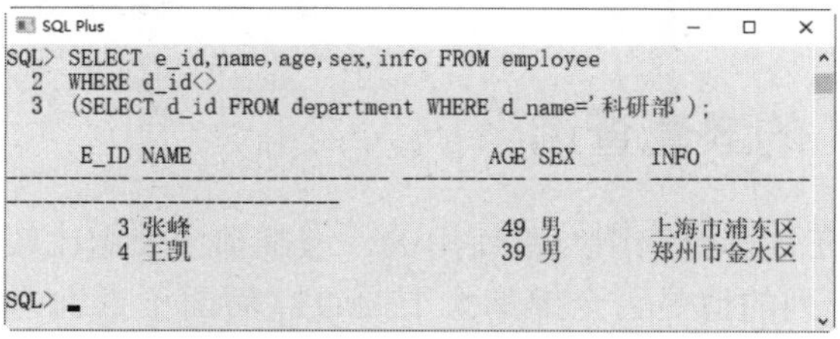

图 7-2 使用不等号运算符进行比较子查询

7.1.2 使用 IN 的嵌套查询

使用 IN 关键字进行嵌套查询时，内层查询语句仅仅返回一个数据列，这个数据列里的值将提供给外层查询语句进行比较操作。

实例 2 使用 IN 关键字进行嵌套查询

在 employee 表中查询员工 e_id 为"2"的部门编号，然后根据部门编号 d_id 查询其部门名称 d_name，执行语句如下：

```
SELECT d_name FROM department
```

```
WHERE d_id IN
(SELECT d_id FROM employee WHERE e_id =2);
```

执行结果如图 7-3 所示。这个查询过程可以分步执行，首先内层子查询查出 employee 表中符合条件的部门编号的 d_id，查询结果为 1001。然后执行外层查询，在 department 表中查询部门编号的 d_id 等于 1001 的部门名称。

另外，上述查询过程可以分开执行这两条 SELECT 语句，对比其返回值。子查询语句可以写为如下形式，以实现相同的效果：

```
SELECT d_name FROM department WHERE d_id IN(1001);
```

这个例子说明在处理 SELECT 语句的时候，SQL Server 实际上执行了两个操作过程，即先执行内层子查询，再执行外层查询，内层子查询的结果作为外部查询的比较条件。

SELECT 语句中可以使用 NOT IN 运算符，其作用与 IN 正好相反。

例如，与前一个例子语句类似，但是在 SELECT 语句中使用 NOT IN 运算符，执行语句如下：

```
SELECT d_name FROM department
WHERE d_id NOT IN
(SELECT d_id FROM employee WHERE e_id =2);
```

执行结果如图 7-4 所示。

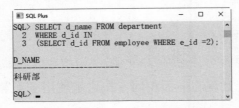 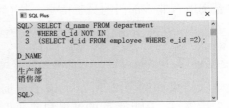

图 7-3 使用 IN 关键字进行子查询　　　　图 7-4 使用 NOT IN 运算符进行子查询

7.1.3 使用 ANY 的嵌套查询

ANY 关键字也是在嵌套查询中经常使用的。通常都会使用比较运算符来连接 ANY 得到结果，用于比较某一列的值是否全部都大于 ANY 后面子查询中查询的最小值或者小于 ANY 后面嵌套查询中的最大值。

实例3 使用 ANY 关键字进行嵌套查询

使用嵌套查询来查询部门"科研部(d_id=1001)"中员工年龄小于"生产部"中员工年龄的员工信息，执行语句如下：

```
SELECT * FROM employee
WHERE age<ANY
(SELECT age FROM employee
WHERE d_id=(SELECT d_id FROM department WHERE d_name='生产部'))
AND d_id=1001;
```

执行结果如图 7-5 所示。

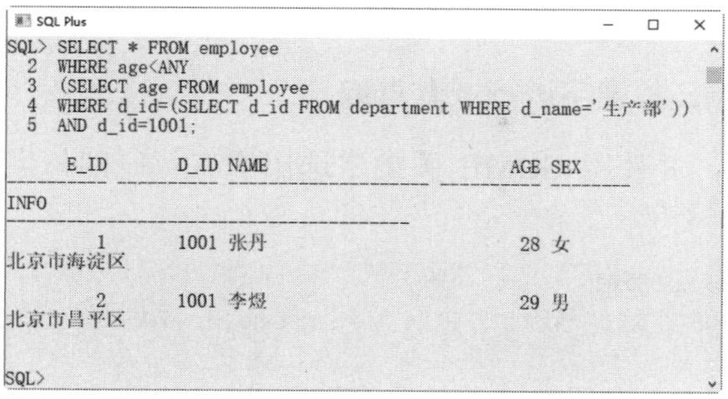

图 7-5 使用 ANY 关键字查询

从查询结果中可以看出，ANY 前面的运算符"<"代表了对 ANY 后面嵌套查询的结果中任意值进行是否小于的判断，如果要判断大于可以使用">"运算符，判断不等于可以使用"!="运算符。

7.1.4 使用 ALL 的嵌套查询

ALL 关键字与 ANY 不同，使用 ALL 时需要同时满足所有内层查询的条件。

实例 4 使用 ALL 关键字进行嵌套查询

使用嵌套查询来查询部门"科研部(d_id=1001)"中员工年龄小于部门"生产部"员工年龄的员工信息，执行语句如下：

```
SELECT * FROM employee
WHERE age<ALL
(SELECT age FROM employee
WHERE d_id=(SELECT d_id FROM department WHERE d_name='生产部'))
AND d_id=1001;
```

执行结果如图 7-6 所示。

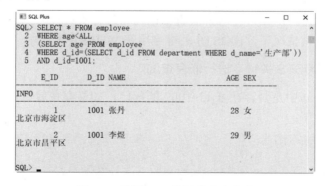

图 7-6 使用 ALL 关键字嵌套查询

7.1.5 使用 SOME 的子查询

SOME 关键字的用法与 ANY 关键字的用法相似，但是意义不同。SOME 通常用于比较满足查询结果中的任意一个值，而 ANY 要满足所有值才可以。因此，在实际应用中，需要特别注意查询条件。

实例5 使用 SOME 关键字进行嵌套查询

查询 employee 表，并使用 SOME 关键字选出所有科研部与生产部的员工信息。执行语句如下：

```
SELECT * FROM employee
WHERE d_id=SOME(SELECT d_id FROM department WHERE d_name='科研部' OR
d_name='生产部');
```

执行结果如图 7-7 所示。

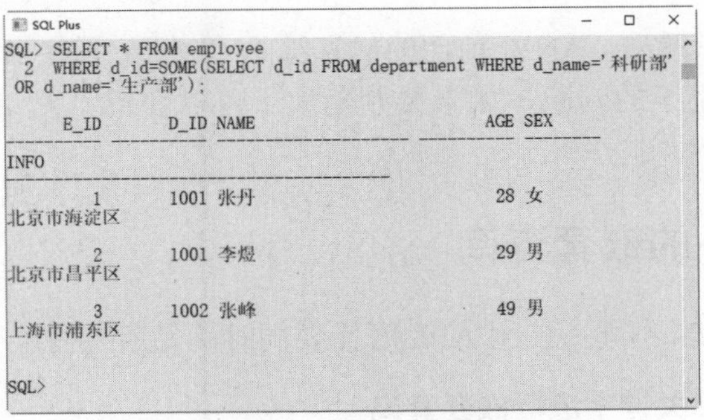

图 7-7 使用 SOME 关键字查询

从结果中可以看出，所有生产部与科研部的员工信息都查询出来了，SOME 关键字与 IN 关键字可以完成相同的功能。也就是说，当在 SOME 运算符前面使用"="时，就代表了 IN 关键字的用途。

7.1.6 使用 EXISTS 的嵌套查询

EXISTS 关键字代表"存在"的意思，应用于嵌套查询中，只要嵌套查询返回的结果不为空，返回结果就是 TRUE，此时外层查询语句将进行查询；否则就是 FALSE，外层语句将不进行查询。通常情况下，EXISTS 关键字用在 WHERE 子句中。

实例6 使用 EXISTS 关键字进行嵌套查询

查询表 department 中是否存在 d_id=1002 的部门，如果存在就查询 employee 表中的员工信息，执行语句如下：

```
SELECT * FROM employee
WHERE EXISTS
(SELECT d_name FROM department WHERE d_id =1002);
```

执行结果如图 7-8 所示。由结果可以看到，内层查询结果表明 department 表中存在 s_id=106 的记录，因此 EXISTS 表达式返回 TRUE；外层查询语句接收 TRUE 之后对表 employee 进行查询，返回所有的记录。

EXISTS 关键字还可以和条件表达式一起使用。

第 7 章 SQL 高级查询

```
SQL> SELECT * FROM employee
  2  WHERE EXISTS
  3  (SELECT d_name FROM department WHERE d_id =1002);

      E_ID      D_ID NAME                  AGE SEX    INFO
---------- ---------- -------------------- ---- ---   ----------
         1      1001 张丹                   28 女    北京市海淀区
         2      1001 李煜                   29 男    北京市昌平区
         3      1002 张峰                   49 男    上海市浦东区
         4      1004 王凯                   39 男    郑州市金水区

SQL>
```

图 7-8　使用 EXISTS 关键字查询

例如：查询表 department 中是否存在 d_id=1002 的部门，如果存在就查询 employee 表中 age 大于 30 的记录，执行语句如下：

```
SELECT * FROM employee
WHERE age>30 AND EXISTS
(SELECT d_name FROM department WHERE d_id =1002);
```

执行结果如图 7-9 所示。由结果可以看到，内层查询结果表明 department 表中存在 d_id=1002 的记录，因此 EXISTS 表达式返回 TRUE；外层查询语句接收 TRUE 之后根据查询条件 age>30 对 employee 表进行查询，返回结果为 age 大于 30 的记录。

```
SQL> SELECT * FROM employee
  2  WHERE age>30 AND EXISTS
  3  (SELECT d_name FROM department WHERE d_id =1002);

      E_ID      D_ID NAME                  AGE SEX    INFO
---------- ---------- -------------------- ---- ---   ----------
         3      1002 张峰                   49 男    上海市浦东区
         4      1004 王凯                   39 男    郑州市金水区

SQL>
```

图 7-9　使用 EXISTS 关键字的复合条件查询

NOT EXISTS 与 EXISTS 的使用方法相同，返回的结果相反。子查询如果返回数据记录，那么 NOT EXISTS 的结果为 FALSE，此时外层查询语句将不进行查询；如果子查询没有返回任何行，那么 NOT EXISTS 返回的结果是 TRUE，此时外层语句将进行查询。

例如，查询表 department 中是否存在 d_id=1002 的部门，如果不存在就查询 employee 表中的记录，执行语句如下：

```
SELECT * FROM employee
WHERE NOT EXISTS
(SELECT d_name FROM department WHERE d_id =1002);
```

执行结果如图 7-10 所示。该条语句的查询结果将为空值，因为查询语句 SELECT d_name FROM department WHERE d_id=1002 对 department 表查询返回了一条记录，NOT EXISTS 表达式返回 FALSE，外层表达式接收到 FALSE，将不再查询 employee 表中的记录。

注意　　EXISTS 和 NOT EXISTS 的结果只取决于是否会返回行，而不取决于这些行的内容，所以这个子查询输入列表通常是无关紧要的。

图 7-10 使用 NOT EXISTS 关键字的复合条件查询

7.2 多表内连接查询

连接是关系数据库模型的主要特点，连接查询是关系数据库中最主要的查询，主要包括内连接、外连接等。内连接查询操作列出与连接条件匹配的数据行，使用比较运算符比较被连接列的列值。

具体的语法格式如下：

```
SELECT column_name1, column_name2,……
FROM table1 INNER JOIN table2
ON conditions;
```

主要参数介绍如下。
- table1：数据表 1，通常在内连接中被称为左表。
- table2：数据表 2，通常在内连接中被称为右表。
- INNER JOIN：内连接的关键字。
- ON conditions：设置内连接中的条件。

7.2.1 笛卡儿积查询

笛卡儿积是针对多表查询的特殊结果来说的，它的特殊之处在于多表查询时没有指定查询条件，查询的是多个表中的全部记录，返回到具体结果是每张表中列的和、行的积。

实例 7 模拟笛卡儿积查询

不使用任何条件查询 employee 表与 department 表中的全部数据，执行语句如下：

```
SELECT *FROM employee,department;
```

执行结果如图 7-11 所示。从结果可以看出，返回的列共有 10 列，这是两个表的列的和，返回的行是 12 行，这是两个表行的乘积，即 4*3=12。

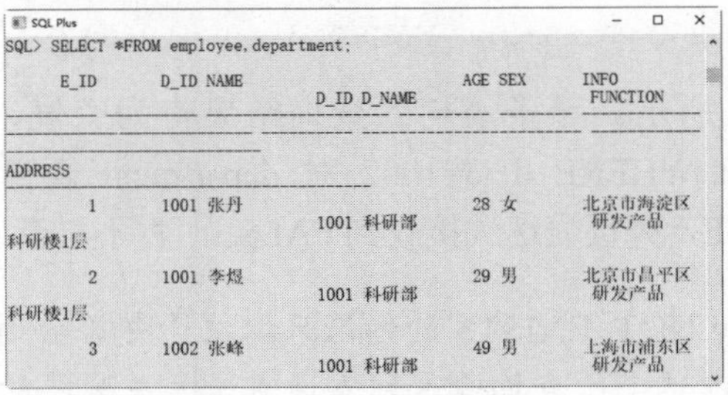

图 7-11 笛卡儿积查询结果

注意　通过笛卡儿积可以得出，在使用多表连接查询时，一定要设置查询条件，否则就会出现笛卡儿积，这样会降低数据库的访问效率，因此每一个数据库的使用者都要避免查询结果中笛卡儿积的产生。

7.2.2　内连接的简单查询

内连接可以理解为等值连接，它的查询结果全部都是符合条件的数据。

实例 8　使用内连接方式查询

使用内连接查询 employee 表和 department 表，执行语句如下：

```
SELECT * FROM employee INNER JOIN department
ON employee.d_id=department.d_id;
```

执行结果如图 7-12 所示。从结果可以看出，内连接查询的结果就是符合条件的全部数据。

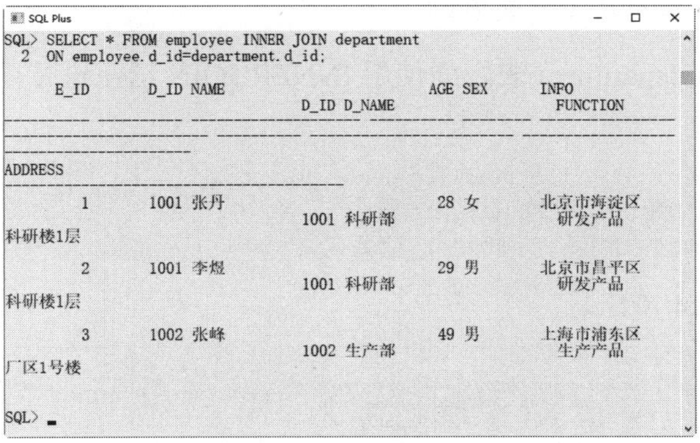
SQL Plus
```
SQL> SELECT * FROM employee INNER JOIN department
  2  ON employee.d_id=department.d_id;

      E_ID       D_ID NAME                     AGE SEX     INFO
                           D_ID D_NAME                       FUNCTION
---------- ---------- -------------------- ---------- -------- ----------------
-------------------- ---------- -------------------- ----------------
--------------------
ADDRESS
----------------------------------------
         1       1001 张丹                      28 女       北京市海淀区
                           1001 科研部                      研发产品
科研楼1层

         2       1001 李煜                      29 男       北京市昌平区
                           1001 科研部                      研发产品
科研楼1层

         3       1002 张峰                      49 男       上海市浦东区
                           1002 生产部                      生产产品
厂区1号楼

SQL>
```

图 7-12　内连接的简单查询结果

7.2.3　相等内连接的查询

相等连接又叫等值连接，在连接条件中使用等号(=)运算符比较被连接列的列值，其查询结果中列出被连接表中的所有列，包括其中的重复列。

employee 表中的 d_id 与 department 表中的 d_id 具有相同的含义，两个表通过这个字段建立联系。接下来从 employee 表中查询 name、age 字段，从 department 表中查询 d_id、d_name 字段。

实例 9　使用相等内连接方式查询

在 employee 表和 department 表之间使用 INNER JOIN 语法进行内连接查询，执行语句如下：

```
SELECT department.d_id,d_name,name,age
FROM employee INNER JOIN department
ON employee.d_id=department.d_id;
```

执行结果如图 7-13 所示。在这里的查询语句中，两个表之间的关系通过 INNER JOIN

指定，在使用这种语法的时候，连接的条件使用 ON 子句给出而不是 WHERE，ON 和 WHERE 后面指定的条件相同。

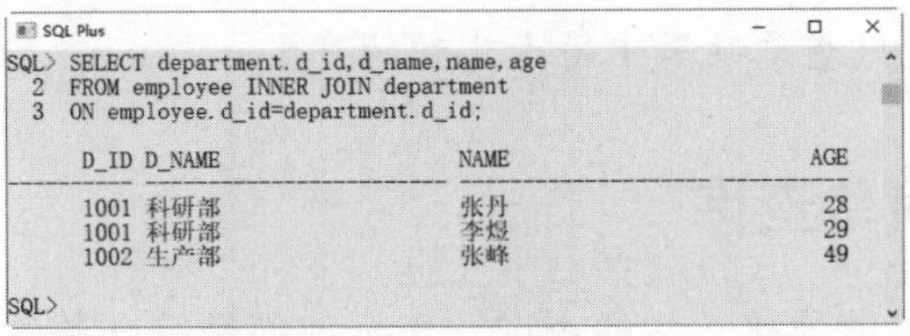
```
SQL> SELECT department.d_id,d_name,name,age
  2  FROM employee INNER JOIN department
  3  ON employee.d_id=department.d_id;

      D_ID D_NAME                   NAME                      AGE
---------- ------------------------ -------------------- ----------
      1001 科研部                   张丹                       28
      1001 科研部                   李煜                       29
      1002 生产部                   张峰                       49

SQL>
```

图 7-13　使用 INNER JOIN 进行相等内连接查询

7.2.4　不等内连接的查询

不等内连接查询是指在连接条件中使用除等于运算符以外的其他比较运算符，比较被连接的列的列值。这些运算符包括“>” “>=” “<=” “<” “!>” “! <”和“<>”。

实例 10　**使用不等内连接方式查询**

在 employee 表和 department 表之间使用 INNER JOIN 语法进行内连接查询，执行语句如下：

```
SELECT department.d_id,d_name,name,age
FROM employee INNER JOIN department
ON employee.d_id<>department.d_id;
```

执行结果如图 7-14 所示。

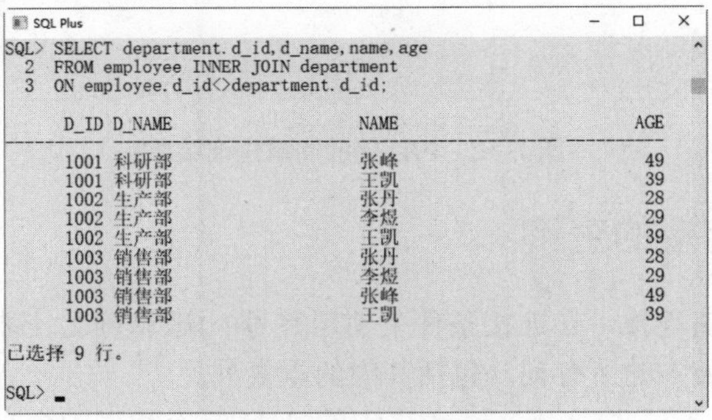
```
SQL> SELECT department.d_id,d_name,name,age
  2  FROM employee INNER JOIN department
  3  ON employee.d_id<>department.d_id;

      D_ID D_NAME                   NAME                      AGE
---------- ------------------------ -------------------- ----------
      1001 科研部                   张峰                       49
      1001 科研部                   王凯                       39
      1002 生产部                   张丹                       28
      1002 生产部                   李煜                       29
      1002 生产部                   王凯                       39
      1003 销售部                   张丹                       28
      1003 销售部                   李煜                       29
      1003 销售部                   张峰                       49
      1003 销售部                   王凯                       39

已选择 9 行。

SQL>
```

图 7-14　使用 INNER JOIN 进行不等内连接查询

7.2.5　带条件的内连接查询

带选择条件的连接查询是在连接查询的过程中，通过添加过滤条件限制查询的结果，使查询的结果更加准确。

实例 11　**使用带条件的内连接方式查询**

在 employee 表和 department 表中，使用 INNER JOIN 语法查询 employee 表中部门编号为 1001 的员工编号、名称与部门所在地址 address，执行语句如下：

```
SELECT employee.e_id, employee.name,department.address
FROM employee INNER JOIN department
ON employee.d_id= department.d_id AND employee.d_id=1001;
```

执行结果如图 7-15 所示。结果显示，在连接查询时指定查询部门编号为 1001 的员工编号、名称以及该部门的所在地址信息，添加了过滤条件之后返回的结果将会变少，因此返回结果只有 2 条记录。

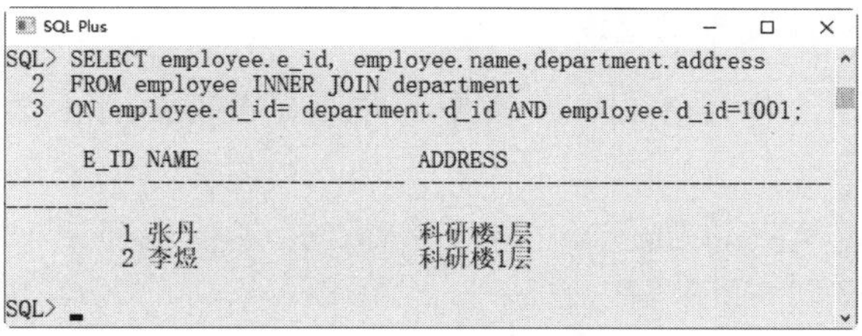

图 7-15　带选择条件的内连接查询

7.3　多表外连接查询

几乎所有的查询语句，查询结果全部都是需要符合条件才能查询出来的。换句话说，如果执行查询语句后没有符合条件的结果，那么在结果中就不会有任何记录。外连接查询则与之相反，通过外连接查询，可以在查询出符合条件的结果后显示出某张表中不符合条件的数据。

7.3.1　认识外连接查询

外连接查询包括左外连接、右外连接以及全外连接。具体的语法格式如下：

```
SELECT column_name1, column_name2,…
FROM table1 LEFT|RIGHT|FULL OUTER JOIN table2
ON conditions;
```

主要参数介绍如下。
- table1：数据表 1，通常在外连接中被称为左表。
- table2：数据表 2，通常在外连接中被称为右表。
- LEFT OUTER JOIN(左连接)：左外连接，使用左外连接时得到的查询结果中，除了符合条件的查询部分结果，还要加上左表中余下的数据。
- RIGHT OUTER JOIN(右连接)：右外连接，使用右外连接时得到的查询结果中，除了符合条件的查询部分结果，还要加上右表中余下的数据。
- FULL OUTER JOIN(全连接)：全外连接，使用全外连接时得到的查询结果中，除了符合条件的查询结果部分，还要加上左表和右表中余下的数据。
- ON conditions：设置外连接中的条件，与 WHERE 子句后面的写法一样。

下面就分别使用两种外连接来根据 employee.s_id=department.s_id 这个条件查询数据，请注意观察查询结果的区别。

7.3.2 左外连接的查询

左外连接的结果包括 LEFT OUTER JOIN 关键字左边连接表的所有行，而不仅仅是连接列所匹配的行。如果左表的某行在右表中没有匹配行，则在相关联的结果集行中右表的所有选择表字段均为空值。

实例 12 使用左外连接方式查询

使用左外连接查询，将 employee 表作为左表，department 表作为右表，执行语句如下：

```
SELECT * FROM employee LEFT OUTER JOIN department
ON employee.d_id=department.d_id;
```

执行结果如图 7-16 所示。结果最后显示的 1 条记录，d_id 等于 1004 的部门编号在 department 表中没有记录，所以该条记录只取出了 employee 表中相应的值，而从 department 表中取出的值为空值。

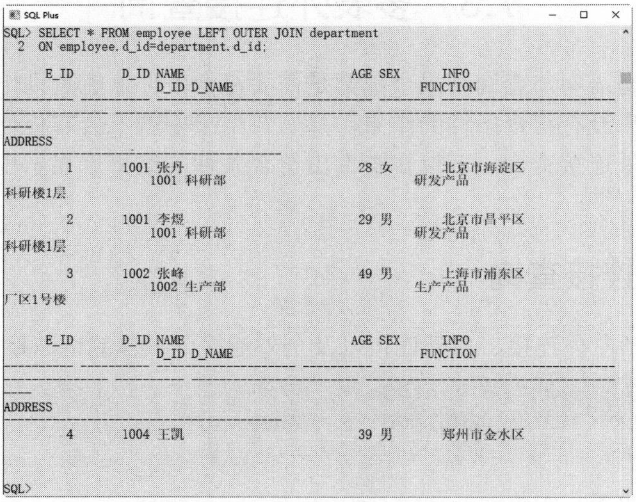

图 7-16　左外连接查询

7.3.3 右外连接的查询

右外连接是左外连接的反向连接，将返回 RIGHT OUTER JOIN 关键字右边表中的所有行。如果右表的某行在左表中没有匹配行，则左表将返回空值。

实例 13 使用右外连接方式查询

使用右外连接查询，将 employee 表作为左表、department 表作为右表，执行语句如下：

```
SELECT * FROM employee RIGHT OUTER JOIN department
ON employee. d_id=department.d_id;
```

执行结果如图 7-17 所示。结果最后显示的 1 条记录，d_id 等于 1003 的部门编号在 employee 表中没有记录，所以该条记录只取出了 department 表中相应的值，而从 employee 表中取出的值为空值。

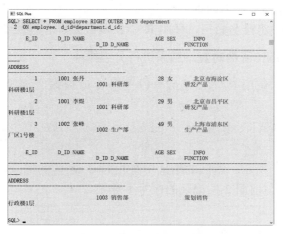

图 7-17 右外连接查询

7.4 使用排序函数

在 Oracle 中，可以对返回的查询结果排序，排序函数提供了一种按升序的方式组织输出结果集。用户可以为每一行，或每一个分组指定一个唯一的序号。Oracle 中常用的 4 个排序函数，分别是 ROW_NUMBER()、RANK()、DENSE_RANK()和 NTILE()函数。

7.4.1 ROW_NUMBER 函数

ROW_NUMBER 函数为每条记录增添递增的顺序数值序号，即使存在相同的值是也递增序号。

实例 14 使用 ROW_NUMBER 函数对查询结果进行分组排序

按照编号对 employee 表中的员工信息进行分组排序，执行语句如下：

```
SELECT ROW_NUMBER() OVER (ORDER BY d_id ASC),d_id,name
FROM employee;
```

执行结果如图 7-18 所示，从返回结果中可以看到每一条记录都有一个不同的数字序号。

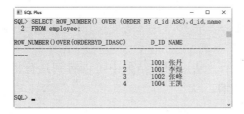

图 7-18 使用 ROW_NUMBER 函数为查询结果排序

7.4.2 RANK 函数

如果两个或多个行与一个排名关联，则每个关联行将得到相同的排名。例如，如果两位学生具有相同的 s_score 值，则他们将并列第一。由于已有两行排名在前，所以具有下一个最高 s_score 的学生将排名第三，使用 RANK 函数并不总返回连续整数。

实例 15 使用 RANK 函数对查询结果进行分组排序

在 employee 表中，使用 RANK 函数可以根据 d_id 字段查询的结果进行分组排序，执行语句如下：

```
SELECT RANK() OVER (ORDER BY d_id ASC) AS RankID,d_id,name
FROM employee;
```

执行结果如图 7-19 所示。返回的结果中有相同 d_id 值的记录的序号相同，第 3 条记录的序号为一个跳号，与前面 2 条记录的序号不连续。

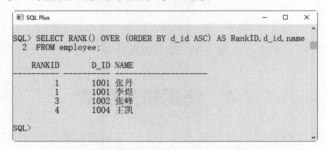

图 7-19 使用 RANK 函数对查询结果排序

 排序函数只和 SELECT 和 ORDER BY 语句一起使用，不能直接在 WHERE 或者 GROUP BY 子句中使用。

7.4.3 DENSE_RANK()函数

DENSE_RANK 函数返回结果集分区中行的排名，在排名中没有任何间断。行的排名等于所讨论行之前的所有排名数加 1。即相同的数据序号相同，接下来顺序递增。

实例 16 使用 DENSE_RANK()函数对查询结果进行分组排序

在 employee 表中，可以用 DENSE_RANK 函数根据 d_id 字段查询的结果进行分组排序。执行语句如下：

```
SELECT DENSE_RANK() OVER (ORDER BY d_id ASC) AS DENSEID,d_id,name
FROM employee;
```

执行结果如图 7-20 所示。从返回的结果中可以看到具有相同 s_id 的记录组有相同的排列序号值，序号值依次递增。

第 7 章 SQL 高级查询

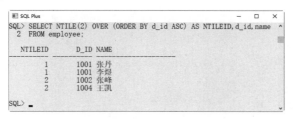

图 7-20 使用 DENSE_RANK()对查询结果进行分组排序

7.4.4 NTILE()函数

NTILE(N)函数用来将查询结果中的记录分为 N 组。各个组都有编号，编号从 1 开始。对于每一个行，NTILE 将返回此行所属的组的编号。

实例 17 使用 NTILE(N)函数对查询结果进行分组排序

在 employee 表中，使用 NTILE()函数可以根据 d_id 字段查询的结果进行分组排序，执行语句如下：

```
SELECT NTILE(2) OVER (ORDER BY d_id ASC) AS NTILEID,d_id,name
FROM employee;
```

执行结果如图 7-21 所示。由结果可以看到，NTILE(2)将返回记录分为 2 组，每组一个序号，序号依次递增。

图 7-21 使用 NTILE()函数对查询结果排序

7.5 使用正则表达式查询

正则表达式(Regular Expression)是一种文本模式，包括普通字符(例如，a～z 之间的字母)和特殊字符(称为"元字符")。正则表达式的查询能力比普通字符的查询能力更强大，而且更加灵活。正则表达式可以应用于非常复杂的数据查询。

Oracle 中使用 REGEXP_LIKE()函数指定正则表达式的字符匹配模式。表 7-1 为 REGEXP_LIKE 函数中常用的字符匹配列表。

表 7-1 正则表达式常用字符匹配列表

选项	说明	例子	匹配值示例
^	匹配文本的开始字符	'^b'匹配以字母 b 开头的字符串	book，big，banana，bike

续表

选项	说明	例子	匹配值示例
$	匹配文本的结束字符	'st$'匹配以 st 结尾的字符串	test，resist，persist
.	匹配任意单个字符	'b.t'匹配 b 和 t 之间有任意一个字符的字符串	bit，bat，but，bite
*	匹配零个或多个在它前面的字符	'f*n'匹配字符 n 前面有任意个字符 f	fn，fan，faan
+	匹配前面的字符 1 次或多次	'ba+'匹配以 b 开头后面紧跟至少一个 a 的字符串	ba，bay，bare，battle
<字符串>	匹配包含指定字符串的文本	'fa'匹配包含 fa 的文本	fan，afa，faad
[字符集合]	匹配字符集合中的任何一个字符	'[xz]' 匹配 x 或者 z	dizzy，zebra，x-ray，extra
[^]	匹配不在括号中的任何字符	'[^abc]'匹配任何不包含 a、b 或 c 的字符串	desk，fox，f8ke
字符串{n,}	匹配前面的字符串至少 n 次	'b{2}'匹配 2 个或更多个 b	bbb，bbbb，bbbbbb
字符串{n,m}	匹配前面的字符串至少 n 次，最多 m 次。如果 n 为 0，此参数为可选参数	'b{2,4}'匹配最少 2 个，最多 4 个 b	bb，bbb，bbbb

为演示使用正则表达式的查询操作，这里在数据库中创建数据表 info，执行代码如下：

```
CREATE table info
(
  id  number(2),
  name varchar2(10)
);
```

然后在 info 数据表中添加数据记录，执行代码如下：

```
INSERT INTO info (id, name) VALUES (1,'Arice');
INSERT INTO info (id, name) VALUES (2,'Eric');
INSERT INTO info (id, name) VALUES (3,'Tpm');
INSERT INTO info (id, name) VALUES (4,'Jack');
INSERT INTO info (id, name) VALUES (5,'Lucy');
INSERT INTO info (id, name) VALUES (6,'Sum');
INSERT INTO info (id, name) VALUES (7,'abc123');
INSERT INTO info (id, name) VALUES (8,'aaa');
INSERT INTO info (id, name) VALUES (9,'dadaaa');
INSERT INTO info (id, name) VALUES (10,'aaaba');
INSERT INTO info (id, name) VALUES (11,'ababab');
INSERT INTO info (id, name) VALUES (12,'ab321');
INSERT INTO info (id, name) VALUES (13,'Rose');
```

7.5.1 查询以特定字符或字符串开头的记录

使用字符"^"可以匹配以特定字符或字符串开头的记录。

实例 18 使用字符"^"查询数据

从 info 表 name 字段中查询以字母"L"开头的记录，执行语句如下：

```
SELECT * FROM info WHERE REGEXP_LIKE(name , '^L');
```

执行结果如图 7-22 所示，即可完成数据的查询操作，并显示查询结果，结果显示，查询出了 name 字段中以字母 L 开头的一条记录。

从 info 表 name 字段中查询以字符串"aaa"开头的记录，执行语句如下：

```
SELECT * FROM info WHERE REGEXP_LIKE(name , '^aaa');
```

执行结果如图 7-23 所示，即可完成数据的查询操作，并显示查询结果，结果显示，查询出了 name 字段中以字母 aaa 开头的两条记录。

图 7-22 查询以字母"L"开头的记录    图 7-23 查询以字符串"aaa"开头的记录

7.5.2 查询以特定字符或字符串结尾的记录

使用字符"$"可以匹配以特定字符或字符串结尾的记录。

实例 19 使用字符"$"查询数据

从 info 表 name 字段中查询以字母"c"结尾的记录，执行语句如下：

```
SELECT * FROM info WHERE REGEXP_LIKE (name ,'c$');
```

执行结果如图 7-24 所示，即可完成数据的查询操作，并显示查询结果，结果显示，查询出了 name 字段中以字母 c 结尾的一条记录。

从 info 表 name 字段中查询以字符串"aaa"结尾的记录，执行语句如下：

```
SELECT * FROM info WHERE REGEXP_LIKE(name , 'aaa$');
```

执行结果如图 7-25 所示，即可完成数据的查询操作，并显示查询结果，结果显示，查询出了 name 字段中以字母 aaa 结尾的两条记录。

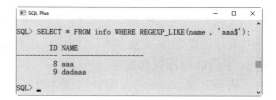

图 7-24 查询以字母"c"结尾的记录   图 7-25 查询以字符串"aaa"结尾的记录

7.5.3 用符号"."来代替字符串中的任意一个字符

在用正则表达式来查询时,可以用符号"."来替代字符串中的任意一个字符。

实例 20 使用符号"."查询数据

从 info 表 name 字段中查询以字母"L"开头,以字母"y"结尾,中间有两个任意字符的记录,执行语句如下:

```
SELECT * FROM info WHERE REGEXP_LIKE(name , '^L..y$');
```

执行结果如图 7-26 所示,在上述语句中,^L 表示以字母 L 开头,两个"."表示两个任意字符,y$表示以字母 y 结尾,查询结果为 Lucy,这个刚好是以字母 L 开头,以字母 y 结尾,中间有两个任意字符的记录。

图 7-26 查询以字母"L"开头,以"y"结尾的记录

7.5.4 匹配指定字符中的任意一个

使用方括号([])可以将需要查询的字符组成一个字符集,只要记录中包含方括号中的任意字符,该记录将会被查询出来,例如,通过"[abc]"可以查询包含 a、b 和 c 3 个字母中任何一个的记录。

实例 21 使用字符"[]"查询数据

从 info 表 name 字段中查询包含 e、o、c 3 个字母中任意一个的记录,执行语句如下:

```
SELECT * FROM info WHERE REGEXP_LIKE (name,'[eoc]');
```

执行结果如图 7-27 所示,即可完成数据的查询操作,并显示查询结果,查询结果都包含这 3 个字母中任意一个。

另外,使用方括号([])还可以指定集合的区间,例如[a-z]表示从 a~z 的所有字母;"[0-9]"表示从 0~9 的所有数字,"[a-z0-9]"表示包含所有的小写字母和数字。

从 info 表 name 字段中查询包含数字的记录,执行语句如下:

```
SELECT * FROM info WHERE REGEXP_LIKE (name,'[0-9]');
```

执行结果如图 7-28 所示,即可完成数据的查询操作,并显示查询结果。查询结果中,name 字段取值都包含数字。

从 info 表 name 字段中查询包含数字或字母 a、b、c 的记录,执行语句如下:

```
SELECT * FROM info WHERE REGEXP_LIKE (name,'[0-9a-c]');
```

执行结果如图 7-29 所示,即可完成数据的查询操作,并显示查询结果。查询结果中,name 字段取值都包含数字或者字母 a、b、c 中的任意一个。

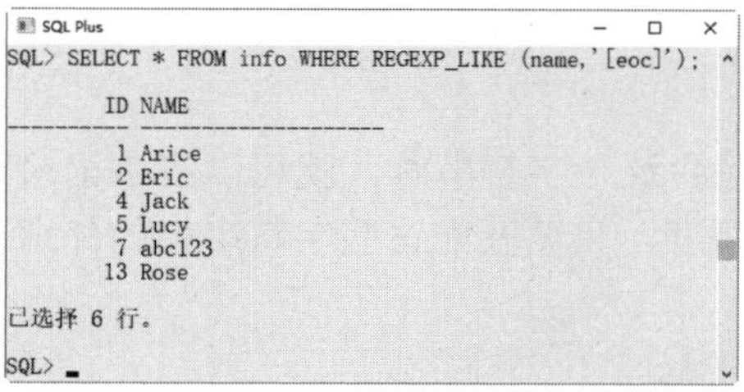

第 7 章 SQL 高级查询

图 7-27　使用方括号([])查询

图 7-28　查询包含数字的记录

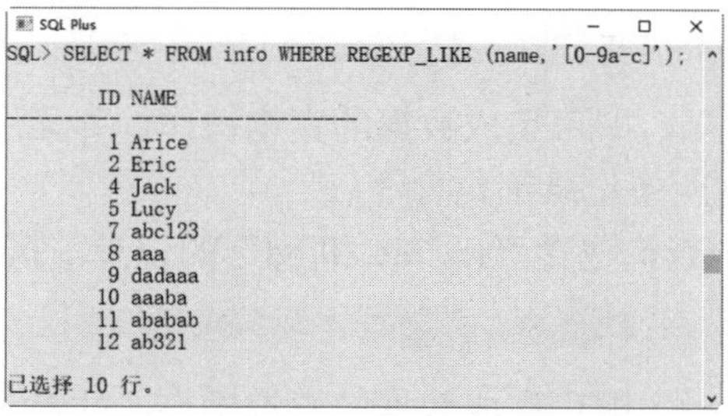

图 7-29　查询包含数字或字母 a、b、c 的记录

　　使用方括号([])可以指定需要匹配字符的集合，如果需要匹配字母 a、b 和 c 时，可以使用[abc]指定字符集合，每个字符之间不需要用符号隔开，如果要匹配所有字母，可以使用[a-zA-Z]。字母 a 和 z 之间用 "-" 隔开，字母 z 和 A 之间不需要用符号隔开。

7.5.5　匹配指定字符以外的字符

使用[^字符串集合]可以匹配指定字符以外的字符。

实例 22　使用字符 "[^]" 查询数据

从 info 表的 name 字段中查询首字母不包含 "a" 到 "w" 字母和数字的记录，执行语句如下：

```
SELECT * FROM info WHERE REGEXP_LIKE (name,'[^a-w0-9]');
```

执行结果如图 7-30 所示。即可完成数据的查询操作，并显示查询结果。

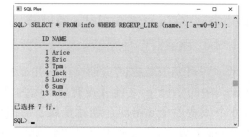

图 7-30　查询 name 字段首字母不包含 "a" 到 "w" 字母和数字的记录

7.5.6 匹配指定字符串

正则表达式可以匹配字符串，当表中的记录包含这个字符串时，就可以将该记录查询出来。如果指定多个字符串时，需要用符号"|"隔开，只要匹配这些字符串中的任意一个即可。

实例 23 使用字符"|"查询数据

从 info 表 name 字段中查询包含"ic"的记录，执行语句如下：

```
SELECT * FROM info WHERE REGEXP_LIKE(name, 'ic');
```

执行结果如图 7-31 所示，即可完成数据的查询操作，并显示查询结果。查询结果包含 Arice 和 Eric 两条记录，这两条记录都包含"ic"。

从 info 表 name 字段中查询包含"ic、uc 和 bd"的记录，执行语句如下：

```
SELECT * FROM info WHERE REGEXP_LIKE (name ,'ic|uc|bd');
```

执行结果如图 7-32 所示，即可完成数据的查询操作，并显示查询结果。查询结果中包含 ic、uc 和 bd 3 个字符串中的任意一个。

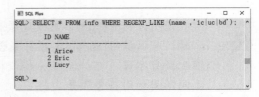

图 7-31 查询包含"ic"的记录　　　图 7-32 查询包含"ic、uc 和 bd"的记录

知识扩展：在指定多个字符串时，需要使用符号"|"将这些字符串隔开，每个字符串与"|"之间不能有空格。因为，查询过程中，数据库系统会将空格也当作一个字符，这样就查询不出想要的结果。另外，查询时可以指定多个字符串。

7.5.7 用"*"和"+"来匹配多个字符

在正则表达式中，"*"和"+"都可以匹配多个符号，但是，"+"至少表示一个字符，而"*"表示 0 个字符。

实例 24 使用字符"*"和"+"查询数据

从 info 表的 name 字段中查询字母 c 之前出现过 a 的记录，执行语句如下：

```
SELECT * FROM info WHERE REGEXP_LIKE (name,'a*c');
```

执行结果如图 7-33 所示，即可完成数据的查询操作，并显示查询结果。从查询结果可以得知，Arice、Eric 和 Lucy 中的字母 c 之前并没有 a。因为"*"可以表示 0 个，所以"a*c"表示字母 c 之前有 0 个或者多个 a 出现，这就是属于前面出现过的 0 个情况。

从 info 表 name 字段中查询字母"c"之前出现过"a"的记录，这里使用符号"+"，执行语句如下：

```
SELECT * FROM info WHERE REGEXP_LIKE (name,'a+c');
```

执行结果如图 7-34 所示，即可完成数据的查询操作，并显示查询结果。这里的查询结果只有一条，因为只有 Jack 是刚好字母 c 前面出现了 a。因为"a+c"表示字母 c 前面至少有一个字母 a。

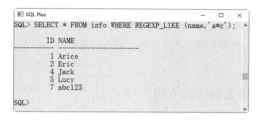

图 7-33 使用"*"查询数据记录

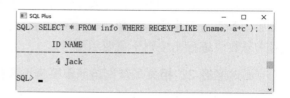

图 7-34 使用"+"查询数据记录

7.5.8 使用{M}或者{M,N}来指定字符串连续出现的次数

正则表达式中，"字符串{M}"表示字符串连续出现 M 次，"字符串{M,N}"表示字符串连续出现至少 M 次，最多 N 次。例如：ab{2}表示字符串"ab"连续出现两次，ab{2,5}表示字符串"ab"连续出现至少 2 次，最多 5 次。

实例 25 使用{M}或者{M,N}查询数据

从 info 表 name 字段中查询出现过"a"3 次的记录，执行语句如下：

```
SELECT * FROM info WHERE REGEXP_LIKE (name,'a{3}');
```

执行结果如图 7-35 所示，即可完成数据的查询操作，并显示查询结果。查询结果中都包含了 3 个 a。

从 info 表 name 字段中查询出现过"ab"最少 1 次，最多 3 次的记录，执行语句如下：

```
SELECT * FROM info WHERE REGEXP_LIKE (name, 'ab{1,3}');
```

执行结果如图 7-36 所示，即可完成数据的查询操作，并显示查询结果。查询结果中，abc123、aaaba 和 ab321 中 ab 各出现了一次，ababab 中 ab 出现了 3 次。

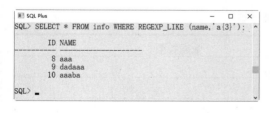

图 7-35 查询出现过"a"3 次的记录   图 7-36 查询出现过"ab"最少 1 次，最多 3 次的记录

总之，使用正则表达式可以灵活地设置查询条件，这样，可以让 Oracle 数据库的查询功能更加强大。而且，Oracle 中的正则表达式与编程语言中的很相似，因此，学习好正则表达式，对学习编程语言有很大的帮助。

7.6 就业面试问题解答

面试问题 1：什么时候使用引号？

在查询的时候，会看到在 WHERE 子句中使用条件，有的值加上了单引号，而有的值未加。单引号用来限定字符串，如果将值与字符串类型列进行比较，则需要限定引号；而用来与数值进行比较则不需要用引号。

面试问题 2：相关子查询与简单子查询在执行上有什么不同？

简单子查询中内查询的查询条件与外查询无关，因此，内查询在外层查询处理之前执行；而相关子查询中子查询的查询条件依赖于外层查询中的某个值，因此，每当系统从外查询中检索一个新行时，都要重新对内查询求值，以供外层查询使用。

7.7 上机练练手

上机练习 1：创建数据表并为其添加数据记录

(1) 创建销售人员信息并插入数据。表结构如表 7-2 所示。

表 7-2 销售人员信息表

字 段 名	数据类型
工号	NUMBER(10)
部门号	NUMBER(10)
姓名	VARCHAR2(10)
地址	VARCHAR2(50)
电话	VARCHAR2(13)

(2) 创建部门信息表并插入数据。表结构如表 7-3 所示。
(3) 创建客户信息表并插入数据。表结构如表 7-4 所示。

表 7-3 部门信息表

字 段 名	数据类型
编号	NUMBER(10)
名称	VARCHAR2(20)
经理	NUMBER(10)
人数	NUMBER(10)

表 7-4 客户信息表

字 段 名	数据类型
编号	NUMBER(10)
姓名	VARCHAR2(20)
地址	VARCHAR2(50)
电话	VARCHAR2(13)

(4) 创建货品信息表并插入数据。表结构如表 7-5 所示。

表 7-5 货品信息表

字 段 名	数据类型
编号	NUMBER(10)
名称	VARCHAR2(20)
库存量	NUMBER(10)
供应商编码	NUMBER(10)
状态	VARCHAR2(20)
售价	NUMBER(10)
成本价	NUMBER(10)

(5) 创建订单信息表并插入数据。表结构如表 7-6 所示。

表 7-6 订单信息表

字 段 名	数据类型
订单号	NUMBER(10)
销售工号	NUMBER(10)
货品编码	NUMBER(10)
客户编号	NUMBER(10)
数量	NUMBER(10)
总金额	NUMBER(10)
订货日期	DATE
交货日期	DATE

(6) 创建供应商信息表并插入数据。表结构如表 7-7 所示。

表 7-7 供应商信息表

字 段 名	数据类型
编码	NUMBER(10)
名称	VARCHAR2(50)
联系人	VARCHAR2(50)
地址	VARCHAR2(50)
电话	VARCHAR2(50)

上机练习 2：查询满足条件的数据记录

(1) 查询 marketing 数据库的"货品信息"表，列出表中的所有记录，每个记录包含货品的编号、货品名称和库存量，显示的字段名分别为"编号"、"名称"和"库存量"。

(2) 在销售人员信息表中找出下列人员的信息：李明泽、王巧玲、钱三一。

(3) 在客户信息表中找出所有深圳区域的客户信息。

(4) 在订单信息表中找出订货量在 10～20 之间的订单信息。

(5) 在订单信息表中求出 2021 年以来，每种货品的销售数量，统计的结果按照货品编号进行排序，并显示统计的明细。

(6) 给出货品信息表中货品的销售情况，所谓销售情况就是给出每个货品的销售数量、订货日期等相关信息。

(7) 找出订货数量大于 10 的货品信息。

(8) 找出有销售业绩的销售人员。

(9) 查询每种货品订货量最大的订单信息。

第 8 章

常用系统函数

  Oracle 数据库提供了众多功能强大、方便易用的函数。使用这些函数，可以极大地提高用户对数据库的管理效率。使得数据库的功能更加强大，更加灵活地满足不同用户的需求。Oracle 中的函数包括数学函数、字符串函数、日期和时间函数、转换函数、系统信息函数等。本章将介绍 Oracle 中这些函数的功能和用法。

8.1 数学函数

数学函数是用来处理数值数据方面的运算，常见的数学函数有：绝对值函数、三角函数(包含正弦函数、余弦函数、正切函数等)、对数函数等。使用数学函数的过程中，如果有错误产生，该函数将会返回空值 NULL。

8.1.1 求绝对值函数 ABS()

ABS()函数用来求绝对值。

实例 1 练习使用 ABS()函数

执行语句如下：

```
SELECT ABS(5), ABS(-5),ABS(-0) FROM dual;
```

执行结果如图 8-1 所示。从结果可以看出，正数的绝对值为其本身；负数的绝对值为其相反数，0 的绝对值为 0。

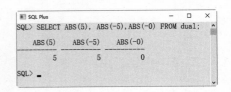

图 8-1　返回绝对值

8.1.2 求余函数 MOD()

MOD()函数用于求余运算。

实例 2 练习使用 MOD()函数

执行语句如下：

```
SELECT MOD(28,5),MOD(24,4),MOD(36.6,6.6)
FROM dual;
```

执行结果如图 8-2 所示。

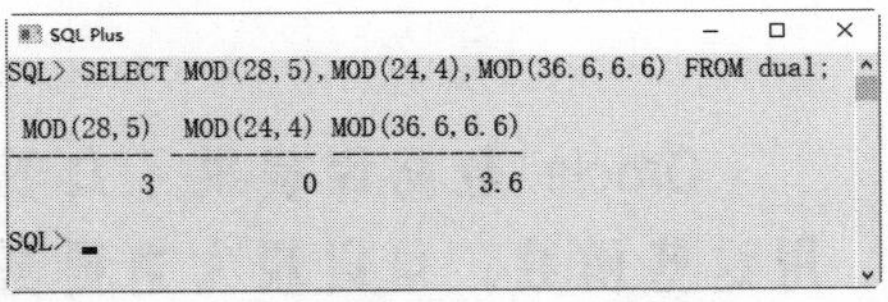

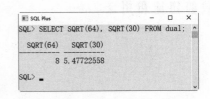

图 8-2　返回求余值

8.1.3 求平方根函数 SQRT()

SQRT(x)函数返回非负数 x 的二次方根。

实例 3 练习使用 SQRT(x)函数

求 64 和 30 的二次平方根，执行语句如下：

```
SELECT SQRT(64), SQRT(30) FROM dual;
```

执行结果如图 8-3 所示。

图 8-3　返回二次平方根值

8.1.4 四舍五入函数 ROUND()和 TRUNC()

ROUND(x)函数返回最接近于参数 x 的整数；ROUND(x,y)函数对参数 x 进行四舍五入的操作，y 值为返回值保留的小数位数；TRUNC(x,y)函数对参数 x 进行取整操作。

实例 4 练习使用 ROUND(x)函数

执行语句如下：

```
SELECT ROUND(-8.6),ROUND(-42.88),ROUND(13.44) FROM dual;
```

执行结果如图 8-4 所示。从执行结果可以看出，ROUND(x)将值 x 四舍五入之后保留了整数部分。

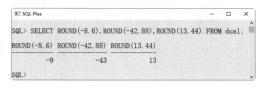

图 8-4 使用 ROUND(x)函数返回值

实例 5 练习使用 ROUND(x,y)函数

执行语句如下：

```
SELECT ROUND(-10.66,1),ROUND(-8.33,3),ROUND(65.66,-1),ROUND(86.46,-2) FROM dual;
```

执行结果如图 8-5 所示。从执行结果可以看出，根据参数 y 值，将参数 x 四舍五入后得到保留小数点后 y 位的值，x 值小数位不够 y 位的则保留原值；如 y 为负值，则保留小数点左边 y 位，先进行四舍五入操作，再将相应的位值取零。

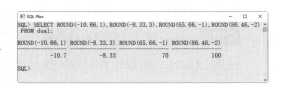

图 8-5 使用 ROUND(x,y)函数返回值

实例 6 练习使用 TRUNC(x,y)函数

执行语句如下：

```
SELECT TRUNC(5.25,1),TRUNC(7.66,1),TRUNC(45.88,0),TRUNC(56.66,-1) FROM dual;
```

执行结果如图 8-6 所示。从执行结果可以看出，TRUNC(x,y)函数并不是四舍五入的函数，而是直接截去指定保留 y 位之外的值。y 取负值时，先将小数点左边第 y 位的值归零，右边其余低位全部截去。

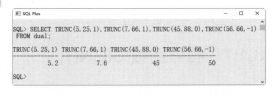

图 8-6 使用 TRUNC(x,y)函数返回值

8.1.5 幂运算函数 POWER()和 EXP()

POWER(x,y)函数用于计算 x 的 y 次方；EXP(x)函数用于计算 e 的 x 次方。

实例 7 练习使用 POWER(x,y)函数

对参数 x 进行 y 次乘方的求值，执行语句如下：

```
SELECT POWER(3,2), POWER(2,-2) FROM dual;
```

执行结果如图 8-7 所示。POWER(3,2)返回 3 的 2 次方，结果是 9；POWER(2,-2)返回 2 的-2 次方，结果为 4 的倒数，即 0.25。

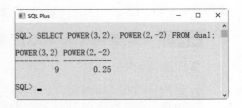

图 8-7　求数值的幂运算

实例 8　练习使用 EXP(x)函数

EXP(x)返回 e 的 x 乘方后的值。执行语句如下：

```
SELECT EXP(3),EXP(-3),EXP(0) FROM dual;
```

执行结果如图 8-8 所示。EXP(3)返回以 e 为底的 3 次方，结果为 20.0855369；EXP(-3)返回以 e 为底的-3 次方，结果为 0.049787068；EXP(0)返回以 e 为底的 0 次方，结果为 1。

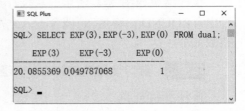

图 8-8　求 e 数值的幂运算

8.1.6　对数运算函数 LOG()和 LN()

LOG(x y)返回以 x 为底的 y 的对数；LN(x)返回以基数 e 为底的 x 的自然对数。

实例 9　练习使用 LOG(x,y)函数

使用 LOG(x,y)函数计算对数，执行语句如下：

```
SELECT LOG(10,100), LOG(7,49) FROM dual;
```

执行结果如图 8-9 所示。

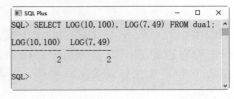

图 8-9　使用 LOG(x y)函数计算对数

实例 10　练习使用 LN(x)函数

LN(x)返回 x 的自然对数。使用 LN()函数计算以 e 为基数的对数，执行语句如下：

```
SELECT LN(100), LN(1000) FROM dual;
```

执行结果如图 8-10 所示。

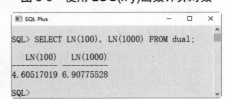

图 8-10　使用 LN(x)计算以 e 为基数的对数

8.1.7　符号函数 SIGN()

SIGN(x)返回参数的符号，x 的值为负、零或正时返回结果依次为-1、0 或 1。

实例 11　练习使用 SIGN(x)函数

使用 SIGN(x)函数返回参数的符号，执行语句如下：

```
SELECT SIGN(-21),SIGN(0), SIGN(21) FROM dual;
```

执行结果如图 8-11 所示。从执行结果可以看出，SIGN(-21)返回-1；SIGN(0)返回 0；SIGN(21)返回 1。

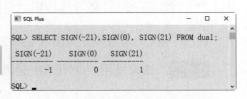

图 8-11　SIGN(x)函数的应用

8.1.8 正弦函数和余弦函数

Oracle 数据库中使用 SIN(x)和 COS(x)函数分别返回正弦值和余弦值。其中 x 表示弧度数。一个平角是π弧度，即 180 度=π度。因此，将度化成弧度的公式是弧度=度×π/180。

实例 12 练习使用 SIN(x)和 COS(x)函数

通过 SIN(x)函数和 COS(x)函数计算弧度为 0.5 的正弦值和余弦值。执行语句如下：

```
SELECT SIN(0.5),COS(0.5) FROM dual;
```

执行结果如图 8-12 所示。

除了能够计算正弦值和余弦值外，还可以利用 ASIN(x)函数和 ACOS(x)函数计算反正弦值和反余弦值。无论是 ASIN(x)函数，还是 ACOS(x)函数，它们的取值都必须为-1～1，否则返回的值将会是空值(NULL)。

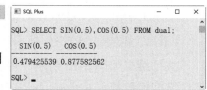

图 8-12　求正弦值和余弦值

实例 13 练习使用 ASIN(x)和 ACOS(x)函数

通过 ASIN(x)函数和 ACOS(x)函数计算弧度为 0.5 的反正弦值和反余弦值。执行语句如下：

```
SELECT ASIN(0.5),ACOS(0.5) FROM dual;
```

执行结果如图 8-13 所示。

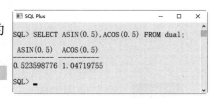

图 8-13　求反正弦值和反余弦值

8.1.9 正切函数与反正切函数

在数据计算中，求正切值和反正切值也经常被用到，其中求正切值使用 TAN(x)函数，求反正切值使用 ATAN(x)函数。

实例 14 练习使用 TAN(x)函数

通过 TAN(x)函数计算数值为 0.5 的正切值。执行语句如下：

```
SELECT TAN(0.5) FROM dual;
```

执行结果如图 8-14 所示。

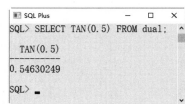

图 8-14　求正切值

另外，在数学计算中，还可以通过 ATAN(x)函数计算反正切值。

实例 15 练习使用 ATAN(x)函数

通过 ATAN(x)函数计算数值为 0.5 的反正切值。执行语句如下：

```
SELECT ATAN(0.5) FROM dual;
```

执行结果如图 8-15 所示。

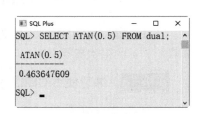

图 8-15　求反正切值

8.1.10 获取随机数函数 DBMS_RANDOM.RANDOM 和 DBMS_RANDOM.VALUE()

DBMS_RANDOM.RANDOM 函数返回产生的随机数；DBMS_RANDOM.VALUE(x,y) 返回一个随机值，若指定 x 和 y 的值，则返回指定范围内的随机值。

实例 16 练习使用 DBMS_RANDOM.RANDOM 函数

使用 DBMS_RANDOM.RANDOM 函数产生随机数，输入语句如下：

```
SELECT DBMS_RANDOM.RANDOM , DBMS_RANDOM.RANDOM FROM dual;
```

执行结果如图 8-16 所示。可以看到，不带参数的 DBMS_RANDOM.RANDOM 函数每次产生的随机数值是不同的。

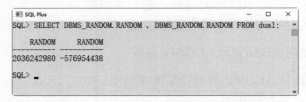

图 8-16　使用 DBMS_RANDOM.RANDOM 函数返回的随机数

实例 17 练习使用 DBMS_RANDOM.VALUE(x,y)函数

使用 DBMS_RANDOM.VALUE(x,y)函数产生 1~20 之间的随机数，输入语句如下：

```
SELECT DBMS_RANDOM.VALUE(1,20),DBMS_RANDOM.VALUE(1,20) FROM dual;
```

执行结果如图 8-17 所示。从结果可以看到，DBMS_RANDOM.VALUE (1,20)产生了 1~20 之间的随机数。

图 8-17　返回指定范围内的随机数

8.1.11 整数函数 CEIL()和 FLOOR()

CEIL(x)和 FLOOR(x)的意义相同，CEIL(x)返回不小于 x 的最小整数值；FLOOR(x)返回不大于 x 的最大整数值。

实例 18 练习使用 CEIL(x)函数

使用 CEIL(x)函数返回最小整数，执行语句如下：

```
SELECT  CEIL(-3.35), CEIL(3.35) FROM dual;
```

执行结果如图 8-18 所示。-3.35 为负数，不小于-3.35 的最小整数为-3，因此返回值为-3；不小于 3.35 的最小整数为 4，因此返回值为 4。

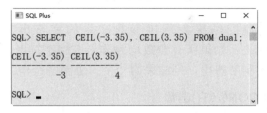

图 8-18　使用 CEIL(x)函数返回最小整数

实例 19　练习使用 FLOOR(x)函数

FLOOR(x)返回不大于 x 的最大整数值。使用 FLOOR(x)函数返回最大整数，执行语句如下：

```
SELECT FLOOR(-3.35), FLOOR(3.35) FROM dual;
```

执行结果如图 8-19 所示。-3.35 为负数，不大于-3.35 的最大整数为-4，因此返回值为-4；不大于 3.35 的最大整数为 3，因此返回值为 3。

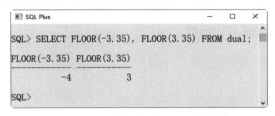

图 8-19　使用 FLOOR(x)函数返回最大整数

8.2　字符串类函数

字符串函数是在 Oracle 数据库中经常被用到的一类函数，主要用于计算字符串的长度、合并字符串等操作。

8.2.1　计算字符串的长度

使用 LENGTH(str)函数可以计算字符串的长度，它的返回值是数值。

实例 20　练习使用 LENGTH(str)函数

使用 LENGTH(str)函数计算字符串长度，执行语句如下：

```
SELECT LENGTH('Hello'), LENGTH('World')
```

执行结果如图 8-20 所示。

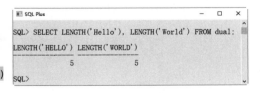

图 8-20　计算字符串长度

8.2.2 合并字符串的函数 CONCAT()

CONCAT(s1,s2,...)的返回结果为连接参数产生的字符串。如有任何一个参数为 NULL，则返回值为 NULL。如果所有参数均为非二进制字符串，则结果为非二进制字符串。如果参数中含有二进制字符串，则结果为一个二进制字符串。

实例 21 练习使用 CONCAT()函数

使用 CONCAT()函数连接字符串，执行语句如下：

```
SELECT CONCAT('学习', 'Oracle 19C')
FROM dual;
```

执行结果如图 8-21 所示。

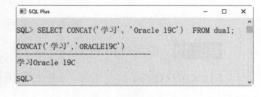

图 8-21　连接字符串

8.2.3 获取指定字符在字符串中的位置

INSTR(s,x)返回 x 字符在字符串 s 的位置。

实例 22 练习使用 INSTR()函数

使用 INSTR()函数返回指定字符在字符串中的位置，执行语句如下：

```
SELECT INSTR('hello Oracle', 'c') FROM
dual;
```

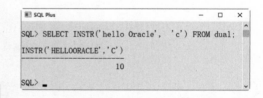

图 8-22　返回指定字符在字符串中的位置

执行结果如图 8-22 所示。字符 c 位于字符串 'hello Oracle'的第 10 个位置，结果输出为 10。

8.2.4 字母大小写转换函数

LOWER(str)将字符串 str 中的字母全部转换成小写字母。

实例 23 练习使用 LOWER()函数

使用 LOWER()函数将字符串中所有字母转换为小写，执行语句如下：

```
SELECT LOWER('HELLO') FROM dual;
```

执行结果如图 8-23 所示。

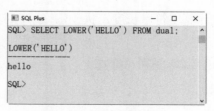

图 8-23　转换字母为小写

UPPER(str)将字符串 str 中的字母全部转换成大写字母。

实例 24 练习使用 UPPER()函数

使用 UPPER()函数将字符串中所有字母转换为大写，执行语句如下：

```
SELECT UPPER('hello') FROM dual;
```

执行结果如图 8-24 所示。

图 8-24 转换字母为大写

8.2.5 获取指定长度的字符串的函数

SUBSTR(s,m,n)函数获取指定的字符串。其中参数 s 代表字符串，m 代表截取的位置，n 代表截取长度。当 m 值为正数时，从左边开始数指定的位置；当 m 值为负值时，从右边开始取指定位置的字符。

实例 25 练习使用 SUBSTR(s,m,n)函数

使用 SUBSTR()函数获取从左边开始数指定位置的字符串，执行语句如下：

```
SELECT SUBSTR('Administrator',5,10) FROM dual;
```

执行结果如图 8-25 所示。

使用 SUBSTR()函数获取从右边开始数指定位置的字符串，执行语句如下：

```
SELECT SUBSTR('Administrator ',-5,10) FROM dual;
```

执行结果如图 8-26 所示。

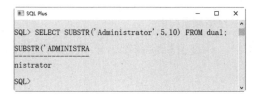

图 8-25 返回截取的字符串

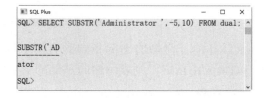

图 8-26 返回截取的指定字符串

8.2.6 填充字符串的函数

LPAD(s1,len,s2)返回字符串 s1，其左边由字符串 s2 填充，填充长度为 len。假如 s1 的长度大于 len，则返回值被缩短至 len 字符。

实例 26 练习使用 LPAD()函数

使用 LPAD()函数对字符串进行填充操作，执行语句如下：

```
SELECT LPAD('smile',6,'??'), LPAD('smile',4,'??') FROM dual;
```

执行结果如图 8-27 所示。

字符串"smile"长度小于 6，LPAD('smile',6,'??')返回结果为"?smile"，左侧填充一

个"？"，长度为 6；字符串"smile"长度大于 4，不需要填充，因此 LPAD('smile',4,'??')只返回被缩短的长度为 4 的子串"smil"。

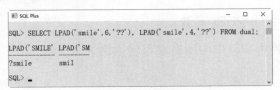

图 8-27　对字符串进行填充操作

8.2.7　删除字符串空格的函数

LTRIM(s,n)函数将删除指定的左侧字符。其中，s 是目标字符串，n 是需要查找的字符。如果 n 不指定，则表示删除左侧的空格。

实例 27　练习使用 LTRIM(s,n)函数

使用 LTRIM(s,n)函数删除字符串左边的空格或左边指定的字符串，执行语句如下：

```
SELECT LTRIM(' world '),LTRIM('this is a dog', 'this') FROM dual;
```

执行结果如图 8-28 所示。从结果看出，第一个删除的情况是：字符串左侧的空格被删除掉；第二个删除的情况是：字符串的"this"字符被删除。

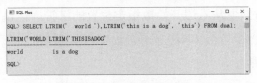

图 8-28　删除字符串左边的空格和字符串

RTRIM(s,n)函数将删除指定的右侧字符。其中，s 是目标字符串，n 是需要查找的字符。如果 n 不指定，则表示删除右侧的空格。

实例 28　练习使用 RTRIM(s,n)函数

使用 RTRIM(s,n)函数删除字符串右边的空格或右边指定的字符串，执行语句如下：

```
SELECT RTRIM (' world '),RTRIM ('this is a dog', 'dog') FROM dual;
```

执行结果如图 8-29 所示。第一种删除的情况是：字符串右侧的空格被删除掉；第二种删除的情况是：字符串的"dog"字符被删除。

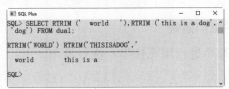

图 8-29　删除字符串右边的空格和字符串

TRIM(s)删除字符串 s 两侧的空格。

实例 29 练习使用 TRIM(s)函数

使用 TRIM 函数删除指定字符串两端的空格，执行语句如下：

```
SELECT TRIM(' world ') FROM dual;
```

执行结果如图 8-30 所示。

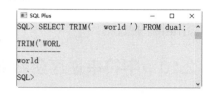

图 8-30　删除指定字符串两端的空格

8.2.8　删除指定字符串的函数

TRIM(s1 FROM s)删除字符串 s 中两端所有的子字符串 s1。s1 为可选项，在未指定情况下，删除空格。具体的语法格式如下：

```
TRIM([LEADING/TRAILING/BOTH][trim_character FROM]trim_source)
```

主要参数介绍如下。

- LEADING：删除 trim_source 的前缀字符。
- TRAILING：删除 trim_source 的后缀字符。
- BOTH：删除 trim_source 的前缀和后缀字符。
- trim_character：删除的指定字符，默认删除空格。
- trim_source：被操作的源字符串。

实例 30 练习使用 TRIM(s1 FROM s)函数

使用 TRIM(s1 FROM s)函数删除字符串中两端指定的字符，输入语句如下：

```
SELECT TRIM( BOTH 'x' FROM 'xyxbxykyx'),
TRIM('    xyxyxy    ') FROM dual;
```

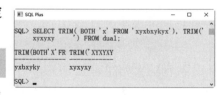

图 8-31　删除字符串中指定的字符

执行结果如图 8-31 所示。这里删除字符串"xyxbxykyx"两端的重复字符"x"，而中间的"x"并不删除，结果为"yxbxyky"。

8.2.9　替换字符串函数

REPLACE(s1,s2,s3)是一个替换字符串的函数。其中，参数 s1 表示搜索的目标字符串；s2 表示在目标字符串中要搜索的字符串；s3 是可选参数，用它替换被搜索到的字符串，如果该参数不用，表示从 s1 字符串中删除搜索到的字符串。

实例 31 练习使用 REPLACE 函数

使用 REPLACE 函数进行字符串替代操作，执行语句如下：

```
SELECT REPLACE('xxx.oracle.com', 'x', 'w')
FROM dual;
```

图 8-32　进行字符串的替代

执行结果如图 8-32 所示，REPLACE('xxx.oracle.com',

'x', 'w') 将 "xxx.oracle.com" 字符串中的 'x' 字符替换为 'w' 字符，结果为 "www.oracle.com"。

8.2.10 字符串逆序函数 REVERSE(s)

REVERSE(s)将字符串 s 反转，返回的字符串的顺序和 s 字符串顺序相反。

实例 32 练习使用 REVERSE(s)函数

使用 REVERSE(s)函数反转字符串，执行语句如下：

```
SELECT REVERSE('abc') from dual;
```

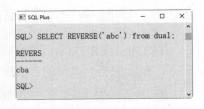

图 8-33 反转字符串

执行结果如图 8-33 所示，字符串 "abc" 经过 REVERSE 函数处理之后所有字符串顺序被反转，结果为 "cba"。

8.2.11 字符集名称和 ID 互换函数

NLS_CHARSET_ID(string)函数可以得到字符集名称对应的 ID。参数 string 表示字符集的名称。

实例 33 练习使用 NLS_CHARSET_ID(string)函数

使用 NLS_CHARSET_ID 函数获取字符集对应的 ID，执行语句如下：

```
SELECT NLS_CHARSET_ID('US7ASCII') FROM dual;
```

执行结果如图 8-34 所示。

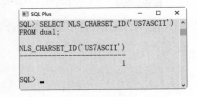

图 8-34 获取 ID 值

NLS_CHARSET_NAME(number)函数可以得到字符集 ID 对应的名称。参数 number 表示字符集的 ID。

实例 34 练习使用 NLS_CHARSET_NAME 函数

使用 NLS_CHARSET_NAME 函数获取 ID 值所对应的字符集，执行语句如下：

```
SELECT NLS_CHARSET_NAME(1) FROM dual;
```

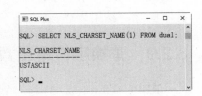

图 8-35 获取 ID 值对应的字符集

执行结果如图 8-35 所示。

8.3 日期和时间类函数

日期和时间函数主要用来处理日期和时间的值，一般的日期函数除了使用 DATE 类型的参数外，也可以使用 TIMESTAMP 类型的参数，只是忽略了这些类型值的时间部分。

8.3.1 获取当前日期和当前时间

SYSDATE()函数可以获取当前系统日期,SYSTIMESTAMP 函数可以获取当前系统时间,该时间包含时区信息,精确到微秒。返回类型为带时区信息的 TIMESTAMP 类型。

实例 35 练习使用日期函数

使用日期函数获取系统当前日期,执行语句如下:

```
SELECT SYSDATE FROM dual;
```

执行结果如图 8-36 所示。

使用日期函数获取指定格式的系统当前日期,执行语句如下:

```
SELECT TO_CHAR(SYSDATE, 'YYYY-MM-DD HH24:MI:SS') FROM dual;
```

执行结果如图 8-37 所示。

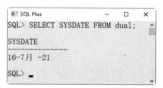

图 8-36 获取系统日期

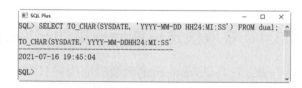

图 8-37 获取指定格式的系统日期

实例 36 练习使用时间函数 SYSTIMESTAMP

使用时间函数 SYSTIMESTAMP 获取系统当前时间,执行语句如下:

```
SELECT SYSTIMESTAMP FROM dual;
```

执行结果如图 8-38 所示。

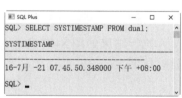

图 8-38 获取系统时间

8.3.2 获取时区的函数

DBTIMEZONE 函数返回数据库所在的时区。SESSIONTIMEZONE 函数返回当前会话所在的时区。

实例 37 练习使用 DBTIMEZONE 函数

使用 DBTIMEZONE 函数获取数据库所在的时区,执行语句如下:

```
SELECT DBTIMEZONE FROM dual;
```

执行结果如图 8-39 所示。

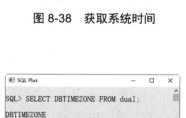

图 8-39 获取数据库所在的时区

实例 38 练习使用 SESSIONTIMEZONE 函数

使用 SESSIONTIMEZONE 函数获取当前会话所在的时区,执行语句如下:

```
SELECT SESSIONTIMEZONE FROM dual;
```

执行结果如图 8-40 所示。

8.3.3 获取指定月份最后一天函数

LAST_DAY(date)函数返回参数指定日期对应月份的最后一天。

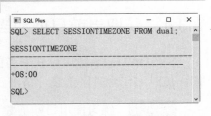

图 8-40 获取当前会话所在的时区

实例 39 练习使用 LAST_DAY(date)函数

使用 LAST_DAY 函数返回指定月份最后一天，执行语句如下：

```
SELECT LAST_DAY(SYSDATE) FROM dual;
```

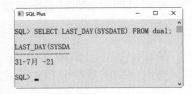

图 8-41 获取指定月份最后一天

执行结果如图 8-41 所示。返回 7 月份的最后一天是 31 日。

8.3.4 获取指定日期后一周的日期函数

NEXT_DAY(date,char)函数获取当前日期向后的一周对应日期，char 表示是星期几，全称和缩写都允许，但必须是有效值。

实例 40 练习使用 NEXT_DAY(date,char)函数

使用 NEXT_DAY 函数返回指定日期后一周的日期函数。执行语句如下：

```
SELECT NEXT_DAY (SYSDATE, '星期日') FROM dual;
```

执行结果如图 8-42 所示。NEXT_DAY (SYSDATE, '星期日')返回当前日期后第一个周日的日期。

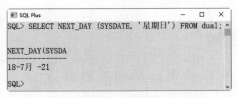

图 8-42 获取指定日期后一周周日的日期

8.3.5 获取指定日期特定部分的函数

EXTRACT(datetime)函数可以从指定的时间中提取特定部分。例如提取年份、月份或者时间等。

实例 41 练习使用 EXTRACT(datetime)函数

使用 EXTRACT 函数获取日期的年份、时间等特定部分。执行语句如下：

```
SELECT EXTRACT (YEAR FROM SYSDATE), EXTRACT (MINUTE FROM TIMESTAMP
```

```
'2021-10-8 12:23:40')  FROM dual;
```

执行结果如图 8-43 所示。从结果可以看出，分别返回了日期"2021-10-8"的年份和分钟数。

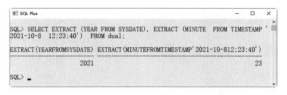

图 8-43　获取指定日期的年份与分钟数

8.3.6　获取两个日期之间的月份数

MONTHS_BETWEEN(date1,date2)函数返回 date1 和 date2 之间的月份数。

实例 42　练习使用 MONTHS_BETWEEN(date1,date2)函数

使用 MONTHS_BETWEEN()函数获取两个日期之间的月份间隔数。执行语句如下：

```
SELECT MONTHS_BETWEEN(TO_DATE('2021-10-8','YYYY-MM-DD'),TO_DATE('2021-8-8','YYYY-MM-DD')) one,
MONTHS_BETWEEN(TO_DATE('2021-05-8','YYYY-MM-DD'),TO_DATE('2021-07-8','YYYY-MM-DD') ) TWO FROM dual;
```

执行结果如图 8-44 所示。从结果可以看出，当 date1>date2 时，返回数值为一个正整数，当 date1<date2 时，返回数值为一个负整数。

图 8-44　获取两个日期之间的月份数

8.4　转换类函数

转换函数的主要作用是完成不同数据类型之间的转换。本节将分别介绍各个转换函数的用法。

8.4.1　任意字符串转 ASCII 类型字符串函数 ASCIISTR()

ASCIISTR(char)函数可以将任意字符串转换为数据库字符集对应的 ASCII 字符串。char 为字符类型。

实例 43　练习使用 ASCIISTR 函数

使用 ASCIISTR 函数把任意字符串转换为 ASCII 类型字符串。执行语句如下：

```
SELECT ASCIISTR('你好，数据库') FROM dual;
```

执行结果如图 8-45 所示。

图 8-45 把字符串转换为 ASCII 类型字符串

8.4.2 二进制转十进制函数

BIN_TO_NUM()函数可以实现将二进制转换成对应的十进制。

实例 44 练习使用 BIN_TO_NUM 函数

使用 BIN_TO_NUM 函数把二进制转换为十进制类型。执行语句如下：

```
SELECT BIN_TO_NUM (1,1,0) FROM dual;
```

执行结果如图 8-46 所示。

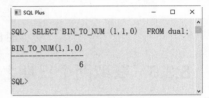

图 8-46 把二进制转换为十进制类型

8.4.3 数据类型转换函数 CAST()

在 Oracle 中，CAST(expr as type_name)函数可以进行数据类型的转换。其中，expr 为被转换前的数据，type_name 为转换后的数据类型。

实例 45 练习使用 CAST()函数

使用 CAST()函数可以在数字与字符串之间进行转换操作。执行语句如下：

```
SELECT CAST ('123' AS NUMBER) , CAST ('12.6' AS NUMBER(5,0) ) FROM dual;
```

执行结果如图 8-47 所示。由结果可知，在转换为整数的过程中，会进行四舍五入运算。

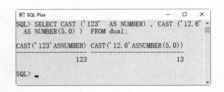

图 8-47 数字与字符串之间的转换

8.4.4 数值转换为字符串函数

TO_CHAR 函数将一个数值型参数转换成字符型数据。具体语法格式如下：

```
TO_CHAR(n, [fmt[nlsparam]])
```

其中，参数 n 代表数值型数据；参数 fmt 代表要转换成字符的格式；nlsparam 参数代表指定 fmt 的特征，包括小数点字符、组分隔符和本地钱币符号。

实例 46 练习使用 TO_CHAR 函数

使用 TO_CHAR 函数把数值类型转化为字符串。执行语句如下：

```
SELECT TO_CHAR (3.14159256, '99.999'), TO_CHAR (3.1415926) FROM dual;
```

执行结果如图 8-48 所示。由结果可知，如果不指定转换的格式，则数值直接转化为字符串，不做任何格式处理。

另外，TO_CHAR 函数还可以将日期类型转换为字符串类型。

使用 TO_CHAR 函数把日期类型转化为字符串类型。执行语句如下：

```
SELECT TO_CHAR (SYSDATE, 'YYYY-MM-DD'), TO_CHAR (SYSDATE, 'HH24-MI-SS')
FROM dual;
```

执行结果如图 8-49 所示。

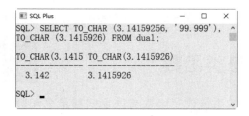
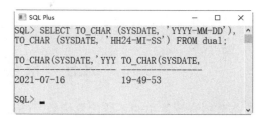

图 8-48　把数值类型转化为字符串　　　　图 8-49　把日期类型转化为字符串类型

8.4.5　字符转日期函数

TO_DATE 函数将一个字符型数据转换成日期型数据。具体语法格式如下：

```
TO_DATE(char[,fmt[,nlsparam]])
```

其中，参数 char 代表需要转换的字符串；参数 fmt 代表要转换成字符的格式；nlsparam 参数控制格式化时使用的语言类型。

实例 47　练习使用 TO_DATE 函数

使用 TO_DATE 函数把字符串类型转化为日期类型。执行语句如下：

```
SELECT TO_CHAR(TO_DATE ('2021-10-16', 'YYYY-MM-DD'),'MONTH') FROM dual;
```

执行结果如图 8-50 所示。

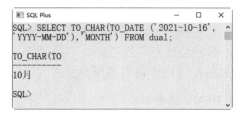

图 8-50　把字符串类型转化为日期类型

8.4.6　字符串转数值函数

TO_NUMBER 函数将一个字符型数据转换成数值型数据。具体语法格式如下：

```
TO_NUMBER (expr[,fmt[,nlsparam]])
```

其中，参数 expr 代表需要转换的字符串；参数 fmt 代表要转换成数字的格式；nlsparam 参数指定 fmt 的特征。包括小数点字符、组分隔符和本地钱币符号。

实例 48 练习使用 TO_NUMBER 函数

使用 TO_NUMBER 函数把字符串类型转化为数值类型。执行语句如下：

```sql
SELECT TO_NUMBER ('2021.103', '9999.999')
FROM dual;
```

执行结果如图 8-51 所示。

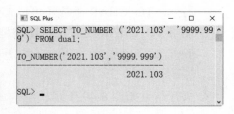

图 8-51 把字符串类型转化为数字类型

8.5 系统信息类函数

本节将介绍常用的系统信息函数，Oracle 中的系统信息函数有：返回登录名函数、返回会话函数以及上下文信息函数等。

8.5.1 返回登录名函数

USER 函数返回当前会话的登录名。

实例 49 练习使用 USER 函数

使用 USER 函数返回当前会话的登录名称。执行语句如下：

```sql
SELECT USER FROM dual;
```

执行结果如图 8-52 所示。

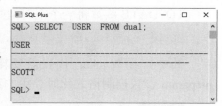

图 8-52 获取当前会话的登录名称

8.5.2 返回会话以及上下文信息函数

USERENV 函数返回当前会话的信息。使用的语法格式如下：

```
USERENV(parameter)
```

当参数为 Language 时，返回会话对应的语言、字符集等；当参数为 SESSION 可返回当前会话的 ID；当参数为 ISDBA 可以返回当前用户是否为 DBA。

实例 50 练习使用 USERENV 函数

使用 USERENV 函数返回当前会话的对应语言和字符集等信息。执行语句如下：

```sql
SELECT USERENV('Language') FROM dual;
```

执行结果如图 8-53 所示。

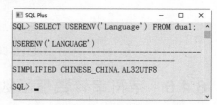

图 8-53 获取当前会话的对应语言和字符集

8.6 就业面试问题解答

面试问题 1：数据库中的数据一般不要以空格开始或结尾，这是为什么？

字符串开头或结尾处如果有空格，这些空格是比较敏感的字符，会出现查询不到结果的现象。因此，在输出字符串数据时，最好使用 TRIM()函数去掉字符串开始或结尾的空格。

面试问题 2：SUBSTR 函数在计算子串的起始位置时，应注意什么？

函数 SUBSTR 在计算子串的起始位置时，应该注意一个空格占有一个字符。

8.7 上机练练手

上机练习 1：练习使用数学函数操作数值

(1) 使用数学函数 DBMS_RANDOM.VALUE(1,10)生成 1～20 以内的随机整数。

(2) 使用 SIN()、COS()、TAN()、ATAN(x)函数计算三角函数值，并将计算结果转换成整数值。

上机练习 2：使用字符串和日期函数操作字段值

(1) 创建表 member，其中包含 5 个字段，分别为 AUTO_INCREMENT 约束的 m_id 字段，VARCHAR 类型的 m_FN 字段，VARCHAR 类型的 m_LN 字段，DATETIME 类型的 m_birth 字段和 VARCHAR 类型的 m_info 字段。

(2) 插入一条记录，m_id 值为默认，m_FN 值为"Halen"，m_LN 值为"Park"，m_birth 值为"1970-06-29"，m_info 值为"GoodMan"。

(3) 使用 SELECT 语句查看数据表 member 的插入结果。

(4) 返回 m_FN 的长度，返回第一条记录中的人的全名，将 m_info 字段值转换成小写字母，将 m_info 的值反向输出。

(5) 计算第一条记录中人的年龄，并计算 m_birth 字段中的日期，按照"YYYY-MM-DD"格式输出时间值。

(6) 插入一条新的记录，m_id 值为默认，m_FN 值为"Samuel"，m_LN 值为"Green"，m_birth 值为系统当前时间，m_info 为空。

(7) 使用 LAST_INSERT_ID()查看最后插入的 ID 值。

(8) 使用 SELECT 语句查看数据表 member 的数据记录。

第 9 章

PL/SQL 编程基础

　　PL/SQL 是 Oracle 数据库对 SQL 语句的扩展。在普通 SQL 语句的使用上增加了编程语言的特点，所以 PL/SQL 就是把数据操作和查询语句组织在 PL/SQL 代码的过程性单元中，通过逻辑判断、循环等操作实现复杂的功能或者计算的程序语言。

9.1 PL/SQL 概述

Oracle 通过 SQL 访问数据时，对输出结果缺乏控制，没有数组处理、循环结构和其他编程语言的特点。为此，Oracle 开发了 PL/SQL，用于对数据库数据的处理进行很好的控制。

9.1.1 PL/SQL 是什么

如果不使用 PL/SQL 语言，Oracle 一次只能处理一条 SQL 语句。每条 SQL 语句的处理都需要客户端向服务器端做调用操作，从而在性能上产生很大的开销，尤其是在网络操作中。如果使用 PL/SQL，一个块中的所有 SQL 语句作为一个组，只需要客户端向服务器端做一次调用，从而减少了网络传输。

PL/SQL 是一种程序语言，称为过程化 SQL 语言(Procedural Language/SQL)。PL/SQL 是 Oracle 对标准数据库语言 SQL 的过程化扩充，它将数据库技术和过程化程序设计语言联系起来，是一种应用开发语言，可使用循环、分支处理数据，将 SQL 的数据操纵功能与过程化语言数据处理功能结合起来使用，使 SQL 成为一种高级程序设计语言，支持高级语言的块操作、条件判断、循环语句、嵌套等，与数据库核心的数据类型集成，使 SQL 的程序设计效率更高。

PL/SQL 具有以下特点。

(1) 支持事务控制和 SQL 数据操作命令。

(2) 支持 SQL 的所有数据类型，并且在此基础上扩展了新的数据类型，也支持 SQL 的函数和运算符。

(3) PL/SQL 可以存储在 Oracle 服务器中，提高程序的运行性能。

(4) 服务器上的 PL/SQL 程序可以使用权限进行控制。

(5) 良好的可移植性，可以移植到另一个 Oracle 数据库中。

(6) 可以对程序中的错误进行自动处理，使程序能够在遇到错误的时候不会被中断。

(7) 减少了网络的交互，有助于提高程序性能。

9.1.2 PL/SQL 的结构

PL/SQL 程序的基本单位是块(block)，一个基本的 PL/SQL 块由三部分组成：声明部分、执行部分和异常处理部分。具体介绍如下。

(1) 声明部分以 DECLARE 作为开始标志，主要声明在可执行部分中调用的所有变量、常量、游标和用户自定义的异常处理。

(2) 执行部分用 BEGIN 作为开始标志，主要包括对数据库中进行操作的 SQL 语句，以及对块中进行组织、控制的 PL/SQL 语句，这部分是必需的。

(3) 异常处理部分以 EXCEPTION 作为开始标志，主要包括在执行过程中出错或出现非正常现象时所做的相应处理。

提示　执行部分是必需的，其他两部分是可选的。

实例 1　输出"春花秋月何时了！"

这里编写一个简单的 PL/SQL 程序，只包含执行部分的内容，执行语句如下：

```
BEGIN
    DBMS_OUTPUT.PUT_LINE ('春花秋月何时了！');
END;
/
```

打开 SQL Plus 窗口，执行上述代码，结果如图 9-1 所示。

图 9-1　代码运行结果

在这里，我们看不到输出的语句，这是因为当前数据库的 SERVEROUTPUT 状态为 OFF，这里运行 SET SERVEROUTPUT ON;命令，打开 SQL Plus 的输出功能。执行结果如图 9-2 所示。

再次运行编写的 PL/SQL 程序，这时可以看到输出"春花秋月何时了！"语句，执行结果如图 9-3 所示。

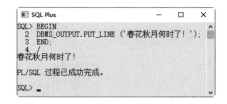

图 9-2　设置 SERVEROUTPUT 的状态为 ON　　　图 9-3　输出"春花秋月何时了！"语句

实例 2　根据声明内容输出变量的值

这里编写一个包括声明和执行体两部分结构的程序，该实例首先声明了一个变量，然后为变量赋值，最后输出变量的值，执行代码如下：

```
DECLARE
v_num number(5);
BEGIN
    v_num:=98;
    DBMS_OUTPUT.PUT_LINE ('你的成绩是：'|| v_num);
END;
/
```

执行结果如图 9-4 所示。

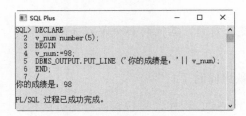

图 9-4 输出变量的值

实例 3 根据设置条件输出变量的值

这里编写一个包括声明部分、执行体部分和异常处理三部分结构的程序，该程序的功能为：从表 employee 中查询姓名为"张丹"的人员所对应的部门编号，并将编号存储到变量 v_d_id 中，最后输出到屏幕上，执行语句如下：

```
DECLARE
v_d_id  number(6);
BEGIN
    SELECT d_id
    INTO v_d_id
    FROM employee
    WHERE employee.NAME='张丹';
    DBMS_OUTPUT.PUT_LINE ('张丹所在部门编号是：'||v_d_id);
EXCEPTION
    WHEN NO_DATA_FOUND THEN
        DBMS_OUTPUT.PUT_LINE ('张丹没有对应的部门编号');
    WHEN TOO_MANY_ROWS THEN
    DBMS_OUTPUT.PUT_LINE ('张丹对应的部门编号很多，请确认！');
END;
/
```

执行结果如图 9-5 所示。

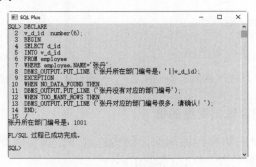

图 9-5 代码运行结果

如果返回记录超过一条或者没有返回记录，则会引发异常，此时程序会根据异常处理部分的内容进行操作。这里设置 employee 表中没有的数据信息，比如：将"张丹"替换为"李阳"，执行语句如下：

```
DECLARE
v_d_id  number(6);
BEGIN
    SELECT d_ID
```

```
      INTO v_d_id
      FROM employee
      WHERE employee.name='李阳';
      DBMS_OUTPUT.PUT_LINE ('李阳对应的部门编号是：'||v_d_id);
EXCEPTION
   WHEN NO_DATA_FOUND THEN
      DBMS_OUTPUT.PUT_LINE ('李阳没有对应的部门编号');
   WHEN TOO_MANY_ROWS THEN
      DBMS_OUTPUT.PUT_LINE ('李阳对应的部门编号很多，请确认！');
END;
/
```

执行结果如图 9-6 所示。

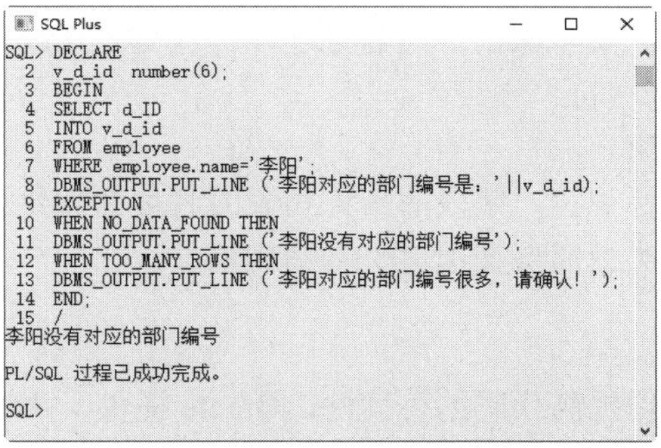

图 9-6　代码的异常处理结果

9.1.3　PL/SQL 的编程规范

通过了解 PL/SQL 的编程规范，可以写出高质量的程序，并减少工作时间，提高工作效率，其他开发人员也能清晰地阅读。PL/SQL 的编程规范如下。

1. PL/SQL 中允许出现的字符集

(1) 字母：包括大写和小写。

(2) 数字 0～9。

(3) 空格、回车符和制表符。

(4) 符号包括+、-、*、/、<、>、=、!、~、^、;、:、@、%、#、$、&、_、|、(、)、[、]、{、}、?。

2. PL/SQL 中的大小写问题

(1) 关键字(如 BEGIN、EXCEPTION、END、IF THEN ELSE、LOOP、END LOOP)、数据类型(如 VARCHAR2、NUMBER)、内部函数(如 LEAST、SUBSTR)和用户定义的子程序，使用大写。

(2) 变量名以及 SQL 中的列名和表名，使用小写。

3. PL/SQL 中的空白

(1) 在等号或比较操作符的左右各留一个空格。

(2) 主要代码段之间用空行隔开。

(3) 结构词(DECLARE、BEGIN、EXCEPTION、END、IF 和 END IF 以及 LOOP 和 END LOOP)居左排列。

(4) 把同一结构的不同逻辑部分分开写在独立的行，即使这个结构很短。例如，IF 和 THEN 被放在同一行，而 ELSE 和 END IF 则放在独立的行。

4. PL/SQL 中必须遵守的要求

(1) 标识符不区分大小写。例如，NAME 和 Name、name 都是一样的。所有的名称在存储时都被自动修改为大写。

(2) 标识符中只能出现字母、数字和下画线，并且以字母开头。

(3) 不能使用保留字。如与保留字同名必须使用双引号括起来。

(4) 标识符最多 30 个字符。

(5) 语句使用分号结束。

(6) 语句的关键字、标识符、字段的名称和表的名称都需要空格的分割。

(7) 字符类型和日期类型需要使用单引号括起来。

5. PL/SQL 中的注释

适当地添加注释，可以提高代码的可读性。Oracle 提供了两种注释方法，分别如下。

(1) 单行注释：使用"--"两个短画线，可以注释后面的语句。

(2) 多行注释：使用"/*...*/"，可以注释掉这两部分包含的部分。

实例 4 在程序中使用注释

编写 PL/SQL 程序，实现的功能是输出表 employee 中人员年龄最大值，并在代码中添加注释信息，执行代码如下：

```
DECLARE
v_maxage number(8);         --最大年龄
BEGIN
   /*
    利用MAX函数获得年龄的最大值
       */
       SELECT MAX(age) INTO v_maxage
          FROM employee;
    DBMS_OUTPUT.PUT_LINE ('人员中年龄最大值是：'
值
END;
/
```

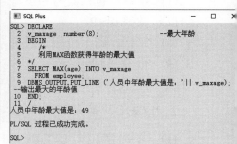

执行结果如图 9-7 所示，从结果可以看出，注释并没有对执行产生任何影响，但提高了程序的可读性。

图 9-7　输出 employee 表中年龄最大值

9.2　使用常量和变量

常量和变量在 PL/SQL 的编程中经常被用到。通过变量，可以把需要的参数传递进来，经过处理后，还可以把值传递出去，最终返回给用户。

9.2.1 认识常量

简单地说，常量是固化在程序代码中的信息，常量的值从定义开始就是固定的。常量主要用于为程序提供固定和精确的值，包括数值和字符串，如数字、逻辑值真(true)、逻辑值假(false)等都是常量。

常量的语法格式如下：

```
constant_name CONSTANT datatype
[NOT NULL]
{:=| DEFAULT} expression;
```

主要参数介绍如下。

(1) constant_name：表示常量的名称。
(2) CONSTANT：声明常量的关键词，如果是常量，该项是必需的。
(3) datatype：表示常量的数据类型。
(4) NOT NULL：表示常量值为非空。
(5) {:=| DEFAULT}：表示常量必须显式地为其赋值。
(6) expression：表示常量的值或表达式。

9.2.2 认识变量

变量，顾名思义，在程序运行过程中，其值可以改变。变量是存储信息的单元，它对应于某个内存空间，变量用于存储特定数据类型的数据，用变量名代表其存储空间。程序能在变量中存储值和取出值，可以把变量比作超市的货架(内存)，货架上摆放着商品(变量)，可以把商品从货架上取出来(读取)，也可以把商品放入货架(赋值)。

变量的语法格式如下：

```
variable_name datatype
[
    [NOT NULL]
{:=| DEFAULT} expression;
];
```

其中，variable_name 表示变量的名称；datatype 表示变量的数据类型；NOT NULL 表示变量值为非空；{:=| DEFAULT}表示变量的赋值；expression 表示变量存储的值，也可以是表达式。

实例5 在程序中使用常量和变量

编写程序，在程序中使用变量，根据设置的人员 e_id 值，输出人员信息，然后定义一个常量，并输出该常量的值，执行代码如下：

```
DECLARE
v_eid   VARCHAR2(10);                          --人员ID
v_name  VARCHAR2(255);                         --人员名称
```

```
   v_age     number(8);                                    --人员年龄
   v_date    DATE:=SYSDATE;
   v_ceshi   CONSTANT v_name%TYPE:='这是李阳';           --这个是常量
BEGIN
   SELECT e_id,name,age INTO v_eid,v_name,v_age
      FROM employee
      WHERE e_id = '3';
   DBMS_OUTPUT.PUT_LINE ('人员的ID是：'|| v_eid);
   DBMS_OUTPUT.PUT_LINE ('人员的名称是：'|| v_name);
   DBMS_OUTPUT.PUT_LINE ('人员的年龄是：'|| v_age);
   DBMS_OUTPUT.PUT_LINE ('目前的时间是：'|| v_date);
   DBMS_OUTPUT.PUT_LINE ('常量v_ceshi是：'|| v_ceshi);
END;
/
```

执行结果如图9-8所示。

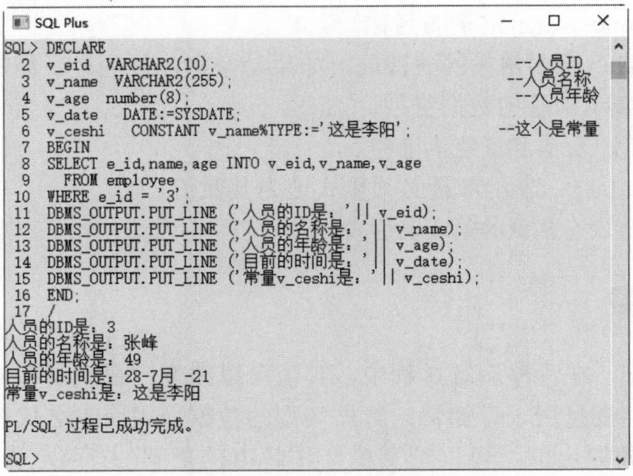

图9-8 输出常量和变量的值

9.3 使用表达式

在PL/SQL编程中，表达式主要是用来计算结果。根据操作数据类型的不同，常见的表达式包括算术表达式、关系表达式和逻辑表达式。

9.3.1 算术表达式

算术表达式就是用算术运算符连接的语句。如i+j+k、20-x、a*b、j/k等即为合法的算术表达式。

实例6 使用算术表达式

计算表达式(50*20+180)的绝对值，执行语句如下：

```
DECLARE
   v_abs    number(8);
```

```
BEGIN
   v_abs:=ABS(50*20+180);
   DBMS_OUTPUT.PUT_LINE (' v_abs='|| v_abs);
END;
/
```

执行结果如图 9-9 所示。这里的算术表达式为：50*20+180。

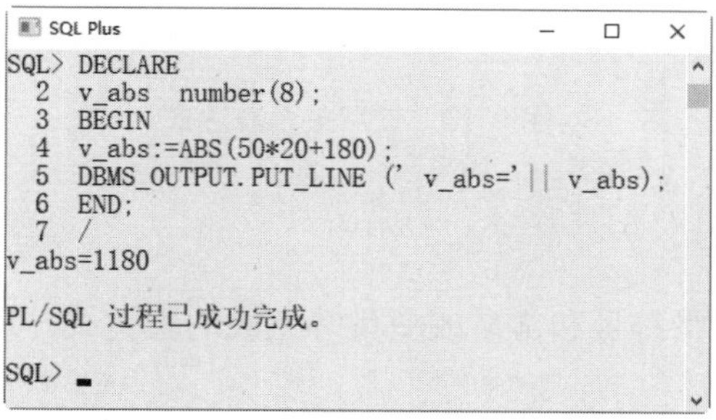

图 9-9　计算算术表达式的值

9.3.2　关系表达式

关系表达式主要是由关系运算符连接起来的字符或数值，最终结果是一个布尔类型值。常见的关系运算符如下。

(1) 等于：=。
(2) 大于：>。
(3) 小于：<。
(4) 大于等于：>=。
(5) 小于等于：<=。
(6) 不等于：!=和<>。

实例 7　**使用关系表达式**

计算表达式(50*20+180)的绝对值，然后使用关系表达式判断该值是否大于 1000，并输出判断结果，执行语句如下：

```
DECLARE
v_abs  number(8);
BEGIN
   v_abs:=ABS(50*20+180);
   IF v_abs>1000 THEN
   DBMS_OUTPUT.PUT_LINE (' v_abs='|| v_abs||' 该值是大于 1000 的');
   ELSE
   DBMS_OUTPUT.PUT_LINE (' v_abs='|| v_abs||' 该值是不大于 1000 的');
   END IF;
END;
/
```

执行结果如图 9-10 所示。这里的关系表达式为：v_abs>1000。

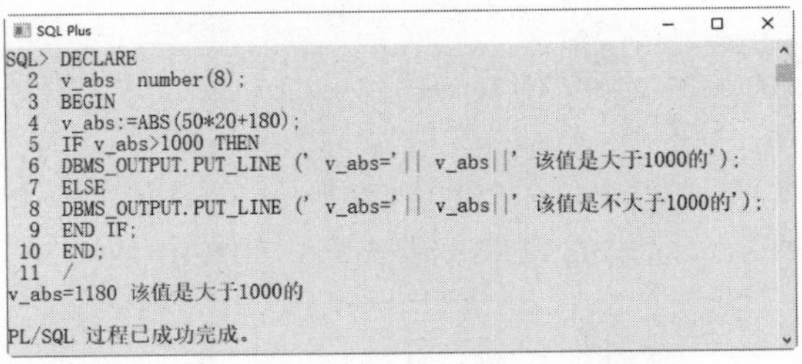

图 9-10　使用关系表达式

9.3.3　逻辑表达式

逻辑表达式主要由逻辑符号和常量或变量等组成的表达式。逻辑符号如下所示。

(1) 逻辑非：NOT。
(2) 逻辑或：OR。
(3) 逻辑与：AND。

实例8　使用逻辑表达式

定义一个常量，对该常量的值进行判断，如果常量的值大于或等于 10 且小于 20，输出"这是一个大于或等于 10 且小于 20 的数"，执行语句如下：

```
DECLARE
v_abs  number(8);
BEGIN
   v_abs:=15;
   IF v_abs<10 THEN
   DBMS_OUTPUT.PUT_LINE ('这是一个小于10的数');
   ELSIF v_abs>=10 AND v_abs<20 THEN
   DBMS_OUTPUT.PUT_LINE ('这是一个大于或等于10且小于20的数');
   END IF;
   DBMS_OUTPUT.PUT_LINE ('这里常量的值为：'|| v_abs);
END;
/
```

执行结果如图 9-11 所示，这里用到了逻辑运算符 AND。由逻辑符号和常量或变量等组成的表达式就是逻辑表达式，这里的逻辑表达式为：v_abs>=10 AND v_abs<20。

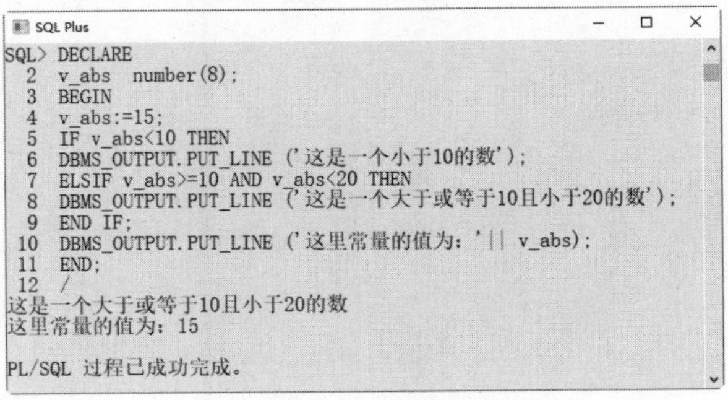

图 9-11　使用逻辑表达式

9.4 PL/SQL 的控制语句

存储过程和自定义函数中使用流程控制来控制语句的执行。Oracle 数据库中用来构造控制流程的语句有：IF 语句、CASE 语句、LOOP 语句等。

9.4.1 IF 条件控制语句

条件判断语句就是对语句中不同条件的值进行判断，进而根据不同的条件执行不同的语句。条件判断语句主要包括 IF 结构、IF…ELSE 结构和 IF…ELSIF 结构。

1. IF 结构

IF 结构是使用最为普遍的条件选择结构，每一种编程语言都有一种或多种形式的 IF 语句，在编程中经常被用到。

IF 结构的语法格式如下：

```
IF condition THEN
   statements;
END IF;
```

其中的 condition 的返回结果为 true，则程序执行 IF 语句对应的 statements，如果 condition 的返回结果为 false，则继续往下执行。

实例 9 使用 IF 结构控制语句

计算(100+20*3-15*7)的绝对值，如果结果大于 50，则将结果输出，代码如下：

```
DECLARE
v_abs  number(8);
BEGIN
   v_abs:=ABS(100+20*3-15*7);
   IF v_abs>50 THEN
   DBMS_OUTPUT.PUT_LINE ('v_abs='|| v_abs||' 该值是大于 50 的');
   END IF;
   DBMS_OUTPUT.PUT_LINE ('这是一个 IF 条件语句');
END;
/
```

执行结果如图 9-12 所示。

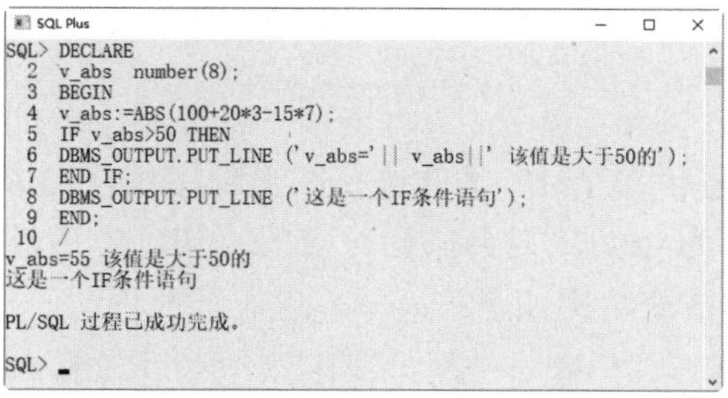

图 9-12　代码运行结果

2. IF...ELSE 结构

IF...ELSE 结构通常用于一个条件需要两个程序分支来执行的情况。IF…ELSE 结构的语法格式如下:

```
IF condition THEN
    statements;
ELSE
    statements;
END IF;
```

其中的 condition 的返回结果为 true,则程序执行 IF 语句对应的 statements,如果 condition 的返回结果为 false,则执行 ELSE 后面的语句。

实例 10 使用 IF...ELSE 结构控制语句

计算(100+20*3-15*7)的绝对值,然后判断该值是否大于 80,将对应的结果输出,代码如下:

```
DECLARE
v_abs  number(8);
BEGIN
   v_abs:=ABS(100+20*3-15*7);
   IF v_abs>80 THEN
   DBMS_OUTPUT.PUT_LINE (' v_abs='|| v_abs||' 该值是大于80的');
   ELSE
   DBMS_OUTPUT.PUT_LINE (' v_abs='|| v_abs||' 该值是小于80的');
   END IF;
END;
/
```

执行结果如图 9-13 所示。

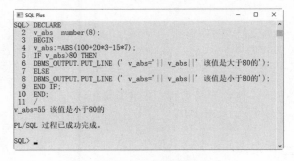

图 9-13 代码运行结果

3. IF...ELSIF 结构

IF...ELSIF 结构可以提供多个 IF 条件选择,当程序执行到该结构部分时,会对每一个条件进行判断,一旦条件为 true,则会执行对应的语句,然后继续判断下一个条件,直到所有的条件判断完成。其语法结构如下:

```
IF condition1 THEN
    statements;
ELSIF condition2 THEN
```

```
    statements;
…
[ELSE statements;]
END IF;
```

其中的 condition 的返回结果为 true，则程序执行 IF 语句对应的 statements，如果 condition 的返回结果为 false，则执行 ELSE 后面的语句。

实例 11　使用 IF...ELSIF 结构控制语句

根据不同的学习成绩，输出对应的成绩级别，执行代码如下：

```
DECLARE
v_abs  number(8);
BEGIN
   v_abs:=75;
   IF v_abs<60 THEN
   DBMS_OUTPUT.PUT_LINE ('该考生成绩不及格');
   ELSIF v_abs>=60 AND v_abs<70 THEN
   DBMS_OUTPUT.PUT_LINE (' 该考生成绩及格');
   ELSIF v_abs>=70 AND v_abs<85 THEN
   DBMS_OUTPUT.PUT_LINE (' 该考生成绩良好');
   ELSE
   DBMS_OUTPUT.PUT_LINE (' 该考生成绩优秀');
   END IF;
   DBMS_OUTPUT.PUT_LINE (' 该考生成绩为'|| v_abs);
END;
/
```

执行结果如图 9-14 所示。

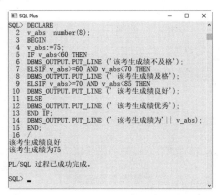

图 9-14　代码运行结果

9.4.2　CASE 条件控制语句

CASE 语句是根据条件选择对应的语句执行，和 IF 语句比较相似。CASE 语句分为两种，包括简单的 CASE 语句和搜索式 CASE 语句。

1. 简单的 CASE 语句

它给出一个表达式，并把表达式结果同提供的几个可预见的结果做比较，如果比较成

功,则执行对应的语句。该类型的语法格式如下:

```
[<<lable_name>>]
CASE case_operand
WHEN when_operand THEN
statement;
[
WHEN when_operand THEN
statement;
[
WHEN when_operand THEN
statement;
]...
[ELSE statement[statement;]]...;
END CASE [label_name];
```

主要参数介绍如下。

(1) <<lable_name>>是一个标签,可以选择性添加,提高可读性。

(2) case_operand 是一个表达式,通常是一个变量。

(3) when_operand 是 case_operand 对应的结果,如果相同,则执行对应的 statement。

(4) [ELSE statement[statement;]]表示当所有的 when_operand 都不能对应 case_operand 的值时,会执行 ELSE 处的语句。

实例 12 使用简单的 CASE 语句

在 employee 表中,用 CASE 语句找到人员编号对应的人员姓名,然后输出到屏幕,执行代码如下:

```
DECLARE
v_eid  VARCHAR2(10);
BEGIN
   SELECT e_id INTO v_eid
     FROM  employee
   WHERE employee.e_id=2;
   CASE v_eid
   WHEN 1 THEN
   DBMS_OUTPUT.PUT_LINE ('该人员姓名为张丹');
   WHEN 2 THEN
   DBMS_OUTPUT.PUT_LINE ('该人员姓名为李煜');
   WHEN 3 THEN
   DBMS_OUTPUT.PUT_LINE ('该人员姓名为张峰');
   WHEN 4 THEN
   DBMS_OUTPUT.PUT_LINE ('该人员姓名为王凯');
   ELSE
   DBMS_OUTPUT.PUT_LINE ('没有对应的人员信息');
   END CASE;
END;
/
```

执行结果如图 9-15 所示。

第 9 章 PL/SQL 编程基础

```
SQL Plus                                    —    □    ×
SQL> DECLARE
  2   v_eid  VARCHAR2(10);
  3   BEGIN
  4   SELECT e_id INTO v_eid
  5     FROM employee
  6    WHERE employee.e_id=2;
  7   CASE v_eid
  8    WHEN 1 THEN
  9    DBMS_OUTPUT.PUT_LINE ('该人员姓名为张丹');
 10    WHEN 2 THEN
 11    DBMS_OUTPUT.PUT_LINE ('该人员姓名为李煜');
 12    WHEN 3 THEN
 13    DBMS_OUTPUT.PUT_LINE ('该人员姓名为张峰');
 14    WHEN 4 THEN
 15    DBMS_OUTPUT.PUT_LINE ('该人员姓名为王凯');
 16    ELSE
 17    DBMS_OUTPUT.PUT_LINE ('没有对应的人员信息');
 18   END CASE;
 19   END;
 20   /
该人员姓名为李煜
PL/SQL 过程已成功完成。
```

图 9-15 代码运行结果

2. 搜索式的 CASE 语句

搜索式的 CASE 语句会依次检测布尔值是否为 true，一旦为 true，那么它所在的 WHEN 子句会被执行，后面的布尔表达式将不再考虑。如果所有的布尔值都不为 true，那么程序会转到 ELSE 子句，如果没有 ELSE 子句，系统会给出异常。语法格式如下：

```
[<<lable_name>>]
CASE
WHEN boolean_expression THEN  statement;
  [boolean_expression THEN  statement; ]…
[ELSE statement[statement;]]…;
END CASE [label_name];
```

其中 boolean_expression 为布尔表达式。

实例 13 使用搜索式 CASE 语句

在 employee 表中，用搜索式 CASE 语句找到人员编号对应的人员姓名，然后输出到屏幕，执行代码如下：

```
DECLARE
v_name  VARCHAR2(25);
BEGIN
   SELECT name INTO v_name
     FROM employee
     WHERE employee.e_id='2';
   CASE
   WHEN v_name='张丹' THEN
   DBMS_OUTPUT.PUT_LINE ('该人员的姓名为张丹');
   WHEN v_name='李煜' THEN
   DBMS_OUTPUT.PUT_LINE ('该人员的姓名为李煜');
   WHEN v_name='张峰' THEN
   DBMS_OUTPUT.PUT_LINE ('该人员的姓名为张峰');
   WHEN v_name= '王凯'  THEN
   DBMS_OUTPUT.PUT_LINE ('该人员的姓名为王凯');
   ELSE
```

```
        DBMS_OUTPUT.PUT_LINE ('没有对应的人员信息');
    END CASE;
END;
/
```

执行结果如图 9-16 所示。

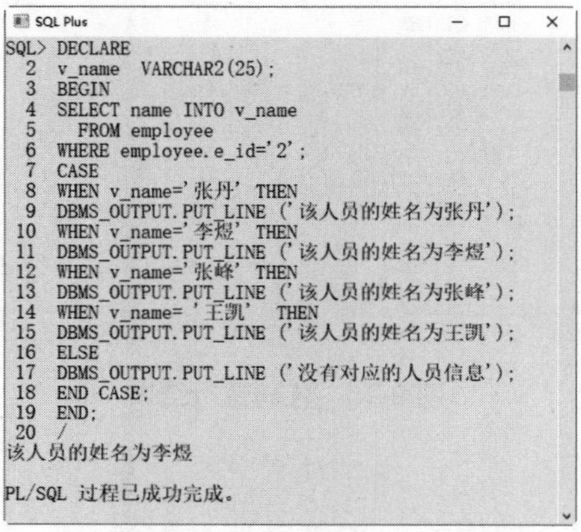

图 9-16 代码运行结果

9.4.3 LOOP 循环控制语句

LOOP 语句主要是实现重复的循环操作。其语法格式如下:

```
[<<lable_name>>]
LOOP
    statement…
END LOOP [label_name];
```

主要参数介绍如下。

(1) LOOP 为循环的开始标记。

(2) statement 为 LOOP 语句中重复执行的语句。

(3) END LOOP 为循环结束标志。

 　　　LOOP 语句往往还需要和条件控制语句一起使用, 这样可以避免出现死循环的情况。

实例 14 使用 LOOP 循环语句

通过 LOOP 循环, 实现每次循环都让变量递减 2, 直到变量的值小于 1, 然后终止循环, 代码如下:

```
DECLARE
v_summ  NUMBER(4):=10;
BEGIN
    <<bbscip_loop>>
    LOOP
    DBMS_OUTPUT.PUT_LINE ('目前 v_summ 为: '|| v_summ);
```

```
       v_summ:= v_summ-2;
       IF v_summ<1 THEN
          DBMS_OUTPUT.PUT_LINE ('退出 LOOP 循环,当前 v_summ 为:'|| v_summ);
           EXIT bbscip_loop;
       END IF;
       END LOOP;
END;
/
```

执行结果如图 9-17 所示。

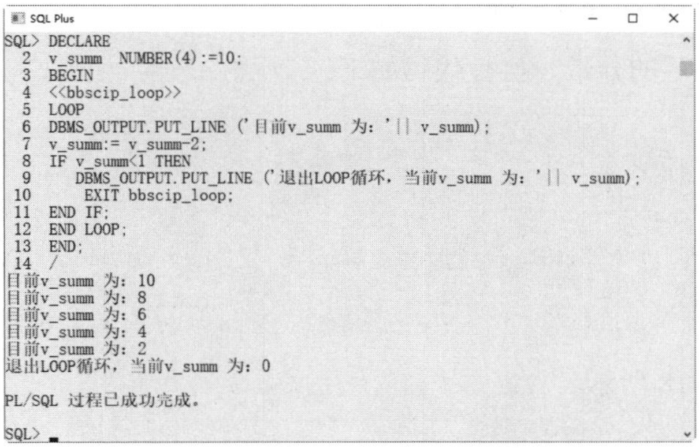

图 9-17 代码运行结果

9.5 PL/SQL 中的异常

PL/SQL 编程的过程中难免会出现各种错误,这些错误统称为异常。

9.5.1 异常概述

PL/SQL 程序在运行的过程中,由于程序本身或者数据问题而引发的错误被称为异常。为了提高程序的健壮性,可以在 PL/SQL 块中引入异常处理部分,进行捕捉异常,并根据异常出现的情况进行相应的处理。

Oracle 异常分为两种类型:系统异常和自定义异常。其中系统异常又分为:预定义异常和非预定义异常。

1. 预定义异常

Oracle 为预定义异常定义了错误编号和异常名字,常见的预定义异常如下。

(1) NO_DATA_FOUND:查询数据时,没有找到数据。

(2) DUL_VAL_ON_INDEX:试图在一个有唯一性约束的列上存储重复值。

(3) CURSOR_ALREADY_OPEN:试图打开一个已经打开的游标。

(4) TOO_MANY_ROWS:查询数据时,查询的结果是多值。

(5) ZERO_DIVIDE:零被整除。

2. 非预定义异常

Oracle 为非预定义异常定义了错误编号,但没有定义异常名字。使用的时候,先声明一个异常名,通过伪过程 PRAGMA EXCEPTION_INIT,将异常名与错误号关联起来。

3. 自定义异常

程序员从业务角度出发,制定的一些规则和限制。

实例 15 除数为零的异常处理

下面演示除数为零的异常,执行代码如下:

```
DECLARE
v_summ  NUMBER(4);
BEGIN
    v_summ:=10/0;
    DBMS_OUTPUT.PUT_LINE ('目前v_summ 为: '|| v_summ);
END;
/
```

执行结果如图 9-18 所示。

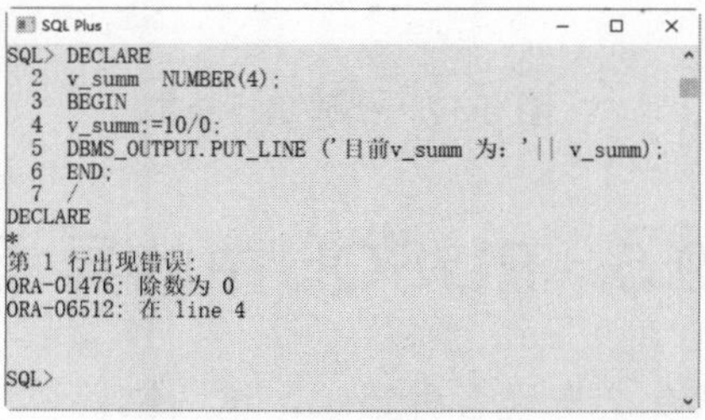

图 9-18 代码运行结果

9.5.2 异常处理

在 PL/SQL 中,异常处理分为 3 个部分:声明部分、执行部分和异常部分。语法格式如下:

```
EXCEPTION
        WHEN e_name1 [OR e_name2 ... ] THEN
            statements;
        WHEN e_name3 [OR e_name4 ... ] THEN
            statements;
            …
        WHEN OTHERS THEN
            statements;
    END;
    /
```

主要参数介绍如下。

(1) EXCEPTION 表示声明异常。

(2) e_name1 为异常的名称。

(3) statements 为发生异常后如何处理。

(4) WHEN OTHERS THEN 是异常处理的最后部分，如果前面的异常没有被捕获，这是最终捕获的地方。

实例 16　自定义除数为零的异常处理

自定义除数为零的异常处理，代码如下：

```
DECLARE
v_summ  NUMBER(4);
BEGIN
   v_summ:=10/0;
   DBMS_OUTPUT.PUT_LINE ('目前v_summ 为: '|| v_summ);
EXCEPTION
   WHEN ZERO_DIVIDE  THEN
   DBMS_OUTPUT.PUT_LINE ('除数不能为零');
END;
/
```

该实例运行结果如图 9-19 所示。

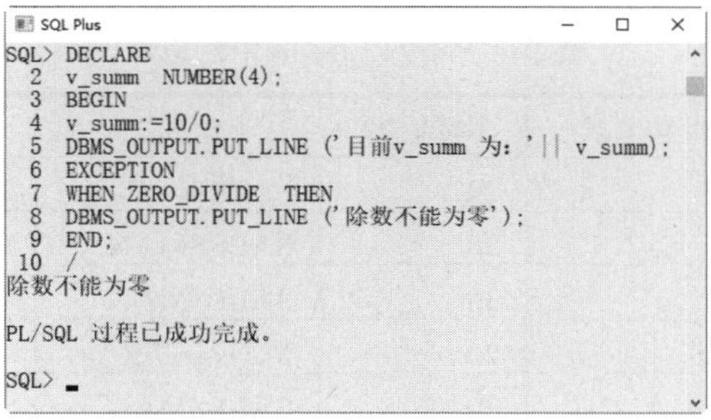

图 9-19　代码运行结果

9.6　就业面试问题解答

面试问题 1：为什么在 PL/SQL 程序代码中有时使用变量 v_pioneer 呢？

在 PL/SQL 程序代码中使用变量 v_pioneer 可以输出定义的内容，其实，不使用变量 v_pioneer，而在调用 DBMS_OUTPUT 软件包中的过程 PUT_LINE 时直接在"||"操作符之后定义内容也可以得到相同的结果。

面试问题 2：SQL Plus 执行 SQL 语句与执行 PL/SQL 语句有什么区别？

SQL Plus 执行 SQL 语句与执行 PL/SQL 语句是有区别的，主要体现在介绍和执行方式、显示方式上。在 SQL Plus 提示符下输入 SQL 语句，分号表示语句的结束，分号之前的部分就是一条语句，按下回车键后该 SQL 语句被发送到数据库服务器执行并返回结果。

对于 PL/SQL 语句程序，分号表示语句的结束，而使用"."号表示整个语句块的结束，也可以省略。按下回车键之后，该语句块不会执行，即不会发送到数据库服务器，而是必须使用"/"符号执行 PL/SQL 语句块。

9.7 上机练练手

上机练习1：编写PL/SQL语句块查询数据记录

创建数据表employee，表结构以及表中的数据记录如表9-1与表9-2所示。

表9-1 employee表结构

字段名	字段说明	数据类型	主键	外键	非空	唯一	自增
e_no	员工编号	NUMBER(11)	是	否	是	是	否
e_name	员工姓名	VARCHAR2(50)	否	否	是	否	否
e_gender	员工性别	CHAR(4)	否	否	否	否	否
dept_no	部门编号	NUMBER(11)	否	否	是	否	否
e_job	职位	VARCHAR2(50)	否	否	是	否	否
e_salary	薪水	NUMBER(11)	否	否	是	否	否
hireDate	入职日期	DATE	否	否	是	否	否

表9-2 employee表中的记录

e_no	e_name	e_gender	dept_no	e_job	e_salary	hireDate
1001	SMITH	m	20	CLERK	800	2005-11-12
1002	ALLEN	f	30	SALESMAN	1600	2003-05-12
1003	WARD	f	30	SALESMAN	1250	2003-05-12
1004	JONES	m	20	MANAGER	2975	1998-05-18
1005	MARTIN	m	30	SALESMAN	1250	2001-06-12
1006	BLAKE	f	30	MANAGER	2850	1997-02-15
1007	CLARK	m	10	MANAGER	2450	2002-09-12

（1）在PL/SQL中使用变量和常量，查询employee表中字段dept_no为20的数据记录。

（2）编写PL/SQL语句块，使用IF语句根据employee表中工资的数额，判断该员工业绩水平。

（3）编写PL/SQL语句块，使用CASE语句找到员工编号对应的员工名称，然后输出到屏幕。

上机练习2：编写PL/SQL语句块练习表达式与控制语句的应用

（1）编写PL/SQL语句块，计算表达式(10*20+80-35)的绝对值。

（2）编写PL/SQL语句块，使用关系表达式判断表达式(10*20+80-35)的值是否大于100。

（3）编写PL/SQL语句块，使用逻辑表达式判断表达式(10*20+80-35)的值。如果这个值大于100且小于300，输出"这是一个大于100且小于300的数"。

（4）编写PL/SQL语句块，使用LOOP循环实现每次循环都让变量值100递减10，直到变量的值小于1，然后终止循环。

第10章

视图与索引

  在数据库中,视图是一个虚拟表,同真实的表一样,视图包含一系列带有名称的列和行数据。用行和列数据来定义视图的查询所引用的表,并且在引用视图时动态生成。索引是一种可以加快数据检索速度的数据结构,主要用于提高数据库查询数据的性能。本章就来介绍视图与索引的应用。

10.1 创建与查看视图

创建视图是使用视图的第一步。视图中包含了 SELECT 查询的结果，因此视图的创建是基于 SELECT 语句和已存在的数据表。视图既可以由一张表组成，也可以由多张表组成。

10.1.1 创建视图的语法规则

创建视图的语法与创建表的语法一样，都是使用 CREATE 语句来创建的。创建视图的语法格式为：

```
CREATE [OR REPLACE] [[NO]FORCE] VIEW
   [schema.] view
   [(alias,…)]inline_constraint(s)]
        [out_of_line_constraint (s)]
AS subquery
[WITH CHECK OPTION[CONSTRAINT constraint]]
[WITH READ ONLY]
```

主要参数介绍如下。
- CREATE：表示创建新的视图。
- REPLACE：表示替换已经创建的视图。
- [NO]FORCE：表示是否强制创建视图。
- [schema.] view：表示视图所属方案的名称和视图本身的名称。
- [(alias, ...)]inline_constraint(s)]：表示视图字段的别名和内联的名称。
- [out_of_line_constraint (s)]：表示约束，是与 inline_constraint(s)相反的声明方式。
- AS：该关键字说明下面是查询子句，用户定义视图。
- subquery：是任意正确的完整的查询语句。
- WITH CHECK OPTION：表示一旦使用该限制，当对视图增加或修改数据时必须满足子查询的条件。
- WITH READ ONLY：表示视图为只读。

创建视图时，需要有 CREATE VIEW 的权限，以及针对由 SELECT 语句选择的每一列上的某些权限。

10.1.2 在单表上创建视图

在单表上创建视图通常都是选择一张表中的几个经常需要查询的字段。为演示视图创建与应用的需要，下面创建学生成绩表(studentinfo 表)和课程信息表(subjectinfo 表)，执行语句如下：

```
CREATE TABLE studentinfo
(
```

```
  id              NUMBER(10)  PRIMARY KEY,
  studentid       NUMBER(10),
  name            VARCHAR2(20),
  major           VARCHAR2(20),
  subjectid       NUMBER(10),
  score           DECIMAL(10,2)
);
CREATE TABLE subjectinfo
(
  id              NUMBER(10)  PRIMARY KEY,
  subject         VARCHAR(20)
);
```

创建好数据表后，下面向 studentinfo 数据表中添加数据记录，执行语句如下：

```
INSERT INTO studentinfo VALUES (1,101,'夏明', '计算机科学',5,85);
INSERT INTO studentinfo VALUES (2, 102,'李阳', '注册会计师',1, 95);
INSERT INTO studentinfo VALUES (3, 103,'张军', '临床医学',2, 95);
INSERT INTO studentinfo VALUES (4, 104,'李夏', '建筑与力学',5 ,97);
INSERT INTO studentinfo VALUES (5, 105,'肖云', '舞蹈与编舞',4, 75);
INSERT INTO studentinfo VALUES (6, 106,'李爱', '现代金融',3, 85);
INSERT INTO studentinfo VALUES (7, 107,'陈玉', '计算机科学',1,78);
INSERT INTO studentinfo VALUES (8, 108,'明泰', '动物医学',4, 95);
INSERT INTO studentinfo VALUES (9, 109,'宋磊', '生物工程',2, 98);
INSERT INTO studentinfo VALUES (10, 110,'张晓', '工商管理学',4 ,85);
```

下面向 subjectinfo 数据表中添加数据记录，执行语句如下：

```
INSERT INTO subjectinfo VALUES (1,'大学英语') ;
INSERT INTO subjectinfo VALUES (2,'高等数学') ;
INSERT INTO subjectinfo VALUES (3,'线性代数') ;
INSERT INTO subjectinfo VALUES (4,'计算机基础') ;
INSERT INTO subjectinfo VALUES (5,'C 语言');
```

在命令输入窗口中输入添加数据记录的语句，然后执行该语句，即可完成数据的添加。

实例1 在单个数据表 studentinfo 上创建视图

在数据表 studentinfo 上创建一个名为 view_stu 的视图，用于查看学生的学号、姓名、所在专业，执行语句如下：

```
CREATE VIEW view_stu
AS SELECT studentid AS 学号,name AS 姓名, major AS 所在专业
FROM studentinfo;
```

执行结果如图 10-1 所示。
下面使用创建的视图来查询数据信息，执行语句如下：

```
SELECT * FROM view_stu;
```

执行结果如图 10-2 所示，这样就完成了通过视图查询数据信息的操作，由结果可以看到，从视图 view_stu 中查询的内容和基本表中是一样的，这里的 view_stu 中包含了 3 列。

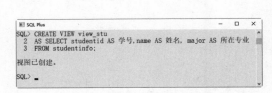

图 10-1　在单个表上创建视图

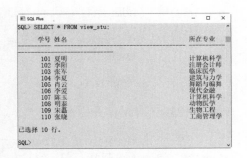

图 10-2　通过视图查询数据

注意　如果用户创建完视图后立刻查询该视图，有时候会提示错误信息为该对象不存在，此时刷新一下视图列表即可解决问题。

10.1.3　在多表上创建视图

在多表上创建视图，也就是说视图中的数据是从多张数据表中查询出来的，创建的方法就是通过更改 SQL 语句。

实例 2　在数据表 studentinfo 与 subjectinfo 上创建视图

创建一个名为 view_info 的视图，用于查看学生的姓名、所在专业、课程名称以及成绩，执行语句如下：

```
CREATE VIEW view_info
AS SELECT studentinfo.name AS 姓名, studentinfo.major AS 所在专业,
subjectinfo.subject AS 课程名称, studentinfo.score AS 成绩
FROM studentinfo, subjectinfo
WHERE studentinfo.subjectid=subjectinfo.id;
```

执行结果如图 10-3 所示。

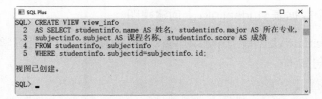

图 10-3　在多表上创建视图

下面使用创建的视图来查询数据信息，执行语句如下：

```
SELECT * FROM view_info;
```

执行结果如图 10-4 所示，这样就完成了通过视图查询数据信息的操作。从查询结果可以看出，通过创建视图来查询数据，可以很好地保护基本表中的数据。视图中的信息很简单，只包含了姓名、所在专业、课程名称与成绩。

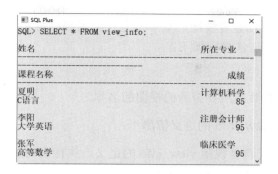

图 10-4　通过视图查询数据

10.1.4　创建视图的视图

在 Oracle 中，还可以在视图上创建视图，下面介绍在视图 view_stu 上创建视图 view_stu_01 方法。

实例 3　在视图 view_stu 上创建视图 view_stu_01

执行代码如下：

```
CREATE OR REPLACE VIEW view_stu_01
AS
    SELECT view_stu.学号, view_stu.姓名
    FROM view_stu;
```

执行结果如图 10-5 所示。

查询视图 view_stu_01，执行语句如下：

```
SELECT * FROM view_stu_01;
```

执行结果如图 10-6 所示，从结果可以看出，视图 view_stu_01 就是把视图 view_stu 中的"所在专业"字段去掉了。

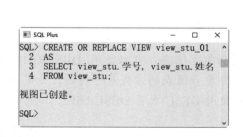

图 10-5　创建视图 view_stu_01

图 10-6　查询视图 view_stu_01

10.1.5　查看视图信息

视图定义好之后，用户可以随时查看视图的信息。使用 DESCRIBE 语句不仅可以查看

数据表的基本信息,还可以查看视图的基本信息。因为视图也是一张表,只是这张表比较特殊,是一张虚拟的表。语法规则如下:

```
DESCRIBE 视图名;
```

其中,"视图名"参数指所要查看的视图的名称。

实例 4 查看视图 view_info 的定义信息

使用 DESCRIBE 语句查看视图 view_info 的定义,执行语句如下:

```
DESCRIBE view_info;
```

执行结果如图 10-7 所示,即可完成视图的查看。

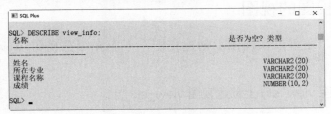

图 10-7 查看视图 view_info 的定义

另外,DESCRIBE 还可以缩写为 DESC,可以直接使用 DESC 查看视图的定义结构,执行语句如下:

```
DESC view_info;
```

使用 DESC 语句运行后的结果,与 DESCRIBE 语句运行后的结果一致,如图 10-8 所示。

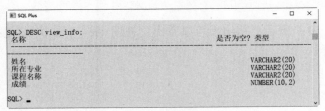

图 10-8 使用 DESC 查看

 如果只需要了解视图中的各个字段的简单信息,可以使用 DESCRIBE 语句。DESCRIBE 语句查看视图的方式与查看普通表的方式是一样的,结果显示的方式也是一样的。通常情况下,都是使用 DESC 代替 DESCRIBE。

10.2 修改与删除视图

当视图创建完成后,如果觉得有些地方不能满足需要,这时就可以修改视图,而不必重新创建视图了。

10.2.1 修改视图的语法规则

在 Oracle 中，修改视图的语法规则与创建视图的语法规则非常相似，使用 CREATE OR REPLACE VIEW 语句可以修改视图。视图存在时，可以对视图进行修改；视图不存在时，还可以创建视图，语法格式如下：

```
CREATE OR REPLACE [ALGORITHM={UNDEFINED|MERGE|TEMPTABLE}]
VIEW 视图名[(属性清单)]
AS SELECT 语句
    [WITH [CASCADED|LOCAL] CHECK OPTION];
```

主要参数的含义如下。

(1) ALGORITHM：可选项。表示视图选择的算法。
(2) UNDEFINED：表示 MySQL 将自动选择所要使用的算法。
(3) MERGE：表示将使用视图的语句与视图定义合并起来，使得视图定义的某一部分取代使用视图语句的对应部分。
(4) TEMPTABLE：表示将视图的结果存入临时表，然后使用临时表执行语句。
(5) 视图名：表示要创建的视图的名称。
(6) 属性清单：可选项。指定了视图中各个属性的名称，默认情况下，与 SELECT 语句中查询的属性相同。
(7) SELECT 语句：是一个完整的查询语句，表示从某个表中查出满足条件的记录，将这些记录导入视图中。
(8) WITH CHECK OPTION：可选项。表示修改视图时必须满足子查询的条件。
(9) CASCADED：可选项。表示修改视图时，需要满足与该视图有关的所有相关视图和表的条件，该参数为默认值。
(10) LOCAL：表示修改视图时，只要满足该视图本身定义的条件即可。

读者可以发现视图的修改语法和创建视图语法只有 OR REPLACE 的区别，当使用 CREATE OR REPLACE 的时候，如果视图已经存在则进行修改操作，如果视图不存在的情况下则创建视图。

10.2.2 使用 CREATE OR REPLACE VIEW 语句修改视图

在了解了修改视图的语法规则后，下面给出一个实例，来使用 CREATE OR REPLACE VIEW 语句修改视图。

实例5 修改视图 view_stu

修改视图 view_stu，在修改视图之前，首先使用 DESC view_stu 语句查看一下 view_stu 视图，以便与更改之后的视图进行对比，查看结果如图 10-9 所示。

执行修改视图语句，代码如下：

```
CREATE OR REPLACE VIEW view_stu
AS SELECT name AS 姓名, major AS 所在专业
FROM studentinfo;
```

执行结果如图 10-10 所示，即可完成视图的修改。

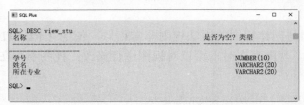

图 10-9　查看视图 view_stu

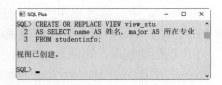

图 10-10　执行修改视图语句

再次使用 DESC view_stu 语句查看视图，可以看到修改后的变化，如图 10-11 所示。从执行的结果来看，相比原来的视图 view_stu，新的视图 view_stu 少了一个字段。

下面使用修改后的视图来查看数据信息，执行语句如下：

```
SELECT * FROM view_stu;
```

执行结果如图 10-12 所示，即可完成数据的查询操作。

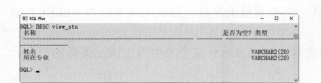

图 10-11　查看视图

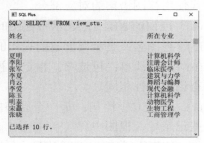

图 10-12　使用视图查看数据信息

10.2.3　使用 ALTER 语句修改视图约束

除了使用 CREATE OR REPLACE 修改视图外，还可以使用 ALTER 语句修改视图的约束，这也是 Oracle 提供的另外一种修改视图的方法。

实例 6　修改视图 view_stu 的约束

由于在实例 5 中将视图 view_stu 中的"学号"字段修改掉了，因此在使用 ALTER 语句修改视图 view_stu 之前，先执行下面的代码，将"学号"字段再添加到视图 view_stu 中。

```
CREATE OR REPLACE VIEW view_stu
AS SELECT studentid AS 学号,name AS 姓名, major AS 所在专业
FROM studentinfo;
```

使用 ALTER 语句为视图 view_stu 添加唯一约束，代码如下：

```
ALTER VIEW view_stu
ADD CONSTRAINT id_UNQ UNIQUE (学号)
DISABLE NOVALIDATE;
```

执行结果如图 10-13 所示，在这个实例中，为视图中的字段"学号"添加了唯一约束，约束名称为 id_UNQ。其中 DISABLE NOVALIDATE 表示此前数据和以后数据都不检查。

使用 ALTER 语句还可以删除添加的视图约束。

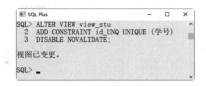

图 10-13 为视图 view_stu 添加唯一约束

实例 7 删除视图 view_stu 中的约束

使用 ALTER 语句删除视图 view_stu 的唯一约束，执行代码如下：

```
ALTER VIEW view_stu
DROP CONSTRAINT id_UNQ;
```

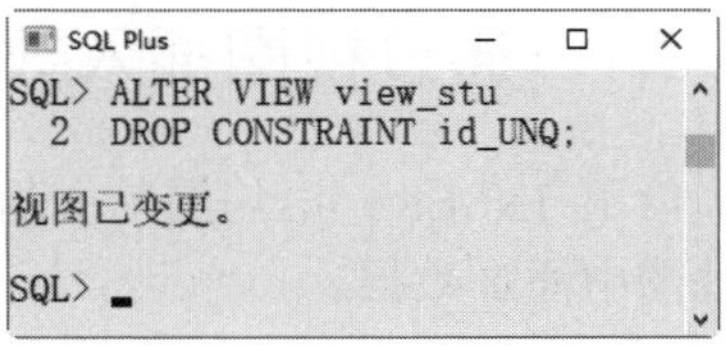

执行结果如图 10-14 所示，结果提示视图已变更，表示视图 view_stu 的唯一约束已经被成功删除。

图 10-14 删除视图 view_stu 的唯一约束

 CREATE OR REPLACE VIEW 语句不仅可以修改已经存在的视图，也可以创建新的视图。不过，ALTER 语句只能修改已经存在的视图。因此，通常情况下，最好选择 CREATE OR REPLACE VIEW 语句修改视图。

10.2.4 删除不用的视图

数据库中的任何对象都会占用存储空间，视图也不例外。当视图不再使用时，要及时删除数据库中多余的视图。

删除视图的语法很简单，但是在删除视图之前，一定要确认该视图是否不再使用，因为一旦删除，就不能恢复。使用 DROP 语句可以删除视图，具体的语法规则如下：

```
DROP VIEW [schema_name.] view_name1, view_name2, …, view_nameN;
```

主要参数介绍如下。

(1) schema_name：该视图所属架构的名称，可以省略。

(2) view_name：要删除的视图名称。

使用 DROP 语句可以同时删除多个视图，只需要在删除各视图名称之间用逗号分隔即可。

实例 8 使用 DROP 语句删除 view_stu 视图

删除系统中的 view_stu 视图，执行语句如下：

```
DROP VIEW view_stu;
```

执行结果如图 10-15 所示，即可完成视图的删除操作。

删除完毕后，下面再查询一下该视图的信息，执行语句如下：

```
DESCRIBE view_stu;
```

图 10-15 删除不用的视图

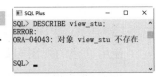

执行结果如图 10-16 所示，即可返回查看结果，这里显示了错误提示，说明该视图已经被成功删除。

图 10-16 查询删除后视图

10.3 通过视图更新数据

通过视图更新数据是指通过视图来插入、更新、删除表中的数据，通过视图更新数据的方法有 3 种，分别是 INSERT、UPDATE 和 DELETE。由于视图是一个虚拟表，其中没有数据，因此，通过视图更新数据的时候都是转到基本表进行更新的。

10.3.1 通过视图插入数据

使用 INSERT 语句向单个基本表组成的视图中添加数据，而不能向两个或多张表组成的视图中添加数据。

实例 9 通过视图向基本表 studentinfo 中插入数据

首先创建一个视图，执行语句如下：

```
CREATE VIEW view_stuinfo(编号,学号,姓名,所在专业,课程编号,成绩)
AS
SELECT id,studentid,name,major,subjectid,score
FROM studentinfo
WHERE  studentid='101';
```

执行结果如图 10-17 所示。

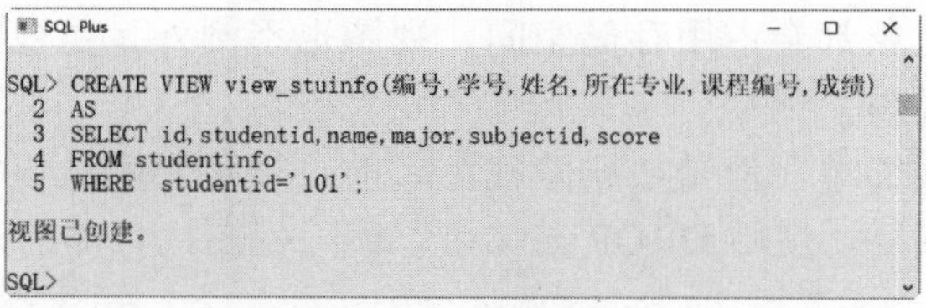

图 10-17 创建视图 view_stuinfo

查询插入数据之前的数据表，执行语句如下：

```
SELECT * FROM studentinfo;   --查看插入记录之前基本表中的内容
```

执行结果如图 10-18 所示，这样就完成了数据的查询操作，并显示查询的数据记录。

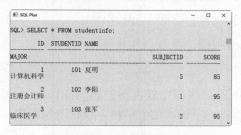

图 10-18 通过视图查询数据

使用创建的视图向数据表中插入一行数据，执行语句如下：

```
INSERT INTO view_stuinfo VALUES(11,111,'李雅','医药学',3,89);
```

执行结果如图 10-19 所示，即可完成数据的插入操作。

图 10-19　插入数据记录

查询插入数据后的基本表 studentinfo，执行语句如下：

`SELECT * FROM studentinfo;`

执行结果如图 10-20 所示，可以看到最后一行是新插入的数据，这就说明通过在视图 view_stuinfo 中执行一条 INSERT 操作，实际上是向基本表中插入了一条记录。

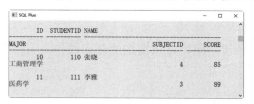

图 10-20　通过视图向基本表插入记录

10.3.2　通过视图修改数据

除了可以插入一条完整的记录外，通过视图也可以更新基本表中记录的某些列值。

实例 10　通过视图修改数据表中指定的数据记录

通过视图 view_stuinfo 将学号是 101 的学生姓名修改为"张炎"，执行语句如下：

```
UPDATE view_stuinfo
SET 姓名='张炎'
WHERE 学号=101;
```

图 10-21　通过视图修改数据

执行结果如图 10-21 所示。

查询修改数据后的基本表 studentinfo，执行语句如下：

`SELECT * FROM studentinfo;　　--查看修改记录之后基本表中的内容`

执行结果如图 10-22 所示。从结果可以看到学号为 101 的学生姓名被修改为"张炎"，从结果可以看出，UPDATE 语句修改 view_stuinfo 视图中的姓名字段，更新之后，基本表中的 name 字段同时被修改为新的数值。

图 10-22　查看修改后基本表中的数据

10.3.3 通过视图删除数据

当数据不再使用时，可以通过 DELETE 语句在视图中将其删除。

实例 11 通过视图删除数据表中指定的数据记录

通过视图 view_stuinfo 删除基本表 studentinfo 中的记录，执行语句如下：

```
DELETE FROM view_stuinfo WHERE 姓名='张炎';
```

执行结果如图 10-23 所示。

查询删除数据后视图中的数据，执行语句如下：

```
SELECT * FROM view_stuinfo;
```

执行结果如图 10-24 所示，即可完成视图的查询操作，可以看到视图中的记录为空。

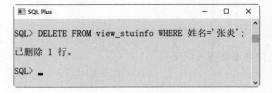
图 10-23 删除指定数据

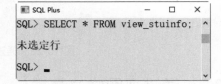
图 10-24 查看删除数据后的视图

查询删除数据后基本表 studentinfo 中的数据，执行语句如下：

```
SELECT * FROM studentinfo;
```

执行结果如图 10-25 所示，可以看到基本表中姓名为"张炎"的数据记录已经被删除。

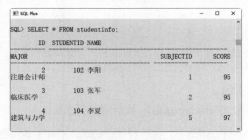
图 10-25 通过视图删除基本表中的一条记录

注意

建立在多个表之上的视图，无法使用 DELETE 语句进行删除操作。

10.4 限制视图的数据操作

对视图数据的增加或更新实际上是操作视图的源表。通过对视图的限制操作，可以提高数据操作的安全性。

10.4.1 设置视图的只读属性

如果想防止用户修改数据,可以将视图设成只读属性。

实例 12 创建只读视图 view_t1

在 studentinfo 表上创建一个名为 view_t1 的只读视图,执行语句如下:

```
CREATE OR REPLACE VIEW view_t1 AS
SELECT studentid, name FROM studentinfo
WITH READ ONLY;
```

执行结果如图 10-26 所示。

创建完成后,如果向视图 view_t1 进行插入、更新和删除等操作时,会提示错误信息。例如:向视图 view_t1 插入一条数据,执行语句如下:

```
INSERT INTO view_t1 VALUES (112,'云超');
```

执行结果如图 10-27 所示。提示用户无法对只读视图执行 DML 操作。

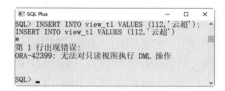

图 10-26 创建只读视图 view_t1　　图 10-27 向视图 view_t1 插入数据

10.4.2 设置视图的检查属性

在修改视图的数据时,可以指定一定的检查条件。此时需要使用 WITH CHECK OPTION 来设置视图的检查属性,表示启动了和子查询条件一样的约束。

实例 13 创建具有检查属性的视图 view_t2

在 studentinfo 表上创建一个名为 view_t2 的视图,限制条件为字段 score 的值大于 10,执行语句如下:

```
CREATE OR REPLACE VIEW view_t2 AS
SELECT id, studentid,name, major, subjectid ,score FROM studentinfo
WHERE score>10
WITH CHECK OPTION;
```

执行结果如图 10-28 所示。创建完成后,向视图 view_t2 进行插入、更新和删除等操作时,会受到检查条件的限制。

接着,向视图 view_t2 插入一条数据,执行语句如下:

```
INSERT INTO view_t2 VALUES (13,113,'袁霞','工商管理学',5,8);
```

执行结果如图 10-29 所示,提示用户出现错误。这里添加的 score 的值小于 10,所以出现错误提示,同样更新和删除操作,也将受到限制条件的约束。

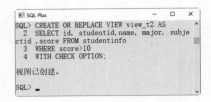

图 10-28　创建视图 view_t2

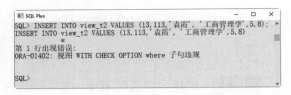

图 10-29　向视图 view_t2 插入数据

10.5　了解索引

索引与图书中的目录相似。使用索引可以帮助数据库操作人员更快地查找数据库中的数据。

10.5.1　索引的概念

索引是对数据库表中一列或多列的值进行排序的一种结构，使用索引可提高数据库中特定数据的查询速度。

索引是一个单独的、存储在磁盘上的数据库结构，它们包含着对数据表里所有记录的引用指针。使用索引可以快速找出在某个或多个列中有一特定值的行，所有 Oracle 列类型都可以被索引，对相关列使用索引是提高查询操作时间的最佳途径。

例如：数据库中现在有 10 万条记录，现在要执行这样一个查询：SELECT * FROM table where num=100000。如果没有索引，必须遍历整个表，直到 num 等于 100000 的这一行被找到为止；如果在 num 列上创建索引，就不需要任何扫描，直接在索引里面找 100000，就可以得知这一行的位置。可见，索引的建立可以加快数据库的查询速度。

10.5.2　索引的作用

索引是建立在数据表中列上的一个数据库对象，在一张数据表中可以给一列或多列设置索引。如果在查询数据时，使用了设置索引列作为检索列，就会大大提高数据的查询速度。总之，在数据库中添加索引的作用体现在以下几个方面。

(1) 在数据库中合理地使用索引可以提高查询数据的速度。

(2) 通过创建唯一索引，可以保证数据库表中每一行数据的唯一性。

(3) 可以大大加快数据的查询速度，这也是创建索引的最主要的原因。

(4) 实现数据的参照完整性，可以加速表和表之间的链接。

(5) 在使用分组和排序子句进行数据查询时，可以显著减少查询中分组和排序的时间。

(6) 可以在检索数据的过程中使用隐藏器，提高系统的安全性能。

增加索引也有许多不利的方面，主要表现在以下几个方面。

(1) 创建索引和维护索引要耗费时间，并且随着数据量的增加所耗费的时间也会增加。

(2) 索引需要占磁盘空间，除了数据表占数据空间之外，每一个索引还要占一定的物理空间，如果有大量的索引，索引文件可能比数据文件更快达到最大文件尺寸。

(3) 当对表中的数据进行增加、删除和修改的时候，索引也要动态地维护，这样就降低了数据的维护速度。

10.5.3 索引的分类

在 Oracle 中，常见的索引可以分为以下几类。

1. 普通索引和唯一索引

普通索引是 Oracle 中的基本索引类型，允许在定义索引的列中插入重复值和空值。唯一索引是指索引列的值必须唯一，但允许有空值。如果是组合索引，则列值的组合必须唯一。主键索引是一种特殊的唯一索引，不允许有空值。

2. 单列索引和组合索引

单列索引，即一个索引只包含单个列，一个表可以有多个单列索引；组合索引是指在表的多个字段组合上创建的索引，只有在查询条件中使用了这些字段的左边字段时，索引才会被使用。使用组合索引时遵循最左前缀集合。

10.6 创建与查看索引

在已经存在的数据表中，可以直接为表中的一个或几个字段创建索引，其基本语法格式如下：

```
CREATE [UNIQUE|FULLTEXT|SPATIAL] INDEX [index_name]
ON table_name (col_name [(length)] [ASC | DESC]);
```

主要参数介绍如下。
- UNIQUE：可选参数，表示唯一索引。
- FULLTEXT：可选参数，表示全文索引。
- SPATIAL：可选参数，表示空间索引。
- INDEX：用来指定创建索引。
- [index_name]：给创建的索引取的新名称。
- table_name：需要创建索引的表的名称。
- col_name：指定索引对应的字段的名称，该字段必须是前面定义好的字段。
- length：为可选参数，表示索引的长度，只有字符串类型的字段才能指定索引长度。
- ASC|DESC：可选参数，其中 ASC 指定升序排序，DESC 指定降序排序。

为了演示创建索引的方法，下面创建一个作者信息数据表 authors，执行语句如下：

```
CREATE TABLE authors(
    id      int,
    name    varchar(20),
```

```
    age       int,
    phone     varchar(15),
    remark    varchar(50)
);
```

10.6.1 创建普通索引

下面给出一个实例,来介绍在已经存在的数据表上创建普通索引的方法。

实例 14 创建普通索引 index_id

在 authors 数据表中的 id 字段上建立名为 index_id 的索引。在创建索引之前,先来查看 authors 表的结构。执行语句如下:

```
DESC authors;
```

执行结果如图 10-30 所示。从结果中可以看出 authors 表没有索引。

下面使用 CREATE INDEX 语句创建索引,执行语句如下:

```
CREATE INDEX index_id ON authors(id);
```

执行结果如图 10-31 所示,即可完成普通索引的创建。

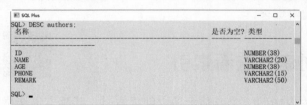

图 10-30　查看数据表 authors 的结构

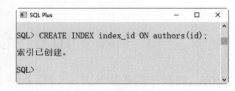

图 10-31　创建普通索引

10.6.2 创建唯一性索引

下面给出一个实例,来介绍在已经存在的数据表上创建唯一性索引的方法。

实例 15 创建唯一性索引 index_name01

在 authors 数据表中的 name 字段上建立名为 index_name01 的索引,执行语句如下:

```
CREATE UNIQUE INDEX index_name01 ON authors(name);
```

执行结果如图 10-32 所示,即可完成唯一性索引的创建。

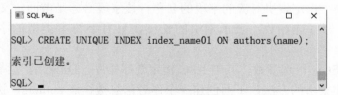

图 10-32　创建唯一性索引

10.6.3　创建单列索引

下面给出一个实例，来介绍在已经存在的数据表上创建单列索引的方法。

实例 16　创建单列索引 index_age

在 authors 数据表中的 age 字段上建立名为 index_age 的单列索引，执行语句如下：

```
CREATE INDEX index_age ON authors(age);
```

执行结果如图 10-33 所示，即可完成单列索引的创建。

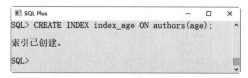

图 10-33　创建单列索引

10.6.4　创建多列索引

下面给出一个实例，来介绍在已经存在的数据表上创建多列索引的方法。

实例 17　创建多列索引 index_zuhe

在 authors 数据表中的 id、name、age 字段上建立名为 index_zuhe 的多列索引，执行语句如下：

```
CREATE INDEX index_zuhe ON authors(id,name,age);
```

执行结果如图 10-34 所示，即可完成多列索引的创建。

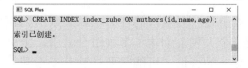

图 10-34　创建多列索引

10.6.5　查看创建的索引

我们知道索引是需要存储空间的，也就是索引也占用磁盘空间。那么索引存储在哪个表空间，以及如何查看已经建立的索引信息呢？Oracle 使用 USER_INDEXES 数据字典可以查询索引信息。

实例 18　查看创建的索引信息

使用 USER_INDEXES 数据字典可以详细地查看当前用户所拥有的索引信息。执行语句如下：

```
col index_name for a20
col index_type for a10
```

```
col table_name for a20
col tablespace_name for a20
SELECT index_name,index_type,table_name,tablespace_name
FROM user_indexes;
```

执行结果如图 10-35 所示。从结果中可以看出 authors 表中所建立的索引信息。

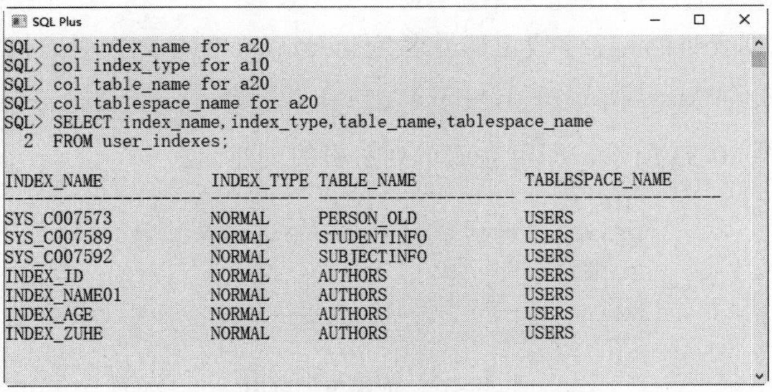

```
SQL Plus
SQL> col index_name for a20
SQL> col index_type for a10
SQL> col table_name for a20
SQL> col tablespace_name for a20
SQL> SELECT index_name, index_type, table_name, tablespace_name
  2  FROM user_indexes;

INDEX_NAME           INDEX_TYPE TABLE_NAME           TABLESPACE_NAME
-------------------- ---------- -------------------- --------------------
SYS_C007573          NORMAL     PERSON_OLD           USERS
SYS_C007589          NORMAL     STUDENTINFO          USERS
SYS_C007592          NORMAL     SUBJECTINFO          USERS
INDEX_ID             NORMAL     AUTHORS              USERS
INDEX_NAME01         NORMAL     AUTHORS              USERS
INDEX_AGE            NORMAL     AUTHORS              USERS
INDEX_ZUHE           NORMAL     AUTHORS              USERS
```

图 10-35　查看创建的索引

10.7　就业面试问题解答

面试问题 1：视图和表有什么关系？

视图(view)是在基本表之上建立的表，它的结构(即所定义的列)和内容(即所有记录)都来自基本表，它依据基本表存在而存在。一个视图可以对应一个基本表，也可以对应多个基本表。因此，视图是基本表的抽象和在逻辑意义上建立的新关系。

面试问题 2：索引对数据库性能如此重要，我们应该如何使用它？

为数据库选择正确的索引是一项复杂的任务。如果索引列较少，则需要的磁盘空间和维护开销都较少。如果在一个大表上创建了多种组合索引，索引文件也会膨胀很快。而另一方面，索引较多可覆盖更多的查询。可能需要试验若干不同的设计，才能找到最有效的索引。可以添加、修改和删除索引而不影响数据库架构或应用程序设计。因此，应尝试多个不同的索引从而建立最优的索引。

10.8　上机练练手

上机练习 1：在 test 数据库中创建并查看视图

假如有 3 个学生参加 Tsinghua University、Peking University 的自学考试，现在需要用数据对其考试的结果进行查询和管理，Tsinghua University 的分数线为 40，Peking University 的分数线为 41。学生表包含了学生的学号、姓名、家庭地址和电话号码；报名表包含学号、姓名、所在学校和报名的学校，表结构以及表中的内容分别如表 10-1～表 10-6 所示。

第 10 章 视图与索引

表 10-1 stu 表结构

字段名	数据类型	主键	外键	非空	唯一	自增
s_id	Number(11)	是	否	是	是	否
s_name	VARCHAR2(20)	否	否	是	否	否
addr	VARCHAR2(50)	否	否	是	否	否
tel	VARCHAR2(50)	否	否	是	否	否

表 10-2 sign 表结构

字段名	数据类型	主键	外键	非空	唯一	自增
s_id	Number(11)	是	否	是	是	否
s_name	VARCHAR2(20)	否	否	是	否	否
s_sch	VARCHAR2(50)	否	否	是	否	否
s_sign_sch	VARCHAR2(50)	否	否	是	否	否

表 10-3 stu_mark 表结构

字段名	数据类型	主键	外键	非空	唯一	自增
s_id	Number(11)	是	否	是	是	否
s_name	VARCHAR2(20)	否	否	是	否	否
mark	Number(11)	否	否	是	否	否

表 10-4 stu 表内容

s_id	s_name	addr	tel
1	XiaoWang	Henan	0371-12345678
2	XiaoLi	Hebei	0371-12345671
3	XiaoTian	Henan	0371-12345670

表 10-5 sign 表内容

s_id	s_name	s_sch	s_sign_sch
1	XiaoWang	Middle School1	Peking University
2	XiaoLi	Middle School2	Tsinghua University
3	XiaoTian	Middle School3	Tsinghua University

表 10-6 stu_mark 表内容

s_id	s_name	mark
1	XiaoWang	80
2	XiaoLi	71
3	XiaoTian	70

(1) 创建学生表 stu，并插入 3 条记录。
(2) 查询学生表 stu 中的数据记录。
(3) 创建报名表 sign，并插入 3 条记录。
(4) 查询报名表 sign 中的数据记录。
(5) 创建成绩表 stu_mark，并插入 3 条记录。
(6) 查询成绩表 stu_mark 中的数据记录。
(7) 创建考上 Peking University 的学生的视图。
(8) 使用视图查询成绩在 Peking University 分数线之上的学生信息。
(9) 创建考上 Tsinghua University 的学生的视图。
(10) 使用视图查询成绩在 Tsinghua University 分数线之上的学生信息。

上机练习 2：在 test 数据库的视图中修改数据记录

(1) XiaoTian 的成绩在录入的时候录入错误，多录了 50 分，对其录入成绩进行更正，更新 XiaoTian 的成绩。
(2) 查看更新过后视图和表的情况。
(3) 查看视图的创建信息。
(4) 删除 PeKing University、Tsinghua University 学生的视图。

第 11 章

游标

　　查询语句可能返回多条记录,如果数据量非常大,需要使用游标来逐条读取查询结果集中的记录。本章就来介绍游标的基本操作,包括游标的概念、游标的分类、显式游标、隐式游标、游标变量等。

11.1 认识游标

在数据库中，游标是一个十分重要的概念。游标提供了一种对从表中检索出的数据进行操作的灵活手段，就本质而言，游标实际上是一种能从包括多条数据记录的结果集中每次提取一条记录的机制。

游标总是与一条 T_SQL 选择语句相关联，因为游标由结果集(可以是零条、一条或由相关的选择语句检索出的多条记录)和结果集中指向特定记录的游标位置组成。当决定对结果集进行处理时，必须声明一个指向该结果集的游标。

另外，游标的一个常见用途就是保存查询结果，以便以后使用。游标的结果集是由 SELECT 语句产生，如果处理过程需要重复使用一个记录集，那么创建一次游标而重复使用若干次，比重复查询数据库要快得多。

默认情况下，游标可以返回当前执行的行记录，只能返回一行记录。如果想要返回多行，需要不断地滚动游标，把需要的数据查询一遍。用户可以操作游标所在位置行的记录。例如把返回记录作为另一个查询的条件等。

Oracle 数据库中的游标类型可以分为 3 种，分别是显式游标、隐式游标和 REF 游标。其中显式游标和隐式游标也被称为静态游标。

(1) 显式游标：在使用之前必须有明确的游标声明和定义，这样的游标定义会关联数据查询语句，通常会返回一行或多行。打开游标后，用户可以利用游标的位置对结果集进行检索，使之返回单一的行记录，用户可以操作此记录。关闭游标后，就不能再对结果集进行任何操作。显式游标需要用户自己写代码完成，一切由用户控制。

(2) 隐式游标：隐式游标和显式游标不同，它被数据库自动管理，此游标用户无法控制，但能得到它的属性信息。

(3) REF 游标：是一种引用类型，类似于指针。REF 游标在运行时才能确定动态的 SQL 查询结果。利用 REF 游标可以在程序间传递结果集(一个程序里打开游标变量，在另外的程序里处理数据)。

11.2 游标的使用步骤

使用游标需要遵循以下步骤。
(1) 使用 DECLARE 语句声明一个游标。
(2) 使用 OPEN 语句打开定义的游标。
(3) 使用 FETCH 语句读取游标中的数据。
(4) 使用 CLOSE 语句释放游标。

11.2.1 声明游标

使用游标之前，要声明游标。声明游标的语法如下：

```
CURSOR cursor_name
```

```
    [(parameter_name datatype,…)]
     IS select_statement;
```

参数说明如下。

- CURSOR：表示声明游标。
- cursor_name：是游标的名称。
- parameter_name：表示参数名称。
- datatype：表示参数类型。
- select_statement：是游标关联的 SELECT 语句。

声明名称为 cursor_fruits 的游标，该游标的作用是使用 SELECT 语句从 fruits 表中查询出 f_name 和 f_price 字段的值。

为演示游标的操作，先删除前面创建的不符合游标操作要求的水果信息表 fruits，代码如下：

```
DROP TABLE fruits;
```

接着再创建水果信息表(fruits 表)，并添加相应的数据记录，执行语句如下：

```
CREATE TABLE fruits
(
f_id       varchar2(10)    NOT NULL,
s_id       number(6)       NOT NULL,
f_name     varchar2(10)    NOT NULL,
f_price    number (8,2)    NOT NULL
);
```

创建好数据表后，向 fruits 表中输入表数据，执行语句如下：

```
INSERT INTO fruits (f_id, s_id, f_name, f_price) VALUES ('a1', 101,'苹果',5.2);
INSERT INTO fruits (f_id, s_id, f_name, f_price) VALUES ('b1',101,'黑莓', 10.2);
INSERT INTO fruits (f_id, s_id, f_name, f_price) VALUES ('bs1',102,'橘子', 11.2);
INSERT INTO fruits (f_id, s_id, f_name, f_price) VALUES ('bs2',105,'甜瓜',8.2);
INSERT INTO fruits (f_id, s_id, f_name, f_price) VALUES ('t1',102,'香蕉', 10.3);
INSERT INTO fruits (f_id, s_id, f_name, f_price) VALUES ('t2',102,'葡萄', 5.3);
INSERT INTO fruits (f_id, s_id, f_name, f_price) VALUES ('o2',103,'椰子', 9.2);
INSERT INTO fruits (f_id, s_id, f_name, f_price) VALUES ('c0',101,'草莓', 3.2);
INSERT INTO fruits (f_id, s_id, f_name, f_price) VALUES ('a2',103, '杏子',2.2);
INSERT INTO fruits (f_id, s_id, f_name, f_price) VALUES ('l2',104,'柠檬', 6.4);
INSERT INTO fruits (f_id, s_id, f_name, f_price) VALUES ('b2',104,'浆果', 7.6);
INSERT INTO fruits (f_id, s_id, f_name, f_price) VALUES ('m1',106,'芒果', 15.6);
INSERT INTO fruits (f_id, s_id, f_name, f_price) VALUES ('m2',105,'甘蔗', 2.6);
INSERT INTO fruits (f_id, s_id, f_name, f_price) VALUES ('t4',107,'李子', 3.6);
INSERT INTO fruits (f_id, s_id, f_name, f_price) VALUES ('m3',105,'山竹', 11.6);
INSERT INTO fruits (f_id, s_id, f_name, f_price) VALUES ('b5',107,'火龙果', 3.6);
```

接着声明游标 cursor_fruits，执行语句如下：

```
DECLARE
CURSOR cursor_fruits
IS SELECT f_name, f_price FROM fruits;
```

这样就声明了一个名称为 cursor_fruits 的游标。

11.2.2　打开显式游标

在使用游标之前，必须打开游标，打开游标的语法格式如下：

```
OPEN cursor_name;
```

打开上例中声明的名称为 cursor_fruits 的游标，输入语句如下：

```
OPEN cursor_fruits;
```

这样就打开了一个名称为 cursor_fruits 的游标。

11.2.3　读取游标中的数据

打开游标之后，就可以读取游标中的数据了，FETCH 命令可以读取游标中的某一行数据。FETCH 语句语法格式如下：

```
FETCH cursor_name INTO Record_name;
```

读取的记录放到变量当中。如果想读取多条记录，FETCH 需要和循环语句一起使用，直到某个条件不符合要求而退出。使用 FETCH 语句时游标属性%ROWCOUNT 会不断累加。

使用名称为 cursor_fruits 的游标，检索 fruits 表中的记录，输入语句如下：

```
FETCH cursor_ fruits INTO Record_name;
```

这样就读取了名称为 cursor_fruits 的游标。

11.2.4　关闭显式游标

打开游标以后，服务器会专门为游标开辟一定的内存空间存放游标操作的数据结果集合，同时游标的使用也会根据具体情况对某些数据进行封锁。所以在不使用游标的时候，应将其关闭，以释放游标所占用的服务器资源。关闭游标使用 CLOSE 语句，语法格式如下：

```
CLOSE  cursor_name
```

关闭名称为 cursor_fruits 的游标，输入语句如下：

```
CLOSE cursor_fruits;
```

这样就关闭了名称为 cursor_fruits 的游标。

11.3　显式游标的使用

介绍完游标的概念和分类等内容之后，下面将为读者介绍如何操作显式游标。

11.3.1 读取单条数据

下面通过一个案例来学习显式游标的使用过程。

实例 1 使用游标读取单条数据

定义名称为 cursor_fruits 的游标，然后打开、读取和关闭游标 cursor_fruits。执行语句如下：

```
set serveroutput on;
DECLARE
CURSOR cursor_fruits
IS SELECT f_id,f_name FROM fruits;
cur_fruits cursor_fruits%ROWTYPE;
BEGIN
   OPEN  cursor_fruits;
   FETCH cursor_fruits INTO cur_fruits;
   dbms_output.put_line(cur_fruits.f_id||'.'||cur_fruits.f_name);
   CLOSE cursor_fruits;
END;
/
```

执行结果如图 11-1 所示。

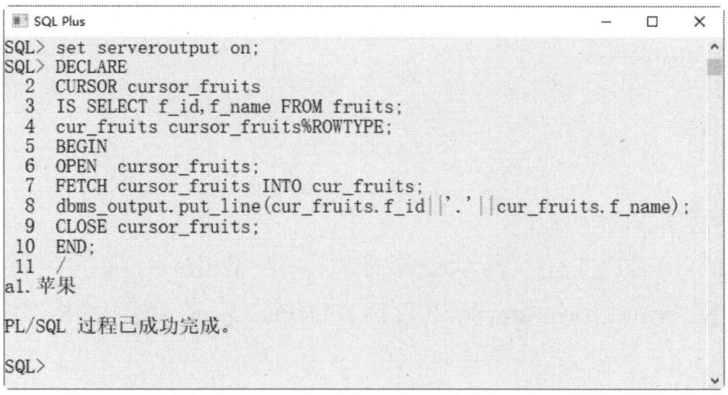

图 11-1 定义游标 cursor_fruits，并打开、读取和关闭游标

输出的具体内容如下：

```
a1.苹果
```

上述代码的具体含义如下。

- set serveroutput on：打开 Oracle 自带的输出方法 dbms_output。
- CURSOR cursor_fruits：声明一个名称为 cursor_fruits 的游标。
- IS SELECT f_id,f_name FROM fruits：表示游标关联的查询。
- cur_fruits cursor_fruits%ROWTYPE：定义一个游标变量，名称为 cur_fruits。
- OPEN cursor_fruits：表示打开游标。
- FETCH cursor_fruits INTO cur_ fruits：表示利用 FETCH 语句从结果集中提取指针指向的当前行记录。
- dbms_output.put_line(cur_fruits.f_id||'.'||cur_fruits.f_name)：表示输出结果并换行，

这里输出表 fruits 中的 f_id 和 f_name 两个字段的值。

11.3.2 读取多条数据

默认情况下，使用显式游标只能提取一条数据，如果用户想使用显式游标提取多条数据记录，需要使用 LOOP 语句，这是一个遍历结果集的方法。

实例 2 使用游标读取多条数据

通过 LOOP 语句遍历游标，从而提取多条数据，执行语句如下：

```
set serveroutput on;
DECLARE
CURSOR fruits_loop_cur
IS SELECT f_id,f_name,f_price FROM fruits
WHERE f_price>10;
cur_id   fruits.f_id%TYPE;
cur_name  fruits.f_name%TYPE;
cur_price  fruits.f_name%TYPE;
BEGIN
   OPEN  fruits_loop_cur;
     LOOP
       FETCH fruits_loop_cur INTO cur_id,cur_name,cur_price;
       EXIT WHEN fruits_loop_cur%NOTFOUND;
        dbms_output.put_line(cur_id||'.'||cur_name ||'.'||cur_price);
      END LOOP;
    CLOSE  fruits_loop_cur;
END;
/
```

上述代码的具体含义如下。
- cur_id fruits.f_id%TYPE：表示变量类型与表 fruits 对应的字段类型一致。
- EXIT WHEN fruits_loop_cur%NOTFOUND：表示利用游标的属性实现没有记录时退出循环。

执行结果如图 11-2 所示。

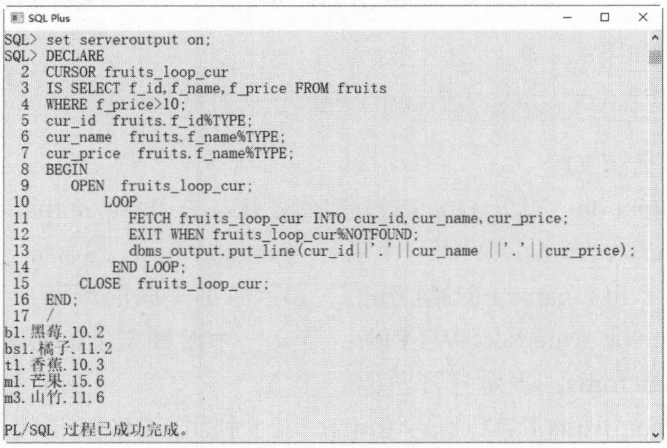

图 11-2 通过 LOOP 语句遍历游标，提取多条数据

输出的具体内容如下：

```
b1.黑莓.10.2
bs1.橘子.11.2
t1.香蕉.10.3
m1.芒果.15.6
m3.山竹.11.6
```

这个案例中是通过使用 LOOP 语句，把所有符合条件的记录全部输出。

11.3.3 批量读取数据

使用 FETCH...INTO 语句只能提取单条数据。如果数据比较多的情况下，执行效率就比较低。为了解决这一问题，可以使用 FETCH...BULK COLLECT INTO 和 FOR 语句批量读取数据。

实例3 使用游标批量读取多条数据

通过 FETCH...BULK COLLECT INTO 和 FOR 语句遍历游标，批量读取数据，执行语句如下：

```
set serveroutput on;
DECLARE
CURSOR fruits_collect_cur
IS SELECT * FROM fruits
WHERE f_price>10;
TYPE FRT_TAB IS TABLE OF FRUITS%ROWTYPE;
fruits_rd FRT_TAB;
BEGIN
   OPEN fruits_collect_cur;
     LOOP
        FETCH fruits_collect_cur BULK COLLECT INTO fruits_rd LIMIT 2;
        FOR i in 1.. fruits_rd.count LOOP
        dbms_output.put_line(fruits_rd(i).f_id||'.'|| fruits_rd(i).f_name
             ||'.'|| fruits_rd(i).f_price);
        END LOOP;
       EXIT WHEN fruits_collect_cur%NOTFOUND;
     END LOOP;
   CLOSE fruits_collect_cur;
END;
/
```

其中以下代码是定义和表 fruits 行对象一致的集合类型 fruits_rd，该变量用于存放批量得到的数据。

```
TYPE FRT_TAB IS TABLE OF FRUITS%ROWTYPE;
fruits_rd FRT_TAB;
```

LIMIT 2 表示每次提取两条。

执行结果如图 11-3 所示。

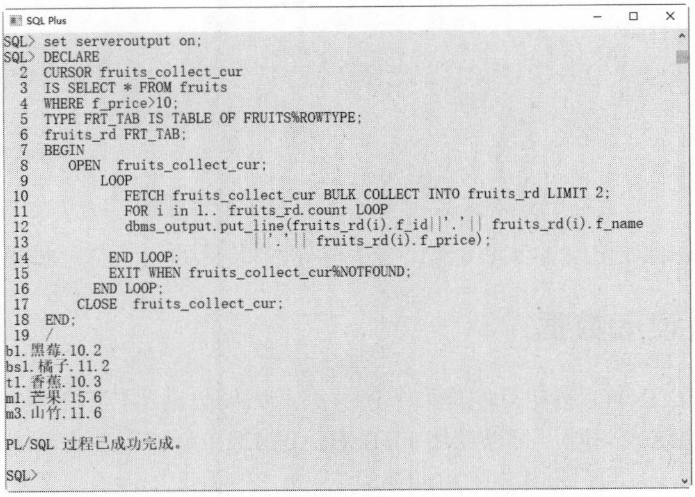

图 11-3　批量读取数据

输出的具体内容如下：

```
b1.黑莓.10.2
bs1.橘子.11.2
t1.香蕉.10.3
m1.芒果.15.6
m3.山竹.11.6
```

11.3.4　通过遍历游标提取数据

通过使用 CURSOR FOR LOOP 语句，可以在不声明变量的情况下，提取数据，从而简化代码的长度。

实例4　通过遍历游标读取多条数据

通过 CURSOR FOR LOOP 语句遍历游标，从而提取数据，执行语句如下：

```
set serveroutput on;
DECLARE
CURSOR fruit IS SELECT * FROM fruits
WHERE f_price>10;
BEGIN
   FOR curfruit IN fruit
      LOOP
         dbms_output.put_line(curfruit.f_id||'.'|| curfruit.f_name
                   ||'.'|| curfruit.f_price);
      END LOOP;
END;
/
```

执行结果如图 11-4 所示。

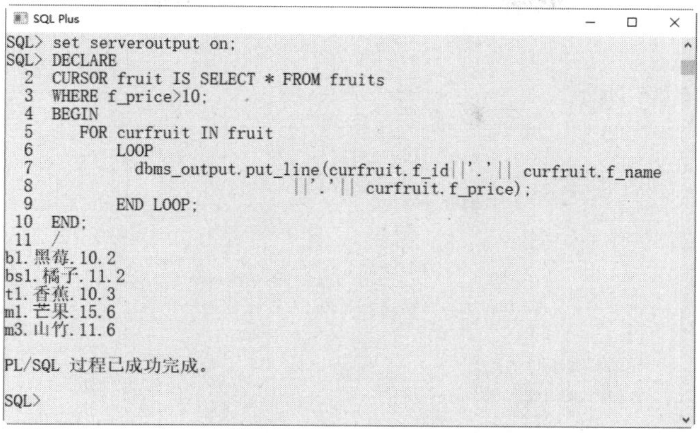

```
SQL> set serveroutput on;
SQL> DECLARE
  2  CURSOR fruit IS SELECT * FROM fruits
  3  WHERE f_price>10;
  4  BEGIN
  5     FOR curfruit IN fruit
  6         LOOP
  7           dbms_output.put_line(curfruit.f_id||'.'|| curfruit.f_name
  8                              ||'.'|| curfruit.f_price);
  9         END LOOP;
 10  END;
 11  /
b1.黑莓.10.2
bs1.橘子.11.2
t1.香蕉.10.3
m1.芒果.15.6
m3.山竹.11.6

PL/SQL 过程已成功完成。

SQL>
```

图 11-4　简单提取数据

输出的具体内容如下：

```
b1.黑莓.10.2
bs1.橘子.11.2
t1.香蕉.10.3
m1.芒果.15.6
m3.山竹.11.6
```

11.4　显式游标属性的应用

利用游标属性可以得到游标执行的相关信息，显式游标有 4 个属性，分别是%ISOPEN 属性、%FOUND 属性、%NOTFOUND 属性和%ROWCOUNT 属性，下面进行详细介绍。

11.4.1　%ISOPEN 属性

%ISOPEN 属性用于判断游标属性是否打开，如果打开则返回 TRUE，否则返回 FALSE。它的返回值为布尔型。

实例 5　通过%ISOPEN 属性判断游标是否打开

执行语句如下：

```
set serveroutput on;
DECLARE
CURSOR cur_fruit1 IS SELECT * FROM fruits;
cur_fruits fruits%ROWTYPE;
BEGIN
   IF cur_fruit1%ISOPEN THEN
       FETCH cur_fruit1 INTO cur_fruits;
       dbms_output.put_line(cur_fruits.f_id||'.'|| cur_fruits.f_name
                      ||'.'|| cur_fruits.f_price);
 ELSE
dbms_output.put_line('游标 cur_fruit1 没有打开');
END IF;
```

```
END;
/
```

执行结果如图 11-5 所示。

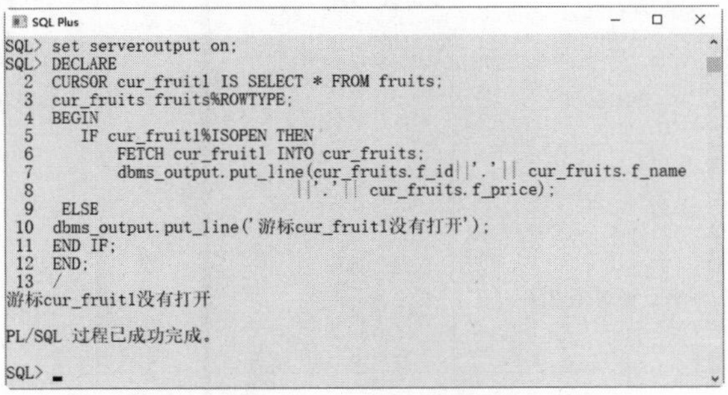

图 11-5 通过%ISOPEN 属性判断游标是否打开

输出的具体内容如下：

游标 cur_fruit1 没有打开

11.4.2 %FOUND 属性

%FOUND 属性用于检查行数据是否有效，如果有效则返回 TRUE，否则返回 FALSE。它的返回值为布尔型。

实例 6 通过%FOUND 属性判断数据的有效性

执行语句如下：

```
set serveroutput on;
DECLARE
CURSOR fruit_found_cur
IS SELECT * FROM fruits;
cur_prodrcd FRUITS%ROWTYPE;
BEGIN
   OPEN fruit_found_cur;
      LOOP
         FETCH fruit_found_cur INTO cur_prodrcd;
         IF fruit_found_cur%FOUND THEN
         dbms_output.put_line(cur_prodrcd.f_id||'.'|| cur_prodrcd.f_name
                   ||'.'|| cur_prodrcd.f_price);
         ELSE
            dbms_output.put_line('没有数据被提取');
            EXIT;
END IF;
      END LOOP;
    CLOSE fruit_found_cur;
END;
/
```

执行结果如图 11-6 所示。

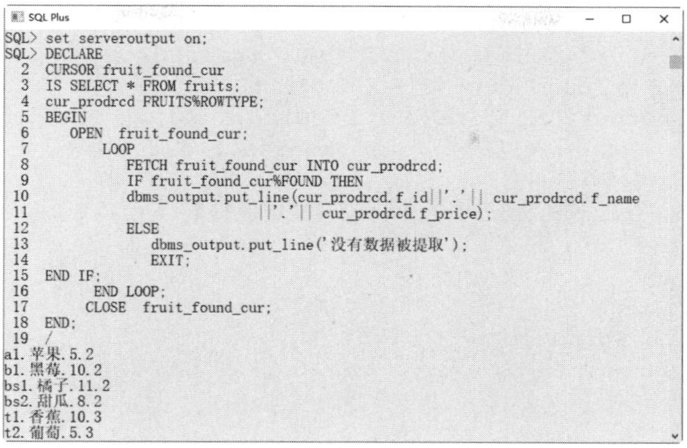

图 11-6 通过%FOUND 属性判断数据的有效性

输出的具体内容如下：

```
a1.苹果.5.2
b1.黑莓.10.2
bs1.橘子.11.2
bs2.甜瓜.8.2
t1.香蕉.10.3
t2.葡萄.5.3
o2.椰子.9.2
c0.草莓.3.2
a2.杏子.2.2
l2.柠檬.6.4
b2.浆果.7.6
m1.芒果.15.6
m2.甘蔗.2.6
t4.李子.3.6
m3.山竹.11.6
b5.火龙果.3.6
b7.木瓜.8.6
没有数据被提取
```

11.4.3 %NOTFOUND 属性

%NOTFOUND 属性的含义与%FOUND 属性正好相反，如果没有提取出数据则返回 TRUE，否则返回 FALSE，它的返回值为布尔型。

实例 7 通过%NOTFOUND 属性判断数据的有效性

执行语句如下：

```
set serveroutput on;
DECLARE
CURSOR fruit_found_cur
IS SELECT * FROM fruits;
cur_prodrcd FRUITS%ROWTYPE;
BEGIN
   OPEN  fruit_found_cur;
```

```
            LOOP
          FETCH fruit_found_cur INTO cur_prodrcd;
          IF fruit_found_cur%NOTFOUND THEN
            dbms_output.put_line(cur_prodrcd.f_id||'.'|| cur_prodrcd.f_name
                      ||'.'|| cur_prodrcd.f_price);
          ELSE
             dbms_output.put_line('没有数据被提取');
             EXIT;
  END IF;
        END LOOP;
      CLOSE  fruit_found_cur;
END;
/
```

执行结果如图 11-7 所示。

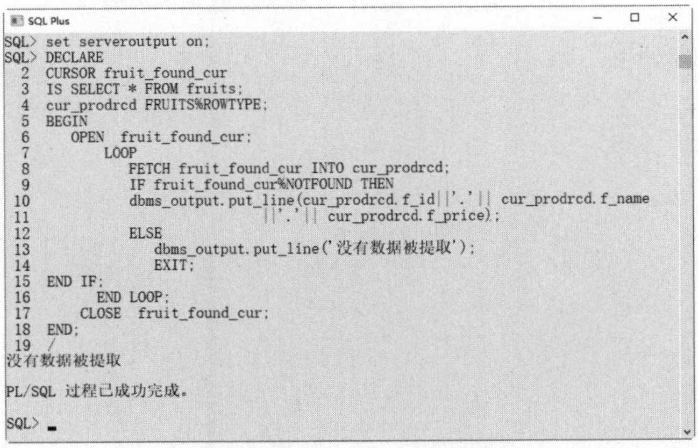

图 11-7 通过%NOTFOUND 属性判断数据的有效性

输出的具体内容如下：

```
没有数据被提取
```

11.4.4 %ROWCOUNT 属性

%ROWCOUNT 属性表示累计到当前为止使用 FETCH 提取数据的行数，它的返回值为整型。

实例 8 通过%ROWCOUNT 属性查看已经返回了多少行记录

执行语句如下：

```
set serveroutput on;
DECLARE
CURSOR fruit_rowcount_cur
IS SELECT * FROM fruits
WHERE f_price>10;
TYPE FRT_TAB IS TABLE OF FRUITS%ROWTYPE;
fruit_count_rd FRT_TAB;
BEGIN
  OPEN  fruit_rowcount_cur;
```

```
      LOOP
         FETCH fruit_rowcount_cur BULK COLLECT INTO fruit_count_rd LIMIT 2;
         FOR i in fruit_count_rd.first.. fruit_count_rd.last LOOP
            dbms_output.put_line(fruit_count_rd(i).f_id||'.'
            || fruit_count_rd(i).f_name||'.'|| fruit_count_rd(i).f_price);
         END LOOP;
         IF mod(fruit_rowcount_cur%ROWCOUNT,2)=0 THEN
            dbms_output.put_line('读取到第'|| fruit_rowcount_
            cur%ROWCOUNT||'条记录');
             ELSE
         dbms_output.put_line( '读取到单条记录为'|| fruit_rowcount_
         cur%ROWCOUNT||'条记录');
          END IF;
       EXIT WHEN  fruit_rowcount_cur%NOTFOUND;
      END LOOP;
   CLOSE  fruit_rowcount_cur;
END;
/
```

执行结果如图 11-8 所示。

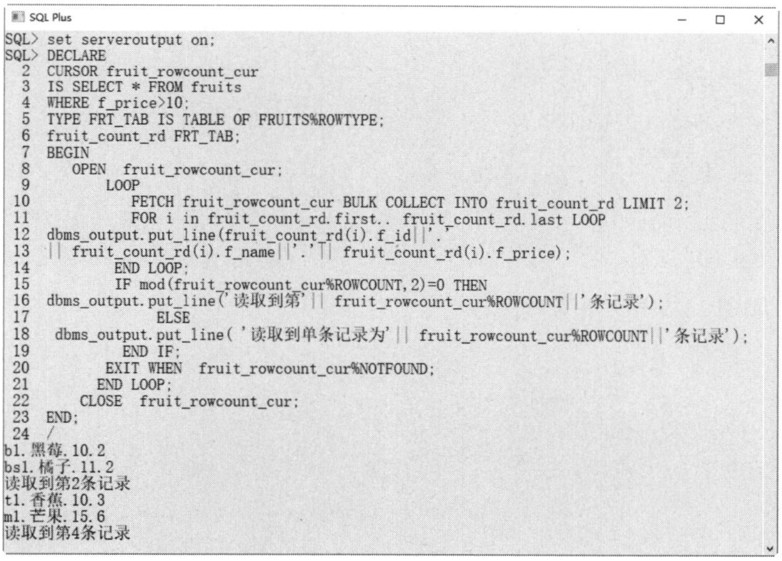

图 11-8　通过%ROWCOUNT 属性查看返回了多少行记录

输出的具体内容如下：

```
b1.黑莓.10.2
bs1.橘子.11.2
读取到第 2 条记录
t1.香蕉.10.3
m1.芒果.15.6
读取到第 4 条记录
m3.山竹.11.6
读取到单条记录为 5 条记录
```

11.5 隐式游标的使用

隐式游标是由数据库自动创建和管理的游标,默认名称为 SQL,也称为 SQL 游标。

11.5.1 使用隐式游标

每当运行 SELECT 语句时,系统会自动打开一个隐式的游标,用户不能控制隐式游标,但是可以使用隐式游标,下面来介绍一个隐式游标的使用实例。

实例 9 通过隐式游标读取一条数据

执行语句如下:

```
set serveroutput on;
DECLARE
cur_id   fruits.f_id%TYPE;
cur_name   fruits.f_name%TYPE;
cur_price   fruits.f_name%TYPE;
BEGIN
SELECT f_id,f_name,f_price INTO cur_id,cur_name,cur_price
FROM fruits
WHERE f_price=10.2;
IF SQL%FOUND THEN
     dbms_output.put_line(cur_id||'.'||cur_name||'.'||cur_price);
END IF;
END;
/
```

执行结果如图 11-9 所示。

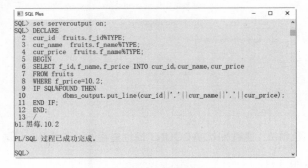

图 11-9 使用隐式游标

输出的具体内容如下:

```
b1.黑莓.10.2
```

上面代码中的判断条件如下:

```
WHERE f_price=10.2;
```

这个判断条件必须保证只有一条记录符合,因为 SELECT INTO 语句只能返回一条记录。如果返回多条记录,就会提示实际返回的行数超过请求的行数。

例如，使用隐式游标，返回多条记录，会出现出错提示，这里将判断条件修改如下：

```
WHERE f_price>10.2;
```

执行语句如下：

```
set serveroutput on;
DECLARE
cur_id    fruits.f_id%TYPE;
cur_name    fruits.f_name%TYPE;
cur_price   fruits.f_name%TYPE;
BEGIN
SELECT f_id,f_name,f_price INTO cur_id,cur_name,cur_price
FROM fruits
WHERE f_price>10.2;
IF SQL%FOUND THEN
        dbms_output.put_line(cur_id||'.'||cur_name||'.'||cur_price);
END IF;
END;
/
```

执行结果如图 11-10 所示。

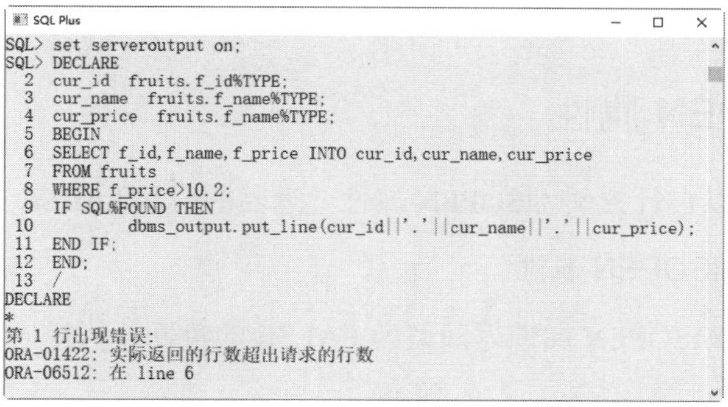

图 11-10 使用隐式游标，返回多条记录

11.5.2 游标中使用异常处理

在使用游标的过程中，会出现异常处理，当出现异常情况时，用户可以提前做好处理操作。如果不加处理，则脚本会中断操作，可见，合理地处理异常，可以维护脚本运行的稳定性。

实例 10 在游标中使用异常处理

这里为了演示效果，可以先将 fruits 表中的数据删除，执行语句如下：

```
DELETE FROM fruits;
```

针对没有数据的异常处理代码如下：

```
set serveroutput on;
DECLARE
    cur_id   fruits.f_id%TYPE;
cur_name  fruits.f_name%TYPE;
BEGIN
    SELECT f_id ,f_name INTO cur_id,cur_name
```

```
   FROM fruits;
   EXCEPTION
   WHEN NO_DATA_FOUND THEN
   dbms_output.put_line('没有数据');
END;
/
```

执行结果如图 11-11 所示。

输出的具体内容如下：

没有数据

通过结果可知，对于没有数据的异常情况，用户提前做好了处理。

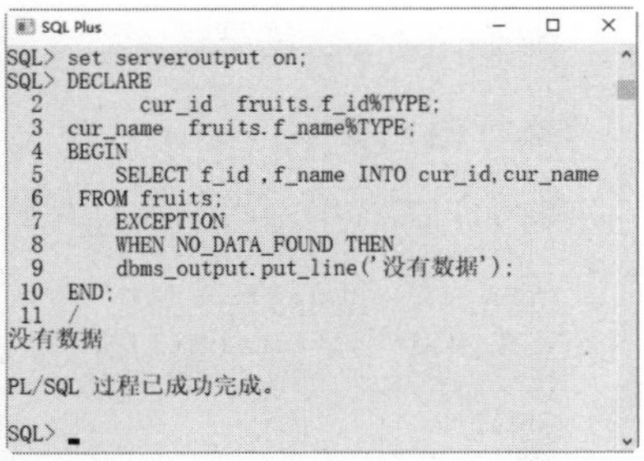

图 11-11　在游标中使用异常处理

11.6　隐式游标属性的应用

隐式游标的属性种类和显式游标是一样的，但是属性的含义有一定的区别，下面进行详细介绍。

11.6.1　%ISOPEN 属性

Oracle 数据库可以自行控制%ISOPEN 属性，返回的值是 FALSE。

实例 11　使用%ISOPEN 属性

验证隐式游标的%ISOPEN 属性返回值为 FALSE 的特性，执行语句如下：

```
set serveroutput on;
DECLARE
BEGIN
  DELETE FROM fruits;
    IF SQL%ISOPEN THEN
      dbms_output.put_line('游标打开了');
 ELSE
dbms_output.put_line('游标没有打开');
    END IF;
END;
/
```

执行结果如图 11-12 所示。

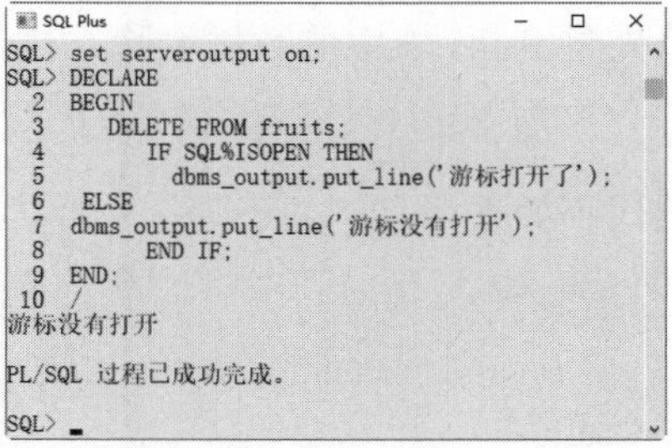

图 11-12　验证隐式游标的%ISOPEN 属性

第 11 章 游标

输出的具体内容如下:

```
游标没有打开
```

 %FOUND 属性在 INSERT、UPDATE 和 DELETE 执行时对数据有影响则会返回 TRUE,而 SELECT INTO 语句只要语句返回,该属性即为 TRUE。

11.6.2 %FOUND 属性

%FOUND 属性反映了操作是否影响了数据,如果影响了数据,返回 TRUE,否则返回 FALSE。

实例 12 使用%FOUND 属性

隐式游标属性%FOUND 的应用,执行语句如下:

```
set serveroutput on;
DECLARE
    cur_id      fruits.f_id%TYPE;
    cur_name    fruits.f_name%TYPE;
    cur_price   fruits.f_price%TYPE;
BEGIN
    SELECT f_id ,f_name,f_price INTO cur_id,cur_name,cur_price
 FROM fruits;
    EXCEPTION
    WHEN TOO_MANY_ROWS THEN
IF SQL%FOUND THEN
    dbms_output.put_line('%FOUND 为 TRUE');
    DELETE FROM fruits WHERE f_price=10.2;
    IF SQL%FOUND THEN
    dbms_output.put_line('删除数据了');
END IF;
END IF;
END;
/
```

以下代码的含义是当返回多条数据时会出现 TOO_MANY_ROWS 异常,并执行 THEN 后面的脚本,这是对可能引起的异常的处理。

```
EXCEPTION
    WHEN TOO_MANY_ROWS THEN
```

以下代码表示当 SQL%FOUND 为 TRUE 时,执行删除操作。

```
DELETE FROM fruits WHERE f_price=10.2;
```

以下代码表示继续判断 SQL%FOUND 是否为 TRUE,如果是 TRUE,则继续 THEN 后面的操作。

```
IF SQL%FOUND THEN
        dbms_output.put_line('删除数据了');
```

执行结果如图 11-13 所示。

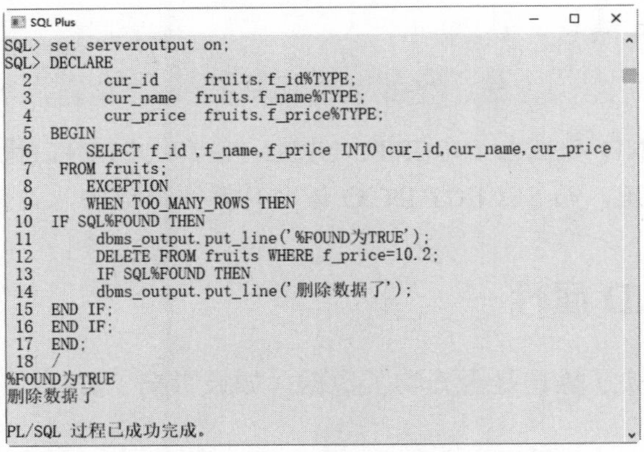

```
SQL> set serveroutput on;
SQL> DECLARE
  2      cur_id     fruits.f_id%TYPE;
  3      cur_name   fruits.f_name%TYPE;
  4      cur_price  fruits.f_price%TYPE;
  5  BEGIN
  6      SELECT f_id ,f_name,f_price INTO cur_id,cur_name,cur_price
  7   FROM fruits;
  8      EXCEPTION
  9      WHEN TOO_MANY_ROWS THEN
 10  IF SQL%FOUND THEN
 11      dbms_output.put_line('%FOUND为TRUE');
 12      DELETE FROM fruits WHERE f_price=10.2;
 13      IF SQL%FOUND THEN
 14      dbms_output.put_line('删除数据了');
 15  END IF;
 16  END IF;
 17  END;
 18  /
%FOUND为TRUE
删除数据了

PL/SQL 过程已成功完成。
```

图 11-13 隐式游标属性%FOUND 的应用

输出的具体内容如下：

%FOUND 为 TRUE
删除数据了

从结果可以看出该属性的使用方法和特征，由于在删除操作时在数据库中找到了符合 WHERE 条件的记录，所以执行删除操作，此时的 SQL%FOUND 为 TRUE，后面的删除提示被执行。

11.6.3 %NOTFOUND 属性

%NOTFOUND 属性的含义与%FOUND 属性正好相反，如果操作没有影响数据就返回 TRUE，否则返回 FALSE。

实例 13 使用%NOTFOUND 属性

为演示隐式游标属性%NOTFOUND 的应用，执行语句如下：

```
set serveroutput on;
DECLARE
    cur_id     fruits.f_id%TYPE;
    cur_name   fruits.f_name%TYPE;
    cur_price  fruits.f_price%TYPE;
BEGIN
   SELECT f_id ,f_name,f_price INTO cur_id,cur_name,cur_price
 FROM fruits  WHERE f_price=105.2;
exception
   when others then
    IF SQL%NOTFOUND THEN
        dbms_output.put_line('%NOTFOUND为TRUE');
END IF;
END;
/
```

执行结果如图 11-14 所示。

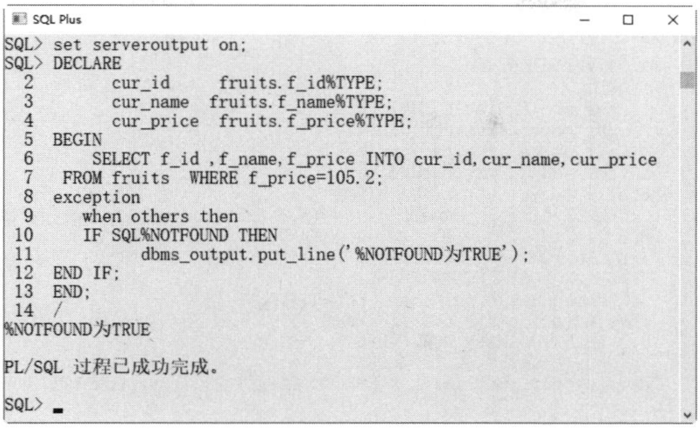

第 11 章 游标

```
SQL> set serveroutput on;
SQL> DECLARE
  2      cur_id       fruits.f_id%TYPE;
  3      cur_name     fruits.f_name%TYPE;
  4      cur_price    fruits.f_price%TYPE;
  5  BEGIN
  6      SELECT f_id ,f_name,f_price INTO cur_id,cur_name,cur_price
  7   FROM fruits  WHERE f_price=105.2;
  8  exception
  9      when others then
 10     IF SQL%NOTFOUND THEN
 11         dbms_output.put_line('%NOTFOUND为TRUE');
 12     END IF;
 13  END;
 14  /
%NOTFOUND为TRUE

PL/SQL 过程已成功完成。

SQL>
```

图 11-14 隐式游标属性%NOTFOUND 的应用

输出的内容如下：

```
%NOTFOUND 为 TRUE
```

11.6.4 %ROWCOUNT 属性

%ROWCOUNT 属性反映了操作对数据影响的数量。

实例 14 使用%ROWCOUNT 属性

通过%ROWCOUNT 属性查看已经返回了多少行记录，执行语句如下：

```
set serveroutput on;
DECLARE
    cur_id    fruits.f_id%TYPE;
    cur_name  fruits.f_name%TYPE;
    cur_price fruits.f_price%TYPE;
    cur_count varchar2(8);
BEGIN
   SELECT f_id ,f_name,f_price INTO cur_id,cur_name,cur_price
 FROM fruits;
   EXCEPTION
   WHEN NO_DATA_FOUND THEN
     dbms_output.put_line('SQL%ROWCOUNT');
     dbms_output.put_line('没有数据');
   WHEN TOO_MANY_ROWS THEN
     cur_count:= SQL%ROWCOUNT;
  dbms_output.put_line(' SQL%ROWCOUNT 值为： '||cur_count);
END;
/
```

执行结果如图 11-15 所示。

输出的具体内容如下：

```
SQL%ROWCOUNT 值为：1
```

通过结果可知，定义变量 cur_count 保存 SQL%ROWCOUNT 是成功的。

219

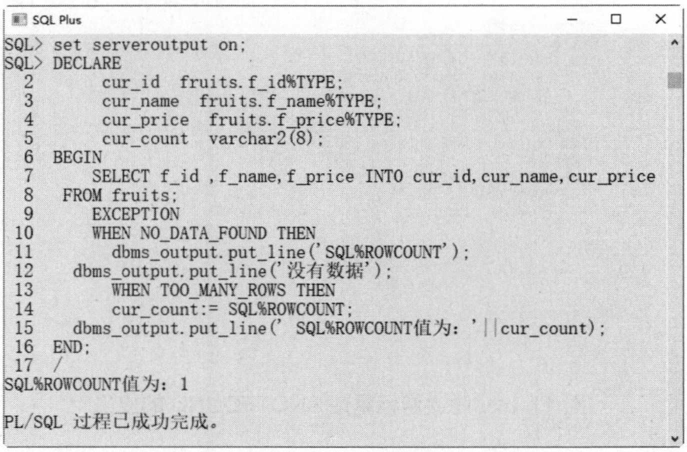

```
SQL> set serveroutput on;
SQL> DECLARE
  2      cur_id    fruits.f_id%TYPE;
  3      cur_name  fruits.f_name%TYPE;
  4      cur_price fruits.f_price%TYPE;
  5      cur_count varchar2(8);
  6  BEGIN
  7      SELECT f_id ,f_name, f_price INTO cur_id, cur_name, cur_price
  8   FROM fruits;
  9      EXCEPTION
 10      WHEN NO_DATA_FOUND THEN
 11         dbms_output.put_line('SQL%ROWCOUNT');
 12    dbms_output.put_line('没有数据');
 13         WHEN TOO_MANY_ROWS THEN
 14         cur_count:= SQL%ROWCOUNT;
 15         dbms_output.put_line(' SQL%ROWCOUNT值为: '||cur_count);
 16  END;
 17  /
SQL%ROWCOUNT值为: 1

PL/SQL 过程已成功完成。
```

图 11-15　通过%ROWCOUNT 属性查看返回了多少行记录

11.7　就业面试问题解答

面试问题 1：游标使用完后如何处理？

在使用完游标之后，一定要将其关闭，关闭游标的作用是释放游标和数据库的连接，将其从内存中删除，删除将释放系统资源。

面试问题 2：执行游标后，为什么只显示"PL/SQL 过程已成功完成。"，而没有输出内容？

在运行游标内容时，必须在开头部分添加如下代码：

```
set serveroutput on;
```

否则，运行完成只会显示以下信息：

```
PL/SQL 过程已成功完成。
```

11.8　上机练练手

上机练习 1：创建用于游标操作的数据表

(1) 创建 fruit 表并插入数据。
(2) 创建表 fruitage。表 fruitage 和表 fruit 的字段一致。

上机练习 2：创建用于转移数据记录的游标

(1) 利用游标转换两张表的数据，要求把价格高于 10 的水果放到 fruitage 中。
(2) 在 SQL Plus 窗口中查看 fruitage 表中的数据。

第 12 章

触发器

　　触发器是许多关系数据库系统都提供的一项技术，在 Oracle 系统里，触发器类似过程和函数，都具有声明、执行和异常处理过程的 PL/SQL 块。本章就来介绍 Oracle 触发器的应用，主要内容包括创建触发器、查看触发器、修改触发器、删除触发器等。

12.1 认识触发器

触发器是个特殊的存储过程,触发器的定义是说某个条件成立时,触发器里面所定义的语句就会被自动地执行,因此触发器不需要人为地去调用,就可以自动调用。

触发器在数据库里以独立的对象存储,它与存储过程和函数不同的是,执行存储过程要使用 EXEC 语句来调用,而触发器的执行不需要使用 EXEC 语句来调用,也不需要手工启动,只要当一个预定义的事件发生的时候,就会被 Oracle 自动调用。

一个完整的触发器由多个元素组成,如触发事件、触发时间、触发操作等,下面分别进行介绍。

(1) 触发事件:引起触发器被触发的事件。例如:DML 语句(INSERT、UPDATE、DELETE 语句对表或视图执行数据处理操作)、DDL 语句(如 CREATE、ALTER、DROP 语句在数据库中创建、修改、删除模式对象)、数据库系统事件(如系统启动或退出、异常错误)、用户事件(如登录或退出数据库)。

(2) 触发时间:即该触发器是在触发事件发生之前(BEFORE)还是之后(AFTER)触发,也就是触发时间和该触发器的操作顺序有关。

(3) 触发操作:即该触发器被触发之后的目的和意图,正是触发器本身要做的事情。例如:PL/SQL 块。

(4) 触发对象:包括表、视图、模式、数据库。只有在这些对象上发生了符合触发条件的触发事件,才会执行触发操作。

(5) 触发条件:由 WHEN 子句指定一个逻辑表达式,只有当该表达式的值为 TRUE 时,遇到触发事件才会自动执行触发器,使其执行触发操作。

(6) 触发频率:说明触发器内定义的动作被执行的次数,即语句级(Statement-level)触发器和行级(Row-level)触发器。

- 语句级触发器:是指当某触发事件发生时,该触发器只执行一次;
- 行级触发器:是指当某触发事件发生时,对受到该操作影响的每一行数据,触发器都单独执行一次。

12.2 创建触发器

使用触发器可以为用户带来便利,在使用之前需要创建触发器,下面介绍创建触发器的方法。

12.2.1 创建触发器的语法格式

创建触发器时,要遵循一定的语法结构,具体的语法结构如下:

```
create [or replace] tigger 触发器名 触发时间 触发事件
on 表名
[for each row]
```

```
begin
 pl/sql 语句
end
```

语法结构中的主要参数介绍如下。

- 触发器名：触发器对象的名称。由于触发器是数据库自动执行的，因此该名称只是一个名称，没有实质的用途。
- 触发时间：指明触发器何时执行，该值可取以下两个值。
    - before：表示在数据库动作之前触发器执行。
    - after：表示在数据库动作之后触发器执行。
- 触发事件：指明哪些数据库动作会触发此触发器，具体有以下几个。
    - insert：数据库插入数据会触发此触发器。
    - update：数据库修改数据会触发此触发器。
    - delete：数据库删除数据会触发此触发器。
- 表名：数据库触发器所在的表。
- for each row：对表的每一行触发器执行一次。如果没有这一选项，则只对整个表执行一次。

在数据库中使用触发器，可以实现以下功能。
(1) 允许/限制对表的修改。
(2) 自动生成派生列，比如自增字段。
(3) 强制数据一致性。
(4) 提供审计和日志记录。
(5) 防止无效的事务处理。
(6) 启用复杂的业务逻辑。

如果使用系统用户登录数据库，那么在创建触发器时系统会提示用户"无法对 SYS 拥有的对象创建触发器"，这就需要改变登录用户了，例如 scott 用户。

12.2.2　为单个事件定义触发器

为单个事件定义触发器的操作比较简单，下面创建一个触发器，该触发器可以防止员工表中插入新数据 work_year 被改动，即在插入新数据时使得 work_year 默认为 0。

要想实现这一功能，首先需要创建一个 emp 表，执行语句如下：

```
CREATE TABLE emp
(
    id             number       NOT NULL PRIMARY KEY,
    name           varchar2(8),
    work_year      number,
    status         varchar2(8)
);
```

接着在员工表中插入数据，执行代码如下：

```
INSERT INTO emp(id,name,work_year) VALUES(1,'Tom',5);
INSERT INTO emp(id,name,work_year) VALUES(2,'Rose',5);
INSERT INTO emp(id,name,work_year) VALUES(3,'Jack',5);
```

```
INSERT INTO emp(id,name,work_year) VALUES(4,'Black',4);
INSERT INTO emp(id,name,work_year) VALUES(5,'Sum',3);
```

实例 1 为单个事件创建触发器

为防止插入新数据时 work_year 被改动，即插入新人员信息时，work_year 字段值默认为 0。执行语句如下：

```
CREATE OR REPLACE TRIGGER tr_before_insert_emp
  BEFORE INSERT
  ON emp
  FOR EACH ROW
    BEGIN
      :new.work_year:=0;
    END;
/
```

执行结果如下：

触发器已创建

检验触发器是否生效，首先向表中插入一行数据，并设置这个员工的工龄为"5"，执行语句如下：

```
INSERT INTO emp(id,name,work_year) values(6,'Green',5);
已创建 1 行。
```

下面查询这行数据，执行语句如下：

```
SELECT * FROM emp WHERE id=6;
```

执行结果如下，可以看到这行数据的工龄自动更改为"0"，从结果可以看出，在插入数据前，启动了触发器。

```
    ID    NAME             WORK_YEAR
--------- ---------------- -----------
     6    Green                    0
```

12.2.3 为多个事件定义触发器

除了可以为单个事件定义触发器外，还可以为多个事件定义触发器。下面为多个事件创建触发器，实现的功能是通过 insert or update 操作将 emp 表中的 name 字段改为大写形式。

实例 2 为多个事件创建触发器

执行语句如下：

```
CREATE OR REPLACE TRIGGER tr_insert_update_emp
  BEFORE INSERT OR UPDATE
  ON emp
  FOR EACH ROW
    BEGIN
      :new.name:=upper(:new.name);
    END;
```

接着在 emp 表中插入一行数据,这里输入 name 字段的状态为小写"hill",执行语句如下:

```
INSERT INTO emp(id,name) VALUES(7,'hill');
```

查看插入行的信息内容,执行语句如下:

```
SELECT * FROM emp WHERE id=7;
    ID          NAME            WORK_YEAR
--------    -----------     --------------
     7          HILL               0
```

从执行结果中可以看到 name 字段的名字为大写"HILL",这就说明触发器执行成功。
接着修改 emp 表中的 name 字段为小写"tom",执行语句如下:

```
UPDATE emp SET name='tom' WHERE id=1;
```

查看修改行的信息内容,执行语句如下:

```
SELECT * FROM emp WHERE id=1;
    ID          NAME            WORK_YEAR
--------    ------------    -------------
     1          TOM                5
```

从执行结果中可以看到 name 字段的状态仍然为大写"TOM",这就说明修改字段信息时,触发器执行成功。

12.2.4 为单个事件触发多个触发器

按照触发器的创建时间,同一事件可以按序触发不同的触发器,这里前面已经创建好了两个触发器,具体内容如下。

- tr_before_insert_emp:限制工龄为 0。
- tr_insert_update_emp:限制 name 字段的字母为大写。

实例 3 为单个事件触发多个触发器

为单个事件触发多个触发器。如果触发器触发成功会将如下一行数据的 work_year 改为 0,name 字段改为大写。这里插入一位员工信息,执行语句如下:

```
INSERT INTO emp(id,name,work_year,status) VALUES (8,'Elina',3,'act');
```

执行结果如图 12-1 所示。
检验触发器是否成功,执行语句如下:

```
SELECT * FROM emp WHERE id=8;
```

执行结果如图 12-2 所示,可以看到该段数据的 work_year 字段虽然插入时设置的是"3",name 字段是"Elina",但是在查询时可以看到 work_year 字段为"0",name 字段是大写"ELINA",这就说明触发器执行成功。

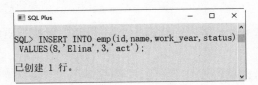

图 12-1 插入一行数据

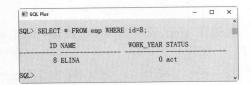

图 12-2 检验触发器是否成功

12.2.5 通过条件触发的触发器

通过设置条件可以创建触发器，具体实现的功能是：如果 work_year 大于 0，则把 status 的值改为"ACF"。

首先删除之前创建的触发器，执行语句如下：

```
drop trigger TR_INSERT_UPDATE_EMP;
drop trigger TR_BEFORE_INSERT_EMP;
```

执行结果如图 12-3 所示。

然后在 emp 表中，将 status 字段值全部更新为"ACT"，执行语句如下：

```
UPDATE emp SET status='ACT';
```

显示结果如图 12-4 所示，即可完成数据的更新操作。

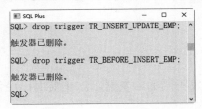

图 12-3 删除触发器

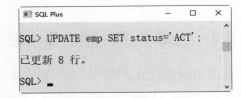

图 12-4 更新数据表

实例 4 创建通过条件触发的触发器

创建触发器通过条件进行触发。执行语句如下：

```
CREATE OR REPLACE TRIGGER tr_update_emp
  BEFORE UPDATE
  ON emp
  FOR EACH ROW
    WHEN (old.status='ACT' and old.work_year>0)
    BEGIN
      :new.status:='ACF';
    END;
/
```

执行结果如图 12-5 所示。

注意

old 和 new 在触发器的描述语句中使用，:old 和:new 在触发器的操作语句中使用。

测试创建的触发器是否成功，这里输入以下执行语句：

```
UPDATE emp SET id=id;--不会更改表内容，但会触发触发器
```

执行结果如图 12-6 所示。

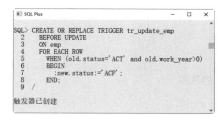

图 12-5　创建触发器

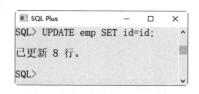

图 12-6　测试创建的触发器是否成功

查询员工信息表，执行语句如下：

```
SELECT * FROM emp;
```

执行结果如图 12-7 所示，可以看到工龄大于 0 的员工，其 status 字段已更改为"ACF"，而工龄等于 0 的 status 字段仍为"ACT"。

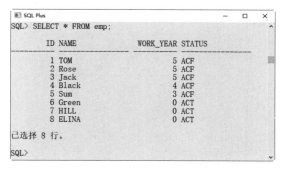

图 12-7　查询员工信息表

12.3　查看触发器

一个完成的触发器，包括触发器名称和触发器内容信息，用户可以使用命令查看数据库中已经定义的触发器。

12.3.1　查看触发器的名称

用户可以查看已经存在的触发器的名称。

实例 5　查看数据库中触发器的名称

查看触发器的名称，执行语句如下：

```
SELECT OBJECT_NAME FROM USER_OBJECTS WHERE OBJECT_TYPE='TRIGGER';
```

执行结果如图 12-8 所示，可以看到当前数据库中存在的触发器其名称为

"TR_UPDATE_EMP"。

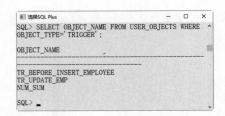

图 12-8　查看触发器的名称

12.3.2　查看触发器的内容信息

有了触发器的名称，就可以查看触发器的具体内容了。

实例 6　根据触发器的名称查看具体内容

查看触发器 TR_UPDATE_EMP 的内容信息，命令如下：

```
SELECT * FROM USER_SOURCE WHERE NAME= 'TR_UPDATE_EMP' ORDER BY LINE;
```

执行结果如图 12-9 所示。

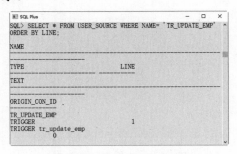

图 12-9　查看触发器的内容信息

输出的具体内容如下：

```
NAME              TYPE      LINE   TEXT
TR_UPDATE_EMP     TRIGGER   1      trigger tr_update_employee
TR_UPDATE_EMP     TRIGGER   2      before update
TR_UPDATE_EMP     TRIGGER   3      on employee
TR_UPDATE_EMP     TRIGGER   4      for each row
TR_UPDATE_EMP     TRIGGER   5      when (old.status='ACT' and old.work_year>0)
TR_UPDATE_EMP     TRIGGER   6      begin
TR_UPDATE_EMP     TRIGGER   7      :new.status:='ACF';
TR_UPDATE_EMP     TRIGGER   8      END ;
```

12.4　修改触发器

Oracle 中如果要修改触发器，使用 CREATE OR REPLACE TRIGGER 语句，也就是覆盖原始的存储过程。

实例 7 修改数据库中的触发器

修改已经创建好的触发器 tr_update_emp,将工龄大于 3 的员工,其 status 字段值修改为 ACF。执行语句如下:

```
CREATE OR REPLACE TRIGGER tr_update_emp
  BEFORE UPDATE
  ON emp
  FOR EACH ROW
    WHEN (old.status='ACT' and old.work_year>3)
    BEGIN
      :new.status:='ACF';
    END;
/
```

执行结果如图 12-10 所示。

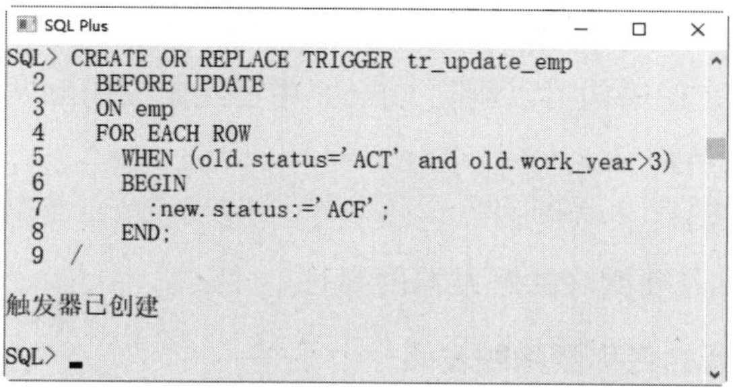

图 12-10 修改创建好的触发器

这里为保证触发器演示效果的需要,在 emp 表中,将 status 字段值全部更新为"ACT",执行语句如下:

```
UPDATE emp SET status='ACT';
```

显示结果如图 12-11 所示,即可完成数据的更新操作。

测试修改的触发器是否成功,执行语句如下:

```
UPDATE emp SET id= id;
```

执行结果如图 12-12 所示。

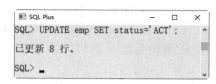

图 12-11 更新数据表

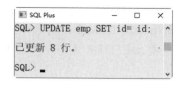

图 12-12 测试修改的触发器是否成功

查询员工信息表,SQL 语句如下:

```
SELECT * FROM emp;
```

执行结果如图 12-13 所示,可以看到工龄大于 3 的员工,其 status 字段值已更改为"ACF",而工龄小于或等于 3 的 status 字段值仍为"ACT"。从结果可以看出,触发器被成功修改。

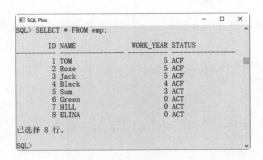

图 12-13　查看员工信息表

12.5　删除触发器

使用 DROP TRIGGER 语句可以删除 Oracle 中已经定义的触发器，删除触发器语句基本语法格式如下：

```
DROP TRIGGER trigger_name
```

其中，trigger_name 是要删除的触发器的名称。

实例 8　根据触发器的名称删除触发器

删除一个触发器，执行代码如下：

```
DROP TRIGGER tr_update_emp;
```

执行结果如图 12-14 所示。

图 12-14　删除触发器

12.6　就业面试问题解答

面试问题 1：在创建触发器时，为什么会出现报错？

在使用触发器的时候需要注意，对于相同的表，相同的事件只能创建一个触发器，比如对表 account 创建了一个 BEFORE INSERT 触发器，那么如果对表 account 再次创建一个 BEFORE INSERT 触发器，Oracle 将会报错，此时，只可以在表 account 上创建 AFTER INSERT 或者 BEFORE UPDATE 类型的触发器。灵活地运用触发器将为操作省去很多麻烦。

面试问题 2：为什么要及时删除不用的触发器？

触发器定义之后，每次执行触发事件，都会激活触发器并执行触发器中的语句。如果需求发生变化，而触发器没有进行相应的改变或者删除，则触发器仍然会执行旧的语句，从而会影响新的数据的完整性。因此，要将不再使用的触发器及时删除。

12.7 上机练练手

上机练习 1：创建数据表并在数据表中插入数据

(1) 创建 test 表。

(2) 创建 test_log 表。

上机练习 2：创建一个实现某种功能的触发器

创建一个触发器，实现用户对 test 表执行 DML 语句时，将相关信息记录到日志表 test_log 之中。

(1) 创建触发器 TEST_TRIGGER。

(2) 执行插入数据操作。

(3) 查询表 test。

(4) 执行修改数据操作。

(5) 查询表 test。

(6) 执行删除数据操作。

(7) 再次查询表 test。

(8) 最后查询表 test_log。

第13章

存储过程的创建与使用

在 Oracle 中,存储过程就是一条或者多条 SQL 语句的集合,可视为批文件,但是其作用不仅限于批处理。通过使用存储过程,可以将经常使用的 SQL 语句封装起来,以免重复编写相同的 SQL 语句。本章就来介绍如何创建存储过程,以及如何调用、查看、修改、删除存储过程等。

13.1 创建存储过程

在数据转换或查询报表时经常使用存储过程,它的作用是 SQL 语句不可替代的。

13.1.1 创建存储过程的语法格式

创建存储过程,需要使用 CREATE PROCEDURE 语句,基本语法格式如下:

```
CREATE [OR REPLACE] PROCEDURE [schema.] procedure_name
  [parameter_name [[IN]datatype[{:=DEFAULT}expression]]
  {IS|AS}
  BODY:
```

主要参数介绍如下。
(1) CREATE PROCEDURE:用来创建存储函数的关键字。
(2) OR REPLACE:表示如果指定的过程已经存在,则覆盖同名的存储过程。
(3) schema:表示该存储过程的所属机构。
(4) procedure_name:存储过程的名称。
(5) parameter_name:存储过程的参数名称。
(6) [IN]datatype[{:=DEFAULT}expression]:设置传入参数的数据类型和默认值。
(7) {IS|AS}:表示存储过程的连接词。
(8) BODY:表示函数体,是存储过程的具体操作部分,可以用 BEGIN…END 来表示 SQL 代码的开始和结束。

编写存储过程并不是一件简单的事情,可能存储过程中需要复杂的 SQL 语句,并且要有创建存储过程的权限;但是使用存储过程将简化操作,减少冗余的操作步骤,同时,还可以减少操作过程中的失误,提高效率,因此存储过程是非常有用的,而且应该尽可能地学会使用。

13.1.2 创建不带参数的存储过程

最简单的一种自定义存储过程就是不带参数的存储过程,下面介绍如何创建一个不带参数的存储过程。

为了演示如何创建存储过程,下面创建一个数据表 shop,执行语句如下:

```
CREATE TABLE shop
(
  s_id    number      NOT NULL,
  f_id    varchar2(4)    NOT NULL,
  f_name  varchar2(20)   NOT NULL,
  f_price number(4,2)    NOT NULL
);
```

接着在表 shop 中输入表数据,执行语句如下:

```
INSERT INTO shop VALUES (101,'p1', '铅笔',4.2);
```

```
INSERT INTO shop VALUES (102,'p2','钢笔', 5.9);
INSERT INTO shop VALUES (103,'b1','毛笔', 11.2);
INSERT INTO shop VALUES (104,'b2','彩笔',5.2);
INSERT INTO shop VALUES (105,'r1','直尺',5.2);
INSERT INTO shop VALUES (106,'r2','卷尺',10.2);
```

实例 1 创建一个不带参数的存储过程

把 shop 表中价格低于 6 的商品名称设置为"打折商品"。创建存储过程的脚本如下:

```
CREATE PROCEDURE SHOP_PRC
AS
BEGIN
UPDATE shop SET f_name='打折商品'
   WHERE f_id IN
    (
      SELECT f_id FROM
       (SELECT * FROM shop ORDER BY f_price ASC)
      WHERE F_PRICE <6
    );
   COMMIT;
END;
/
```

其中，COMMIT 表示提交更改，执行结果如图 13-1 所示，表示存储过程创建成功。

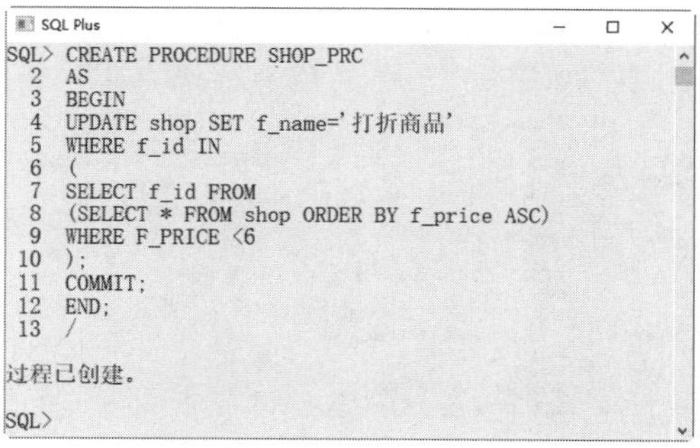

图 13-1 创建存储过程 SHOP_PRC

13.1.3 创建带有参数的存储过程

在设计数据库应用系统时，可能会根据用户的输入信息产生对应的查询结果，这时就需要把用户的输入信息作为参数传递给存储过程，即开发者需要创建带有参数的存储过程。

实例 2 创建用于查看指定数据表信息的存储过程

根据输入的商品类型编码，在数据表 shop 中搜索符合条件的数据，并将数据输出，创建存储过程的脚本如下:

```
CREATE PROCEDURE SHOP_PRC_01(parm_sid IN NUMBER)
AS
 cur_id shop.f_id%type;                    --存放商品的编码
```

```
    cur_prtifo shop%ROWTYPE;              --存放表 shop 的行记录
BEGIN
    SELECT shop.f_id INTO cur_id
      FROM shop
      WHERE s_id = parm_sid;              --根据商品类型编码获取商品的编码
      IF SQL%FOUND THEN
      DBMS_OUTPUT.PUT_LINE(parm_sid||':');
      END IF;
       FOR my_prdinfo_rec IN
         (
          SELECT * FROM shop WHERE s_id=parm_sid)
         LOOP
         DBMS_OUTPUT.PUT_LINE('商品名称：'|| my_prdinfo_rec.f_name||','
         ||'商品价格：'|| my_prdinfo_rec.f_price);
         END LOOP;
         EXCEPTION
         WHEN NO_DATA_FOUND THEN
             DBMS_OUTPUT.PUT_LINE('没有数据');
WHEN TOO_MANY_ROWS THEN
             DBMS_OUTPUT.PUT_LINE('数据过多');
END;
/
```

执行结果如图 13-2 所示。

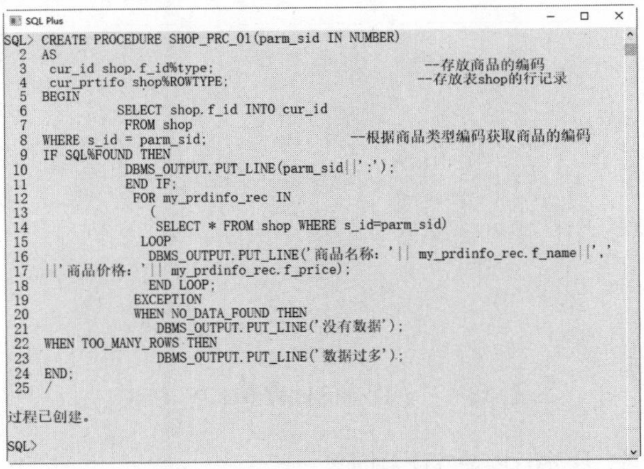

图 13-2　创建存储过程 SHOP_PRC_01

在创建带有参数的存储过程时，用到了 DBMS_OUTPUT.PUT_LINE()函数，那么在调用存储过程时，如果想让 DBMS_OUTPUT.PUT_LINE 成功输出，需要把 SERVEROUTPUT 选项设置为 ON 状态。默认情况下，它是 OFF 状态。

用户可以使用以下语句查看 SERVEROUTPUT 选项的状态，执行语句如下：

```
SHOW SERVEROUTPUT
```

执行结果如图 13-3 所示，这里可以看到 SERVEROUTPUT 的状态是 OFF。

下面就需要设置 SERVEROUTPUT 的状态为 ON 了，执行语句如下：

```
SET SERVEROUTPUT ON
```

第 13 章 存储过程的创建与使用

执行完毕后，再次查看 SERVEROUTPUT 状态，可以看到已经变成"ON"了。如图 13-4 所示。

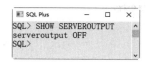

图 13-3 查看 SERVEROUTPUT 的状态为 OFF

图 13-4 查看 SERVEROUTPUT 的状态为 ON

13.2 调用存储过程

当存储过程创建完毕后，下面就可以调用存储过程了，本节就来介绍调用存储过程的方法。

13.2.1 调用不带参数的存储过程

调用存储过程的方法有两种，一种是直接调用存储过程；另一种是在 BEGIN....END 中调用存储过程。

1. 直接调用存储过程

在 Oracle 中调用存储过程时，需要使用 EXECUTE 语句，语法格式如下：

```
EXECUTE procedure_name;
```

也可以缩写成如下：

```
EXEC procedure_name;
```

其中，procedure_name 为存储过程的名称。

实例 3　直接调用存储过程 SHOP_PRC

调用存储过程 SHOP_PRC，执行语句如下：

```
EXEC SHOP_PRC;
```

图 13-5 直接调用存储过程

执行结果如图 13-5 所示。

查看数据表 shop 的记录是否发生变化，执行语句如下：

```
SELECT * FROM shop;
```

执行结果如图 13-6 所示。从结果可以看出，存储过程已经生效。

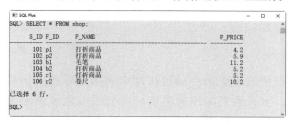

图 13-6 查看 shop 表的数据记录

237

2. 在 BEGIN....END 中调用存储过程

在 BEGIN....END 中直接调用存储过程，调用语法结构如下：

```
BEGIN
   procedure_name;
END;
```

实例 4 在 BEGIN…END 中调用存储过程 SHOP_PRC

执行语句如下：

```
BEGIN
    SHOP_PRC;
END;
```

执行结果如图 13-7 所示。

查看数据表 shop 的记录是否发生变化，执行语句如下：

```
SELECT * FROM shop;
```

执行结果如图 13-8 所示。从结果可以看出，存储过程已经生效。

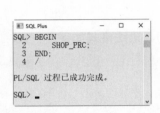

图 13-7 调用存储过程 SHOP_PRC

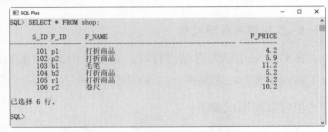

图 13-8 查看 shop 表的数据记录

13.2.2 调用带有参数的存储过程

调用带有参数的存储过程时，需要给出参数的值，当有多个参数时，给出的参数的顺序与创建存储过程的语句中的参数的顺序应一致，即参数传递的顺序就是定义的顺序。

实例 5 调用带参数的存储过程 SHOP_PRC_01

调用带有参数的存储过程 SHOP_PRC_01，根据输入的商品编号 s_id 值，查询商品信息。执行语句如下：

```
EXEC SHOP_PRC_01 (102);
```

执行结果如图 13-9 所示。

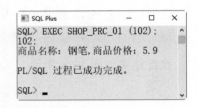

图 13-9 调用存储过程 SHOP_PRC_01

调用带有输入参数的存储过程时需要指定参数，如果没有指定参数，系统会提示错误，如果希望不给出参数时存储过程也能正常运行，或者希望为用户提供一个默认的返回结果，可以通过设置参数的默认值来实现。

13.3 修改存储过程

Oracle 中如果要修改存储过程，使用 CREATE OR REPLACE PROCEDURE 语句，也就是覆盖原始的存储过程。

实例6 修改存储过程 SHOP_PRC

修改存储过程 SHOP_PRC 的定义。把数据表 shop 中价格高于 6 的商品名称设置为"打折商品"。执行语句如下：

```
CREATE OR REPLACE PROCEDURE SHOP_PRC
AS
BEGIN
  UPDATE shop SET f_name='打折商品'
    WHERE f_id IN
    (
      SELECT f_id FROM
      (SELECT * FROM shop ORDER BY f_price ASC)
        WHERE F_PRICE >6
    );
  COMMIT;
END;
```

执行结果如图 13-10 所示。

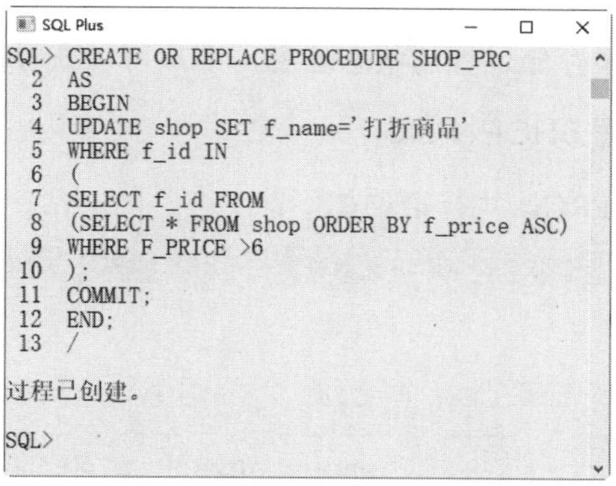

图 13-10 修改存储过程 SHOP_PRC

为演示效果的需要，在调用修改后的存储过程 SHOP_PRC 前，需要将 shop 表中的数据记录删除，代码如下：

```
DELETE FROM shop;
```

然后重新添加数据记录，代码如下：

```
INSERT INTO shop VALUES (101,'a1','铅笔',4.2);
INSERT INTO shop VALUES (102,'a2','钢笔', 5.9);
INSERT INTO shop VALUES (103,'b1','毛笔', 11.2);
INSERT INTO shop VALUES (104,'b2','水彩笔',5.2);
INSERT INTO shop VALUES (105,'r1','直尺',5.2);
```

```
INSERT INTO shop VALUES (106,'r2','卷尺',10.2);
```

接着在 Oracle SQL Developer 中调用存储过程 SHOP_PRC，执行语句如下：

```
EXEC SHOP_PRC;
```

执行结果如图 13-11 所示。

查看数据表 shop 的记录是否发生变化，执行语句如下：

```
SELECT * FROM shop;
```

执行结果如图 13-12 所示。从结果可以看出，存储过程已经生效，价格大于 6 的商品其名称修改为了"打折商品"。

图 13-11 调用存储过程 SHOP_PRC

图 13-12 查看表 shop 数据的记录

13.4 查看存储过程

Oracle 数据库中存储了存储过程的状态信息，用户可以查看已经存在的存储过程。

实例 7 查看存储过程 SHOP_PRC

查看存储过程 SHOP_PRC，执行语句如下：

```
SELECT * FROM USER_SOURCE WHERE NAME='SHOP_PRC' ORDER BY LINE;
```

运行结果如下所示：

```
NAME        TYPE        LINE    TEXT
--------    ----------  -----   ------------------------------------
SHOP_PRC    PROCEDURE   1       PROCEDURE SHOP_PRC
SHOP_PRC    PROCEDURE   2       AS
SHOP_PRC    PROCEDURE   3       BEGIN
SHOP_PRC    PROCEDURE   4       UPDATE shop SET f_name='打折商品'
SHOP_PRC    PROCEDURE   5       WHERE f_id IN
SHOP_PRC    PROCEDURE   6       (
SHOP_PRC    PROCEDURE   7       SELECT f_id FROM
SHOP_PRC    PROCEDURE   8       (SELECT * FROM shop ORDER BY f_price ASC)
SHOP_PRC    PROCEDURE   9       WHERE F_PRICE >6
SHOP_PRC    PROCEDURE   10      );
SHOP_PRC    PROCEDURE   11      COMMIT;
SHOP_PRC    PROCEDURE   12      END;
```

从结果可以看出，每条记录中的 TEXT 字段都存储了语句脚本，这些脚本综合起来就是存储过程 SHOP_PRC 的内容。

注意 在查看存储过程时，需要把存储过程的名称大写，如果小写，则无法查询到任何内容。

13.5 存储过程的异常处理

有时编写的存储过程难免会出现各种各样的问题，为此 Oracle 提供了异常处理的方法，这样减少了排查错误的范围，查看存储过程错误的方法如下：

```
SHOW ERRORS PROCEDURE procedure_name;
```

实例8 创建一个有错误的存储过程

首先创建一个有错误的存储过程，执行语句如下：

```
CREATE OR REPLACE PROCEDURE HA
AS
BEGIN
    DBMM_OUTPUT.PUT_LINE('这是一个有错误的存储过程');
END;
```

执行结果如图 13-13 所示。

查看错误的具体细节，执行语句如下：

```
SHOW ERRORS PROCEDURE HA;
```

执行结果如图 13-14 所示。

图 13-13 创建一个有错误的存储过程　　　图 13-14 查看错误的具体细节

输出的具体内容如下：

```
PROCEDURE HA 出现错误：
LINE/COL     ERROR
--------     ------------
4/1          PL/SQL: Statement ignored
4/1          PLS-00201: 必须声明标识符 'DBMM_OUTPUT.PUT_LINE'
```

从错误提示可知，错误是由第 4 行引起的，正确的写法如下：

```
DBMS_OUTPUT.PUT_LINE('这是正确的存储过程');
```

13.6 删除存储过程

对于不需要的存储过程，我们可以将其删除，使用 DROP PROCEDURE 语句可以删除存储过程，该语句可以从当前数据库中删除一个或多个存储过程，语法格式如下：

```
DROP PROCEDURE sp_name;
```

其中 sp_name 参数表示存储过程名称。

实例 9 删除存储过程 SHOP_PRC_01

删除 SHOP_PRC_01 存储过程，执行语句如下：

```
DROP PROCEDURE SHOP_PRC_01;
```

执行结果如图 13-15 所示，即可完成删除存储过程的操作。

检查删除是否成功，可以通过查看存储过程来确认。执行语句如下：

```
SELECT * FROM USER_SOURCE WHERE NAME='SHOP_PRC_01' ORDER BY LINE;
```

执行结果如图 13-16 所示，可以看到返回的结果为空，则说明 SHOP_PRC_01 存储过程已经被删除。

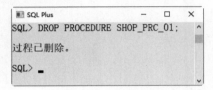

图 13-15　删除存储过程

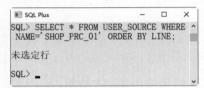

图 13-16　查询是否成功删除存储过程

13.7　就业面试问题解答

面试问题 1：存储过程中的代码可以改变吗？

目前，Oracle 还不提供对已存在的存储过程代码的修改，如果必须要修改存储过程，可以使用 CREATE OR REPLACE PROCEDURE 语句覆盖掉同名的存储过程。

面试问题 2：删除存储过程需要注意什么问题？

存储过程之间可以相互调用，如果删除被调用的存储过程，就会出现错误提示，所以在删除操作时，最好要分清各个存储过程之间的关系。

13.8　上机练练手

上机练习 1：创建存储过程统计表的记录数

（1）创建一个名称为 sch 的数据表，表结构如表 13-1 所示，将表 13-2 中的数据插入到 sch 表中。

表 13-1 sch 表结构

字段名	数据类型	主键	外键	非空	唯一	自增
id	NUMBER	是	否	是	是	否
name	VARCHAR2(10)	否	否	是	否	否
class	VARCHAR2(10)	否	否	是	否	否

表 13-2 sch 表内容

id	name	class
1	xiaoming	class 1
2	xiaojun	class 2

(2) 通过 DESC 命令查看创建的表格。

(3) 通过 SELECT * FROM sch 来查看插入表格的内容。

(4) 创建一个存储过程用来统计表 sch 中的记录数，名称为 count_sch()。

(5) 调用存储过程 count_sch()，用来统计表 sch 中的记录数。

上机练习 2：创建存储过程统计表的记录数与 id 值的和

创建一个存储过程 add_id，并同时使用前面创建的存储过程返回表 sch 中的记录数，最后计算出表中所有的 id 之和。

第14章

事务与锁

  Oracle 中提供了多种数据完整性的保证机制，如事务与锁管理。事务管理主要是为了保证一批相关数据库中数据的操作能够全部被完成，从而保证数据的完整性。锁机制主要是对多个活动事务执行并发控制，本章就来介绍事务与锁的应用。

14.1 事务管理

事务是 Oracle 中的基本工作单元,它是用户定义的一个数据库操作序列,事务管理的主要功能是为了保证一批相关数据库中数据的操作能全部被完成,从而保证数据的完整性。

14.1.1 事务的概念

事务用于保证数据的一致性,它由一组相关的 DML(数据操作语言(增删改))语句组成,该组 DML 语句要么全部成功,要么全部失败。

例如,网上转账就是一个用事务来处理的典型案例,它主要分为 3 步:第一步在原账号中减少转账金额,例如减少 5 万元;第二步在目标账号中增加转账金额,增加 5 万元;第三步在事务日志中记录该事务,这样就可以保证数据的一致性。

在上面的 3 步操作中,如果有一步失败,整个事务都会回滚,所有的操作都将撤销,目标账号和原账号上的金额都不会发生变化。

14.1.2 事务的特性

事务是作为单个逻辑工作单元执行的一系列操作,具有 4 个属性,分别是原子性(Atomicity)、一致性(Consistency)、隔离性(Isolation)和持久性(Durability),简称 ACID 属性。

(1) 原子性:事务是一个完整的操作。事务的各步操作是不可分的(原子的);要么都执行,要么都不执行。

(2) 一致性:一个查询的结果必须与数据库在查询开始时的状态保持一致(读不等待写,写不等待读)。

(3) 隔离性:对于其他会话来说,未完成的(也就是未提交的)事务必须不可见。

(4) 持久性:事务一旦提交完成后,数据库就不可以丢失这个事务的结果,数据库通过日志能够保持事务的持久性。

下面通过一个实例来理解事务的特性。

为了演示效果,首先创建一个数据表 tablenumber。执行语句如下:

```
CREATE TABLE tablenumber
(
    id      NUMBER(6),
    name    VARCHAR2(10)
);
```

执行结果如图 14-1 所示。

向数据表中插入一行数据,命令如下:

```
INSERT INTO tablenumber VALUES (10, '小明');
```

执行结果如图 14-2 所示。

第 14 章 事务与锁

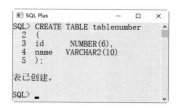

图 14-1　创建数据表 tablenumber

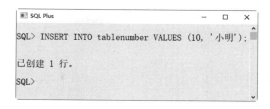

图 14-2　向数据表中插入一行数据

实例 1 举例说明事务的一致性特性

登录 SQL Plus，执行更新操作，SQL 语句如下：

```
UPDATE tablenumber SET id=20;
```

执行结果如图 14-3 所示。

执行成功后，查询表 tablenumber 的内容是否变化，执行语句如下：

```
SELECT * FROM tablenumber;
```

执行结果如图 14-4 所示，数据表 tablenumber 的内容发生了变化。

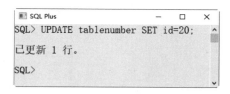

图 14-3　更新数据记录

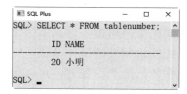

图 14-4　查询数据表的变化

以同样的用户登录新的 SQL Plus，同样查询表 tablenumber 的内容，结果如下：

```
SELECT * FROM tablenumber;
```

执行结果如图 14-5 所示，从结果可知，当会话 1 还没有提交时，会话 2 还不能看到修改的数据。

在会话 1 窗口中提交事务，命令如下：

```
COMMIT;
```

执行结果如图 14-6 所示，执行完成后提示提交完成。

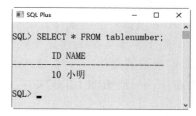

图 14-5　查询表 tablenumber 的内容

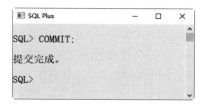

图 14-6　提交事务

再次在会话 2 中查询表 tablenumber 的内容，执行语句如下：

```
SELECT * FROM tablenumber;
```

执行结果如图 14-7 所示,可以看到查询的结果变成 20 了,说明事务的一致性。

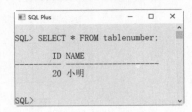

图 14-7　再次查询表 tablenumber 的内容

14.1.3　设置只读事务

只读事务是指只允许执行查询的操作,而不允许执行任何其他 DML 操作的事务,使用只读事务可以确保用户只能取得某个时间点的数据。例如:假定机票代售点每天 18 点开始统计今天的销售情况,这时可以使用只读事务。

在设置了只读事务后,尽管其他会话可能会提交新的事务,但是只读事务将不会取得最新数据的变化,从而可以保证取得特定时间点的数据信息。设置只读事务的语句如下:

```
set transaction read only;
```

在数据库中使用事务,具有以下优点。
(1) 把逻辑相关的操作分成了一个组。
(2) 在数据永久改变前,可以预览数据变化。
(3) 能够保证数据的读一致性。

14.1.4　事务管理的语句

一个事务中可以包含一条语句或者多条语句甚至一段程序,一段程序中也可以包含多个事务。事务可以根据需求把一段事务分成多个组,每个组可以理解为一个事务。

Oracle 中常用的事务管理语句包含以下几条。

(1) COMMIT 语句:提交事务语句,使用该语句可以把多个步骤对数据库的修改,一次性地永久写入数据库,代表数据库事务的成功执行。

(2) ROLLBACK 语句:事务失败时执行回滚操作语句,使用该语句在发生问题时,可以把对数据库已经作出的修改撤销,回退到修改前的状态。在操作过程中,一旦发生问题,如果还没有提交操作,则随时可以使用 ROLLBACK 来撤销前面的操作。

(3) SAVEPOINT 语句:设置事务点语句,该语句用于在事务中间建立一些保存点,ROLLBACK 可以使操作回退到这些点上面,而不必撤销全部的操作。一旦 COMMIT 提交事务完成,就不能用 ROLLBACK 来取消已经提交的操作。一旦 ROLLBACK 完成,被撤销的操作要重做,必须重新执行相关提交事务操作的语句。

14.1.5　事务实现机制

几乎所有的数据库管理系统中,事务管理的机制都是通过使用日志文件来实现的,下面来简单介绍一下日志的工作方式。

事务开始之后，事务中所有的操作都会写到事务日志中，写到日志中的事务，一般有两种：一是针对数据的操作，例如插入、修改和删除，这些操作的对象是大量的数据；另一种是针对任务的操作，例如创建索引。当取消这些事务操作时，系统自动执行这种操作的反操作，保证系统的一致性。

系统自动生成一个检查点机制，这个检查点周期地检查事务日志，如果在事务日志中的事务全部完成，那么检查点事务日志中的事务提交到数据库中，并且在事务日志中做一个检查点提交标识。如果在事务日志中，事务没有完成，那么检查点就不会把事务日志中的事务提交到数据库中，还会在事务日志中做一个检查点未提交的标识。

14.1.6 事务的类型

事务的类型分为两种，分别是显式事务和隐式事务。

1. 显式事务

显式事务是通过命令完成的，具体语法规则如下：

```
新事务开始
sql statement
….
COMMIT|ROLLBACK;
```

其中，COMMIT 表示提交事务，ROLLBACK 表示事务回滚。Oracle 事务不需要设置开始标记。通常有下列情况之一时，事务会开启。

(1) 登录数据库后，第一次执行 DML 语句。
(2) 当事务结束后，第一次执行 DML 语句。

2. 隐式事务

隐式事务没有非常明确的开始和结束点，Oracle 中的每一条数据操作语句，例如 SELECT、INSERT、UPDATE 和 DELETE 都是隐式事务的一部分，即使只有一条语句，系统也会把这条语句当作一个事务，要么执行所有语句，要么什么都不执行。

默认情况下，隐式事务 AUTOCOMMIT(自动提交)为打开状态，可以控制提交的状态：

```
SET AUTOCOMMIT ON/OFF
```

当有以下情况出现时，事务会结束。
(1) 执行 DDL 语句，事务自动提交。比如使用 CREATE、GRANT 和 DROP 等命令。
(2) 使用 COMMIT 提交事务，使用 ROLLBACK 回滚事务。
(3) 正常退出 SQL Plus 时自动提交事务、非正常退出则 ROLLBACK 事务回滚。

14.1.7 事务的保存点

事务的保存点可以设置在任何位置，当然也可以设置多个保存点，这样就可以把一个长的事务根据需要划分为多个小的段,这样操作的好处是当对数据的操作出现问题时不需要全部回滚,只需要回滚到保存点即可。

事务可以回滚保存点以后的操作,但是保存点会被保留,保存点以前的操作不会回滚。下面仍然通过一个案例来理解保存点的应用。

实例 2 举例说明事务保存点的应用

向数据表 tablenumber 中插入数据,此时隐式事务已经自动打开,执行语句如下:

```
INSERT INTO tablenumber VALUES (30, '小林');
```

执行结果如图 14-8 所示。

创建保存点,名称为 BST,执行语句如下:

```
SAVEPOINT BST;
```

执行结果如图 14-9 所示,保存点创建成功后,提示保存点已创建。

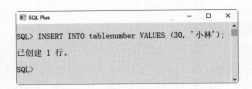

图 14-8 向表中插入数据

图 14-9 创建保存点

继续向数据表 tablenumber 中插入数据,执行语句如下:

```
INSERT INTO tablenumber VALUES (40, '小红');
```

执行结果如图 14-10 所示。

此时查看 tablenumber 表中的记录,执行语句如下:

```
SELECT * FROM tablenumber;
```

执行结果如图 14-11 所示。

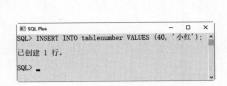

图 14-10 向数据表中插入数据

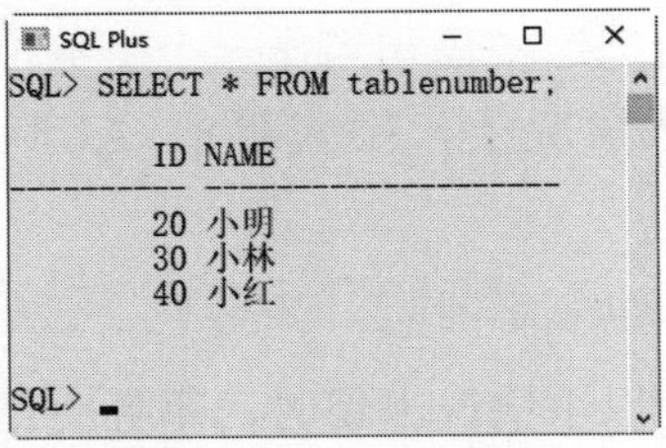

图 14-11 查看表中记录

回滚到保存点 BST,执行语句如下:

```
ROLLBACK TO BST;
```

执行结果如图 14-12 所示。

此时查看 tablenumber 表中的记录,执行语句如下:

```
SELECT * FROM tablenumber;
```

执行结果如图 14-13 所示，从结果可以看出，保存点以后的操作被回滚，保存点以前的操作被保留。

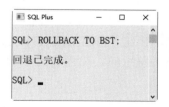

图 14-12 回滚到保存点

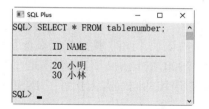

图 14-13 查看 tablenumber 表中的记录

14.2 锁的应用

数据库是一个多用户使用的共享资源，当多个用户并发地存取数据时，在数据库中就会产生多个事务同时存取同一数据的情况，若对并发操作不加控制就可能会读取和存储不正确的数据，破坏数据库的一致性，为解决这一问题，Oracle 数据库提出了锁机制。

14.2.1 锁的概念

Oracle 的锁机制主要是执行对多个活动事务的并发控制，它可以控制多个用户对同一数据进行的操作，使用锁机制，可以解决数据库的并发问题，从而保证数据库的完整性和一致性。

从事务的分离性可以看出，当前事务不能影响其他的事务，所以当多个会话访问相同的资源时，数据库会利用锁确保它们向队列一样依次进行。Oracle 处理数据时用到锁是自动获取的，但是 Oracle 也允许用户手动锁定数据。对于一般的用户，通过系统的自动锁管理机制基本可以满足使用要求，但如果对数据安全、数据库完整性和一致性有特殊要求，则需要亲自控制数据库的锁和解锁，这就需要了解 Oracle 的锁机制，掌握锁的使用方法。

如果不使用锁机制，对数据的并发操作会带来下面一些问题：脏读、幻读、非重复性读取、丢失更新。

1．脏读

当一个事务读取的记录是另一个事务的一部分时，如果第一个事务正常完成，就没有什么问题，如果此时另一个事务未完成，就产生了脏读。例如，员工表中编号为 101 的员工工资为 2740，如果事务 1 将工资修改为 2900，但还没有提交确认；此时事务 2 读取员工的工资为 2900；事务 1 中的操作因为某种原因执行了 ROLLBACK 回滚，取消了对员工工资的修改，但事务 2 已经把编号为 101 的员工的数据读走了。此时就发生了脏读。如果此时用了行级锁，第一个事务修改记录时封锁改行，那么第二个事务只能等待，这样就避免了脏数据的产生，从而保证了数据的完整性。

2. 幻读

当某一数据行执行 INSERT 或 DELETE 操作，而该数据行恰好属于某个事务正在读取的范围时，就会发生幻读现象。例如，现在要给员工涨工资，将所有低于 2800 的工资都涨到 2900，事务 1 使用 UPDATE 语句进行更新操作，事务 2 在数据表中插入几条工资小于 2900 的记录，此时事务 1 如果查看数据表中的数据，会发现自己 UPDATE 之后还有工资小于 2900 的记录！幻读事件是在某个凑巧的环境下发生的。简而言之，就是在运行 UPDATE 语句的同时有人执行了 INSERT 操作。

3. 非重复性读取

如果一个事务不止一次地读取相同的记录，但在两次读取中间有另一个事务刚好修改了数据，则两次读取的数据将出现差异，此时就发生了非重复性读取。例如，事务 1 和事务 2 都读取一条工资为 4310 的数据行，如果事务 1 将记录中的工资修改为 4500 并提交，而事务 2 使用的员工的工资仍为 4310。

4. 丢失更新

一个事务更新了数据库之后，另一个事务再次对数据库更新，此时系统只能保留最后一个数据的修改。

例如对一个员工表进行修改，事务 1 将员工表中编号为 101 的员工工资修改为 2900，而之后事务 2 又把该员工的工资更改为 3900，那么最后员工的工资为 3900，导致事务 1 的修改丢失。

使用锁将可以实现并发控制，能够保证多个用户同时操作同一数据库中的数据而不发生上述数据不一致的现象。

14.2.2 锁的分类

在数据库中有两种基本的锁：排他锁(Exclusive Locks，即 X 锁)和共享锁(Share Locks，即 S 锁)。

(1) 排他锁：当数据对象被加上排他锁时，其他的事务不能对它读取和修改。

(2) 共享锁：加了共享锁的数据对象可以被其他事务读取，但不能修改。

根据保护对象的不同，Oracle 数据库的锁可分为以下几种。

(1) DML lock(data locks，数据锁)：用于保护数据的完整性。

(2) DDL lock(dictionary locks，字典锁)：用于保护数据库对象的结构(例如表、视图、索引的结构定义)。

(3) Internal locks 和 latches(内部锁与闩)：保护内部数据库结构。

(4) Distributed locks(分布式锁)：用于 OPS(并行服务器)中。

(5) PCM locks(并行高速缓存管理锁)：用于 OPS(并行服务器)中。

在 Oracle 中最主要的锁是 DML 锁，DML 锁的目的在于保证并发情况下的数据完整性。DML 锁主要包括 TM 锁和 TX 锁，其中 TM 锁称为表级锁，TX 锁称为事务锁或行级锁。

锁出现在数据共享的场合，用来保证数据的一致性。当多个会话同时修改一个表时，需要对数据进行相应的锁定。

在 Oracle 中除了执行 DML 时自动为表添加锁外，用户还可以手动添加锁。添加锁的语法规则如下：

```
LOCK TABLE [schema.] table IN
    [EXCLUSIVE]
    [SHARE]
    [ROW EXCLUSIVE]
    [SHARE ROW EXCLUSIVE]
    [ROW SHARE*| SHARE UPDATE*]
    MODE[NOWAIT]
```

如果要释放锁，只需要执行 ROLLBACK 语句即可。

14.2.3 锁等待和死锁

当程序对所做的修改进行提交(Commit)或回滚(Rollback)后，锁住的资源便会得到释放，从而允许其他用户进行操作。如果两个事务，分别锁定一部分数据，而都在等待对方释放锁才能完成事务操作，这种情况下就会发生死锁。

1. 死锁的原因

在多用户环境下，死锁的发生是由于两个事务都锁定了不同的资源的同时又都在申请对方锁定的资源，即一组进程中的各个进程均占有不会释放的资源，但因互相申请其他进程占用的不会释放的资源而处于一种永久等待的状态。形成死锁有 4 个必要条件。

(1) 请求与保持条件：获取资源的进程可以同时申请新的资源。
(2) 非剥夺条件：已经分配的资源不能从该进程中剥夺。
(3) 循环等待条件：多个进程构成环路，并且其中每个进程都在等待相邻进程正占用的资源。
(4) 互斥条件：资源只能被一个进程使用。

2. 可能会造成死锁的资源

每个用户会话可能有一个或多个代表它运行的任务，其中每个任务可能获取或等待获取各种资源。以下类型的资源可能会造成阻塞，并最终导致死锁。

(1) 锁资源。等待获取资源(如对象、页、行、元数据和应用程序)的锁可能导致死锁。例如，事务 T1 在行 r1 上有共享锁(S 锁)并等待获取行 r2 的排他锁(X 锁)。事务 T2 在行 r2 上有共享锁(S 锁)并等待获取行 r1 的排他锁(X 锁)。这将导致一个锁循环，其中，T1 和 T2 都等待对方释放已锁定的资源。

(2) 工作线程。排队等待可用工作线程的任务可能导致死锁。如果排队等待的任务拥有阻塞所有工作线程的资源，则将导致死锁。例如，会话 S1 启动事务并获取行 r1 的共享锁(S 锁)后，进入睡眠状态。在所有可用工作线程上运行的活动会话正尝试获取行 r1 的排他锁(X 锁)。因为会话 S1 无法获取工作线程，所以无法提交事务并释放行 r1 的锁，这将导致死锁。

(3) 内存资源。当并发请求等待获得内存，而当前的可用内存无法满足其需要时，可能发生死锁。例如，两个并发查询(Q1 和 Q2)作为用户定义函数执行，分别获取 10MB 和 20MB 的内存。如果每个查询需要 30MB 而可用总内存为 20MB，则 Q1 和 Q2 必须等待对方释放内存，这将导致死锁。

(4) 并行查询执行的相关资源。通常与交换端口关联的处理协调器、发生器或使用者线程至少包含一个不属于并行查询的进程时，可能会相互阻塞，从而导致死锁。此外，当并行查询启动执行时，Oracle 将根据当前的工作负荷确定并行度或工作线程数。如果系统工作负荷发生意外更改，例如，当新查询开始在服务器中运行或系统用完工作线程时，则可能发生死锁。

3．减少死锁的策略

复杂的系统中不可能百分之百地避免死锁，从实际出发为了减少死锁，可以采用以下策略。

(1) 在所有事务中以相同的次序使用资源。
(2) 使事务尽可能简短并且在一个批处理中。
(3) 为死锁超时参数设置一个合理范围，如 3～30 分钟；超时，则自动放弃本次操作，避免进程挂起。
(4) 避免在事务内和用户进行交互，减少资源的锁定时间。

14.3　死锁的发生过程

死锁是锁等待的一个特例，通常发生在两个或者多个会话之间。下面通过案例来理解死锁的发生过程。

实例 3　举例说明死锁的发生过程

打开第一个 SQL Plus 窗口，修改表 tablenumber 中 id 字段值为 20 的记录，执行语句如下：

```
UPDATE tablenumber SET id=60 WHERE id=20;
```

执行结果如图 14-14 所示。

打开第二个 SQL Plus 窗口，修改表 tablenumber 中 id 字段为 30 的记录，执行语句如下：

```
UPDATE tablenumber SET id=80 WHERE  id=30;
```

执行结果如图 14-15 所示。

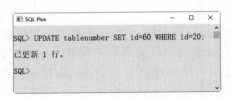

图 14-14　修改表中字段信息

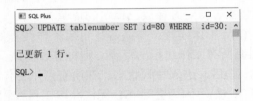

图 14-15　在第二个 SQL Plus 窗口中修改字段信息

目前，第一个会话锁定了 id 字段为 20 的记录，第二个会话锁定了 id 字段为 30 的记录。

第一个会话修改第二个会话已经修改的记录，执行语句如下：

`UPDATE tablenumber SET id=60 WHERE id=30;`

执行结果如图 14-16 所示，此时第一个会话出现了锁等待，因为它修改的记录被第二个会话锁定。

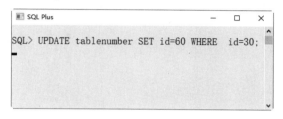

图 14-16　修改数据记录

此时会出现死锁的情况。Oracle 会自动检测死锁的情况，并释放一个冲突锁，并把消息传给对方事务。此时第一个会话窗口中提示检测到死锁，信息如下：

```
错误报告：
SQL 错误：ORA-00068：等待资源时检测到死锁
```

此时 Oracle 自动做出处理，重新回到锁等待的情况。

14.4　就业面试问题解答

面试问题 1：事务保存点的名称可以相同吗？

可以的，但是不建议设置一样。因为如果在一个事务中设置相同的保存点，当事务进行回滚操作时，只能回滚到离当前语句最近的保存点处，将导致出现错误的操作结果。

面试问题 2：事务和锁有什么关系？

Oracle 中可以使用多种机制来确保数据的完整性，例如约束、触发器以及本章介绍的事务和锁等。事务和锁的关系非常紧密。事务包含一系列的操作，这些操作要么全部成功，要么全部失败，通过事务机制管理多个事务，保证事务的一致性，事务中使用锁保护指定的资源，防止其他用户修改另外一个还没有完成的事务中的数据。

14.5　上机练练手

上机练习 1：在销售人员表中，启用一个事务 TRANS_01

TRANS_01 事务的作用是向销售人员表中添加一条记录，人员编号为 7，姓名为"刘元"，如果有错误则输出错误信息，并撤销插入操作。

上机练习 2：在销售人员表中，创建名称为 transaction1 和 transaction2 的事务

具体要求为在 transaction1 事务上面添加共享锁，允许两个事务同时执行查询数据表的操作，如果第二个事务要执行更新操作，必须等待 10s。

第 15 章

表空间与数据文件

在 Oracle 中，创建数据库时需要同时指定数据库建立的表空间，为此 Oracle 提出了表空间的概念。Oracle 将数据逻辑地存储在表空间中，而实际上是存储在数据文件中，可以说表空间是 Oracle 数据库的逻辑结构，本章就来介绍 Oracle 的表空间管理。

15.1 认识表空间

表空间是数据库的逻辑划分，Oracle 数据库被划分成多个表空间的逻辑区域，这样就形成了 Oracle 数据库的逻辑结构。表空间是 Oracle 数据库的必备知识，Oracle 数据库中的数据逻辑地存储在表空间之中，而实际上是存储在物理的操作系统文件中，该文件是 Oracle 格式，一个表空间由一个或多个数据文件组成，数据文件不能跨表空间存储，即一个数据文件只能属于一个表空间。

一个表空间只能属于一个数据库，所有的数据库对象都存放在指定的表空间中。一个 Oracle 数据库能够有一个或多个表空间，而一个表空间则对应着一个或多个物理的数据库文件。表空间是 Oracle 数据库恢复的最小单位，容纳着许多数据库实体，如表、视图、索引、聚簇、回退段和临时段等。

Oracle 数据库中至少存在一个表空间，即 SYSTEM 的表空间。每个 Oracle 数据库均有 SYSTEM 表空间，这是数据库创建时自动创建的。SYSTEM 表空间必须总是保持联机，因为其包含着数据库运行所要求的基本信息，包括关于整个数据库的数据字典、联机求助机制、所有回退段、临时段和自举段、所有的用户数据库实体、其他 Oracle 软件产品要求的表。

Oracle 表空间的作用能帮助 DBA 用户完成以下工作。
(1) 决定数据库实体的空间分配。
(2) 设置数据库用户的空间份额。
(3) 控制数据库部分数据的可用性。
(4) 分布数据于不同的设备之间以改善性能。
(5) 备份和恢复数据。

15.2 管理表空间的方案

Oracle 数据库提供了两种管理表空间区段的方案，一种是数据字典管理，另一种是本地管理，这两种管理方式由于对表空间区段的管理方式不同，因此系统的效率也有所不同。Oracle 推荐使用本地管理表空间的方式。

15.2.1 通过数据字典管理表空间

数据字典管理表空间是一种表空间管理模式，即通过数据字典管理表空间的空间使用。具体的管理过程是将每个数据字典管理的表空间的使用情况记录在数据字典的表中，当分配或撤销表空间区段的分配时，则隐含地使用 SQL 语句对表操作以记录当前表空间区段的使用情况，并且在还原段中记录了变换前的区段使用情况，就像操作普通表时 Oracle 的行为一样。

不过，通过数据字典管理表空间的方式增加了数据字典的操作频率，对于一个有几百个甚至上千个表空间的大型数据库系统，可以想到这样的系统效率会很低。下面介绍两个数据字典，即 FET$和 UET$，用来记录数据字典管理的表空间区段分配情况。

实例1 使用数据字典 FET$

使用数据字典 FET$查看表空间中的已用空间结果，执行语句如下：

```
DESC FET$;
```

执行结果如图 15-1 所示。

数据字典 FET$记录表空间中的已用空间，其中属性的含义如下。

- TS#：表空间编号。
- FILE#：文件编号。
- BLOCK#：数据块编号。
- LENGTH：数据块的数量。

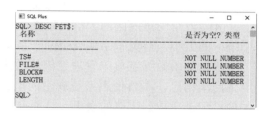

图 15-1　使用数据字典 FET$查看结果

实例2 使用数据字典 UET$

使用数据字典 UET$查看表空间中已经分配的空间，执行语句如下：

```
DESC UET$;
```

执行结果如图 15-2 所示。

数据字典 UET$记录表空间中已经分配的空间，分配空间后，就相当于从数据字典 FET$中挖数据，释放空间以后，相当于从数据字典 UET$中挖数据，在 extent 不断地分配和释放中，UET$和 FET$不断地变化。

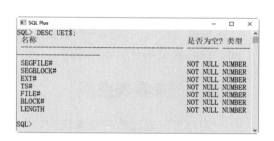

图 15-2　使用数据字典 UET$查看结果

从数据字典的结构可以看出，使用数据字典管理的表空间，所有的区段分配与回收都要频繁地访问数据字典，这样容易造成访问的竞争，为了解决这个问题，Oracle 提出了本地管理表空间的方式，即使用位图记录表空间自身的区段分配情况。

15.2.2　通过本地管理表空间

本地管理表空间(Locally Managed Tablespace，LMT)是 Oracle 8i 以后出现的一种新的表空间管理模式，即通过本地位图来管理表空间的空间使用，使用本地管理表空间模式可以很好地解决数据字典管理表空间效率不高的问题。

所谓本地化管理，就是指 Oracle 不再利用数据字典表来记录 Oracle 表空间里面的区的使用状况，而是在每个表空间的数据文件的头部加入了一个位图区，在其中记录每个区的使用状况。每当一个区被使用，或者被释放以供重新使用时，Oracle 都会更新数据文件头部的这个记录，反映这个变化。

Oracle 之所以推出这种新的表空间管理方法，是因为这种表空间组织方法具有以下优点。

(1) 本地化管理的表空间避免了递归的空间管理操作，而这种情况在数据字典管理的表空间里是经常出现的,当表空间里的区的使用状况发生改变时,数据字典的表的信息也会发生改变,从而同时也使用了在系统表空间里的回滚段。

(2) 本地化管理的表空间避免了在数据字典相应表里面写入空闲空间、已使用空间的信息,从而减少了数据字典表的竞争,提高了空间管理的并发性。

(3) 区的本地化管理自动跟踪表空间里的空闲块,减少了手工合并自由空间的需要。

(4) 表空间里的区的大小可以选择由 Oracle 系统来决定,或者由数据库管理员指定一个统一的大小,避免了字典表空间一直头疼的碎片问题。

(5) 从由数据字典来管理空闲块改为由数据文件的头部记录来管理空闲块,这样避免产生回滚信息,不再使用系统表空间里的回滚段。因为由数据字典来管理的话,它会把相关信息记录在数据字典的表里,从而产生回滚信息。

由于这种表空间具有以上特性,所以本地管理表空间支持在一个表空间里面进行更多的并发操作,从而减少了对数据字典的依赖,进而提高系统的运行效率。

15.3 表空间的类型

根据表空间的内容进行划分,Oracle 数据库把表空间分为 3 种类型,分别是永久表空间、临时表空间和还原表空间。

15.3.1 查看表空间

用户可以通过数据字典查询表空间对应的类型。

实例 3 查看表空间类型

通过数据字典查询表空间的类型,执行语句如下:

```
select distinct(contents) from dba_tablespaces;
```

执行结果如图 15-3 所示,从运行结果知道,不同的表空间类型分 3 种,即永久表空间(PERMANENT)、还原表空间(UNDO)和临时表空间(TEMPORARY)。

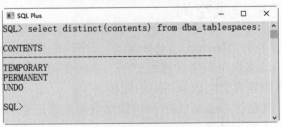

图 15-3 通过数据字典查询表空间的类型

15.3.2 永久表空间

永久表空间用来存储用户数据和数据库自己的数据,一个 Oracle 数据库系统应该设置"默认永久表空间",如果创建用户的时候,没有指定默认表空间,那么就使用这个默认永久表空间作为默认表空间。

实例 4 查看数据库默认永久表空间

查询当前数据库的默认永久表空间，执行语句如下：

```
SELECT PROPERTY_VALUE FROM DATABASE_PROPERTIES WHERE
PROPERTY_NAME='DEFAULT_PERMANENT_TABLESPACE';
```

执行结果如图 15-4 所示，从运行结果中可以看出当前数据库的默认永久表空间为 USERS。

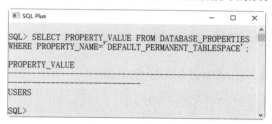

图 15-4　查询当前数据库的默认永久表空间

在使用 DBCA 创建数据库时，默认已经创建了 USERS 表空间，并且把这个表空间作为数据库默认表空间。

15.3.3　临时表空间

在创建数据库时，用户若没有指定默认表空间，就可以将临时表空间 TEMP 作为自己的默认临时表空间，用户所有的排序操作都在这个临时表空间中进行。

实例 5 查看数据库默认临时表空间

查询当前数据库的默认临时表空间，执行语句如下：

```
SELECT PROPERTY_VALUE FROM DATABASE_PROPERTIES WHERE PROPERTY_NAME=
'DEFAULT_TEMP_TABLESPACE';
```

执行结果如图 15-5 所示，从运行结果中可以看出当前数据库的默认临时表空间为 TEMP。

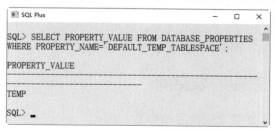

图 15-5　查询当前数据库的默认临时表空间

15.3.4　还原表空间

数据库的还原表空间只能存放数据的还原段，不能存放其他任何对象。一般情况下，还原表空间需要在创建数据库后创建，这也是在实际应用中经常用到的一种创建还原表空间的方式，至于如何创建和维护还原表空间，会在下面的小节中具体讲解，这里不再赘述。

15.4 创建表空间

在一个数据库中，存在有大量的表空间，根据业务需要将用户表或其他对象保存在表空间中，从而根据硬件环境来减少数据库的 I/O，也方便数据空间的维护，本节就来介绍如何创建表空间。

15.4.1 创建表空间的语法规则

使用 CREATE TABLESPACE 语句可以创建表空间，语法规则如下：

```
CREATE TABLESPACE tablespace_name
DATAFILE filename SINE size
[AUTOEXTENO[ON/OFF]]NEXT size
[MAXSIZE size]
[PERMANENT|TEMPORARY]
[EXTENT MANAGEMENT DICTIONARY|LOCAL]
[AUTOALLOCATE|UNIFORM.[SIZE integer[K|M]]]]
```

参数介绍如下。

- tablespace_name：创建表空间的名称。
- DATAFILE filename SINE size：在表空间中存放数据文件的名称和数据文件的大小。
- [AUTOEXTENO[ON/OFF]]NEXT size：指定数据文件的扩展方式，ON 代表自动扩展，OFF 为非自动扩展，NEXT 指定自动扩展的大小。
- [MAXSIZE size]：指定数据文件为自动扩展方式时的最大值。
- [PERMANENT|TEMPORARY]：指定表空间的类型，PERMANENT 表示永久表空间，TEMPORARY 表示临时性表空间。如果不指定表空间的类型，默认为永久性表空间。
- EXTENT MANAGEMENT DICTIONARY|LOCAL：指定表空间的管理方式，DICTIONARY 是指字典管理方式，LOCAL 是指本地的管理方式。默认情况下的管理方式为本地管理方式。

15.4.2 创建本地管理的表空间

本地管理的表空间不能随意更改存储参数，因此，创建过程比较简单。

实例6 创建一个本地管理表空间

创建一个本地管理的表空间，具体参数为：表空间的名称为 MY_SPACE，该表空间只有一个大小为 200MB 的数据文件，区段(EXTENT)管理方式为本地管理(LOCAL)，区段尺寸统一为 2MB。执行语句如下：

```
CREATE TABLESPACE MY_SPACE
```

```
datafile 'd:\userdata\MY_SPACE01.dbf' size 200M,
extent management local
uniform size 2M;
```

执行结果如图 15-6 所示，提示用户表空间已经创建。

图 15-6　创建本地管理的表空间 MY_SPACE

实例 7　查看本地管理表空间的区段管理方式

查看表空间 MY_SPACE 的区段管理方式，执行语句如下：

```
Select tablespace_name,block_size,extent_management,status
   from dba_tablespaces
   where tablespace_name like 'MY_SPACE%';
```

执行结果如图 15-7 所示，从输出结果中可以看出表空间 MY_SPACE 为本地管理，因为其 EXTENT_MAN AGEMENT 为 LOCAL，且默认该表空间一旦创建就是联机状态，因为 STATUS 为 ONLINE。

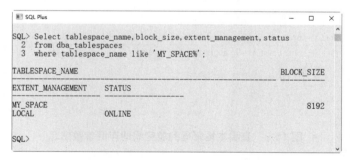

图 15-7　查看表空间 MY_SPACE 的区段管理方式

实例 8　查看本地管理表空间的数据文件信息

查看表空间 MY_SPACE 的数据文件信息，执行语句如下：

```
Select tablespace_name,file_name,status
   from dba_data_files
   where tablespace_name='MY_SPACE';
```

执行结果如图 15-8 所示，从输出结果中可以看出表空间 MY_SPACE 中只有一个数据文件，该文件存储在 D:\USERDATA 目录下，文件名为 MY_SPACE01.DBF。

在创建本地管理的表空间时，并没有使用默认存储参数，只是使用了一个 UNIFORM SIZE 参数，设置统一的区段尺寸，下面来查看一下本地管理的表空间存储参数信息。

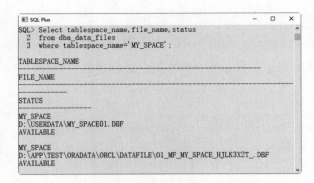

图 15-8　查看表空间 MY_SPACE 的数据文件信息

实例 9　查看本地管理表空间的存储参数信息

查看本地管理表空间 MY_SPACE 的存储参数信息，执行语句如下：

```
Select tablespace_name,
block_size,initial_extent,next_extent,max_extents,pct_increase
   from dba_tablespaces
   where tablespace_name='MY_SPACE';
```

执行结果如图 15-9 所示，从输出结果中可以看出表空间 MY_SPACE 的初始区段大小为 2MB，再次分配区段时，区段大小也为 2MB。

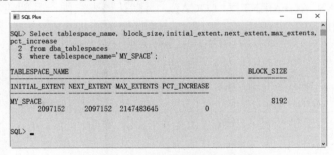

图 15-9　查看本地管理的表空间的存储参数信息

15.4.3　创建还原表空间

还原表空间用于存放还原段，不能存放其他任何对象，在创建还原表空间时，只能使用 DATAFILE 子句和 EXTENT MANAGEMENT 子句。

实例 10　创建还原表空间 UNDO_SPACE

执行语句如下：

```
CREATE UNDO TABLESPACE UNDO_SPACE
   datafile
'd:\userdata\UNDO_SPACE.dbf'
   size 30M;
```

执行结果如图 15-10 所示。

图 15-10　创建还原表空间 UNDO_SPACE

第 15 章　表空间与数据文件

实例 11　查看创建的还原表空间 UNDO_SPACE

查看是否成功创建还原表空间 UNDO_SPACE，执行语句如下：

```
Select tablespace_name,status,contents,logging,extent_management
   from dba_tablespaces;
```

执行结果如图 15-11 所示，从输出结果可以看出，UNDO_SPACE 表空间的状态为联机状态，CONTENTS 为 UNDO，说明它是还原表空间，LOGGING 说明该表空间的变化受重做日志的保护，区段的管理方式为本地管理。

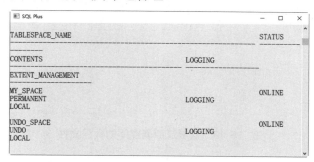

图 15-11　查看是否成功创建还原表空间

实例 12　查看还原表空间 UNDO_SPACE 的存储参数

执行语句如下：

```
Select tablespace_name,
block_size,initial_extent,next_extent,max_extents
   from dba_tablespaces
   where contents='UNDO';
```

执行结果如图 15-12 所示，从输出结果可以看出，当前数据库中有两个还原表空间，其中 UNDOTBS1 是系统创建的，UNDO_SPACE 是用户刚刚创建的，它的默认数据库块尺寸为 8192 字节，初始区段大小为 65536。

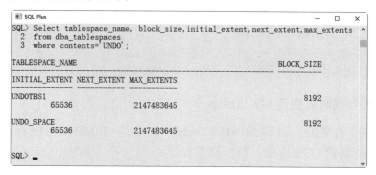

图 15-12　查看还原表空间的存储参数

实例 13　查看还原表空间 UNDO_SPACE 的数据文件

执行语句如下：

```
Select tablespace_name,file_id,file_name,status
```

```
from dba_data_files
where tablespace_name='UNDO_SPACE';
```

执行结果如图 15-13 所示，从输出结果中可以看出还原表空间 UNDO_SPACE 中的数据文件为 D:\USERDATA\UNDO_SPACE.DBF，该文件当前可以使用，因为 STATUS 为 AVAILABLE。

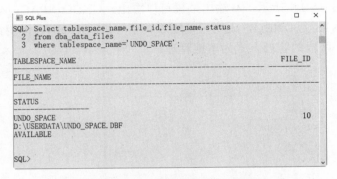

图 15-13　查看还原表空间的数据文件

在用户创建了还原表空间后，如果需要可以把当前数据库正在使用的还原表空间切换到新建立的还原表空间上。

15.4.4　创建临时表空间

在 Oracle 数据库中，临时表空间用于保存用户的会话活动，如用户会话中的排序操作，排序的中间结果需要存储在某个区域，这个区域就是临时表空间，临时表空间的排序段是在实例启动后的第一个排序操作时创建。

如果在创建数据库时没有创建临时表空间，则数据库服务器默认使用 SYSTEM 表空间，显然这样会影响数据库系统的，因为 SYSTEM 表空间中存储了数据字典等数据库系统的一些重要信息。

创建临时表空间的语法格式如下：

```
CREATE TEMPORARY TABLESPACE tablespace_name
TEMPFILE filename SINE size
```

实例 14　创建临时表空间 MY_Temp

创建一个临时表空间，名称为 MY_Temp，大小为 30MB，区段管理方式为本地管理，区段的统一扩展尺寸为 1MB，执行语句如下：

```
CREATE TEMPORARY TABLESPACE MY_Temp
    tempfile 'd:\userdata\MY_Temp01.dbf' SIZE 30M
    extent management local
    uniform size 1M;
```

执行结果如图 15-14 所示，提示用户表空间已创建。

第 15 章 表空间与数据文件

图 15-14 创建临时表空间 MY_Temp

  在创建临时表空间时，需要使用 CREATE TEMPORARY 告诉数据库服务器该表空间是临时表空间，并且表空间中的数据文件必须使用 TEMPFILE 标识它是临时表空间的数据文件。

实例 15 查看创建的临时表空间 MY_Temp

查看是否成功创建临时表空间 MY_Temp，执行语句如下：

```
Select tablespace_name,status,contents,logging
    from dba_tablespaces
    where tablespace_name like 'MY_TEMP%';
```

执行结果如图 15-15 所示，从输出结果可以看到 MY_TEMP 为临时表空间，因为 CONTENTS 为 TEMPORARY，该表空间处于联机状态。

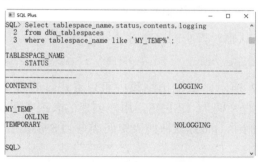

图 15-15 查看是否创建成功

  该表空间为 NOLOGGING，这说明是不需要将临时表空间的变化记录到重做日志文件中的。

实例 16 查看临时表空间 MY_Temp 的数据文件信息

通过数据字典视图来查看数据文件信息，执行语句如下：

```
Col name for a30
Select file#, status,enabled,bytes,block_size,name
    from v$tempfile;
```

执行结果如图 15-16 所示，从输出结果中可以看出临时表空间 MY_Temp 中的数据文件为 D:\USERDATA\MY_TEMP01.DBF，该文件为可读写文件，当前处于联机状态，大小为 30MB。

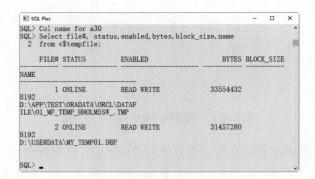

图 15-16　通过数据字典视图来查看数据文件信息

15.4.5　默认临时表空间

默认临时表空间是指一旦该数据库启动，则默认使用该表空间作为临时表空间，用于存放用户会话数据，如排序操作。默认临时表空间可以在创建数据库时创建，此时使用指令 DEFAULT TEMPORARY TABLESPACE，也可以在数据库创建成功后创建，此时需要事先建立一个临时表空间，再使用 ALTER DATABASE DEFAULT TEMPORARY TABLESPACE 指令更改临时表空间。

实例 17　查看当前数据库的默认临时表空间

查看当前数据库的默认临时表空间，执行语句如下：

```
select *from database_properties where property_name like 'DEFAULT%';
```

执行结果如图 15-17 所示，从输出结果中可以看出，当前数据库默认临时表空间是 TESTGROUP，默认永久表空间为 USERS，用户创建的表或索引如果没有指定表空间，则默认存储在 USERS 表空间中，而且默认的表空间类型为 SMALLFILE(小文件类型)。

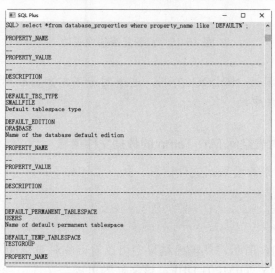

图 15-17　查看当前数据库的默认临时表空间

第 15 章 表空间与数据文件

在数据库中，可能会出现当前的临时表空间不能满足应用需求的情况，这时 DBA 可以创建相应的临时表空间，而后切换为当前使用的临时表空间。

实例 18 切换数据库的临时表空间

切换临时表空间，执行语句如下：

```
Alter database default temporary tablespace my_temp;
```

执行结果如图 15-18 所示，提示用户数据库已更改。
验证是否成功更改默认临时表空间，执行语句如下：

```
select *from database_properties where property_name like 'DEFAULT%';
```

执行结果如图 15-19 所示，此时当前数据库的默认临时表空间为 MY_TEMP。在用户需要时，默认临时表空间可以随时使用指令进行更改，一旦更改，则所有的用户将自动使用更改后的临时表空间作为默认临时表空间。

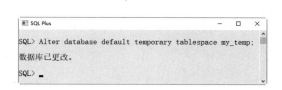

图 15-18　切换临时表空间

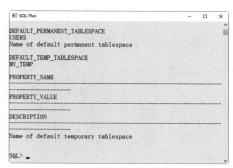

图 15-19　验证是否成功更改默认临时表空间

在管理默认临时表空间时，用户需要注意以下事项。
- 不能删除一个当前使用的默认临时表空间。
- 不能把默认临时表空间的空间类型更改为 PERMANENT，即不能把默认临时表空间更改为一个永久 PERMANENT 表空间。
- 不能把默认临时表空间设置为脱机状态。

15.4.6　创建大文件表空间

创建大文件空间和普通表空间的语法格式非常类似，定义大文件表空间的语法格式如下：

```
CREATE BIGFILE TABLESPACE tablespace_name
DATAFILE filename SIZE size
```

实例 19 创建一个大文件表空间

创建大文件表空间，名称为 MY_BIG，执行语句如下：

```
CREATE BIGFILE TABLESPACE MY_BIG DATAFILE 'mybg.dbf' SIZE 3G;
```

执行结果如图 15-20 所示，提示用户表空间已经创建。

```
SQL> CREATE BIGFILE TABLESPACE MY_BIG DATAFILE 'mybg.dbf' SIZE 3G;
表空间已创建。
SQL>
```

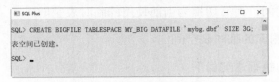

图 15-20　建立大文件表空间 MY_BIG

实例 20　查询大文件表空间的数据文件属性信息

查询大文件表空间的数据文件属性信息，执行语句如下：

```
Select tablespace_name,file_name,bytes/(1024*1024*1024) G
   from dba_data_files;
```

执行结果如图 15-21 所示，从输出结果中可以看到 MY_BIG 的大小为 3GB。

```
TABLESPACE_NAME
------------------------------------------------------------
FILE_NAME
--------------------------------------------------------------------------------
          G
----------

MY_BIG
D:\WINDOWS.X64_193000_DB_HOME\DATABASE\MYBG.DBF
          3

已选择 10 行。

SQL>
```

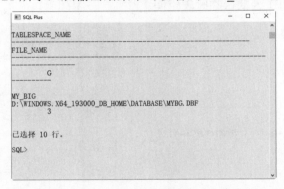

图 15-21　查询大文件表空间的数据文件属性信息

15.5　查看表空间

在对表空间进行管理之前，首先要做的就是查看当前数据库中的表空间，下面介绍查看表空间的方法。

15.5.1　查看默认表空间

在 Oracle 19c 中，默认的表空间有 5 个，分别为 SYSTEM、SYSAUX、UNDOTBS1、TEMP 和 USERS。

实例 21　查询当前登录用户默认表空间的名称

查询当前登录用户默认的表空间的名称，执行语句如下：

```
SELECT TABLESPACE_NAME FROM DBA_
TABLESPACES;
```

执行结果如图 15-22 所示。

```
SQL> SELECT TABLESPACE_NAME FROM DBA_TABLESPACES;

TABLESPACE_NAME
------------------------------------------------------------
SYSTEM
SYSAUX
UNDOTBS1
TEMP
USERS
```

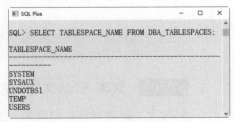

图 15-22　查询当前登录用户默认的表空间的名称

从结果可以看出，默认情况下有 5 个表空间。各个表空间的含义如下。
(1) SYSTEM 表空间：用来存储 SYS 用户的表、视图和存储过程等数据库对象。
(2) SYSAUX 表空间：用于安装 Oracle 12c 数据库使用的实例数据库。
(3) UNDOTBS1 表空间：用于存储撤销信息。
(4) TEMP 表空间：用户存储 SQL 语句处理的表和索引的信息。
(5) USERS 表空间：存储数据库用户创建的数据库对象。

如果要查看某个用户的默认表空间，可以通过 DBA_USERS 数据字典进行查询。例如：查询 SYS、SYSDG、SYSBACKUP、SYSTEM 和 SYSKM 等用户的默认表空间，执行语句如下：

```
SELECT DEFAULT_TABLESPACE,USERNAME FROM DBA_USERS WHERE USERNAME LIKE
'SYS%';
```

执行结果如图 15-23 所示，从结果可以看出，SYSDG、SYSRAC、SYSBACKUP 和 SYSKM 用户的默认表空间是 USERS，SYS、SYSTEM 和 SYS$UMF 用户的默认表空间是 SYSTEM。

如果想要查看表空间的使用情况，可以使用数据字典 DBA_FREE_SPACE。例如：查询 SYSTEM 默认表空间的使用情况，执行语句如下：

```
SELECT * FROM DBA_FREE_SPACE WHERE TABLESPACE_NAME='SYSTEM';
```

执行结果如图 15-24 所示。

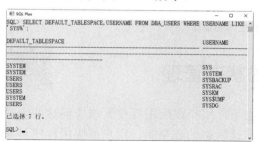

图 15-23　查询用户的默认表空间

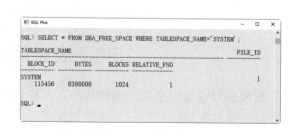

图 15-24　查询 SYSTEM 默认表空间的使用情况

15.5.2　查看临时表空间

使用数据字典 DBA_TEMP_FILES 可以查看临时表空间。

实例 22　查询当前登录用户临时表空间的名称

查询临时表空间的名称，执行语句如下：

```
SELECT TABLESPACE_NAME FROM DBA_TEMP_
FILES;
```

执行结果如图 15-25 所示。

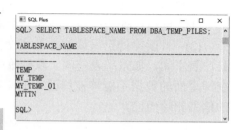

图 15-25　查询临时表空间的名称

15.5.3 查看临时表空间组

通过数据字典 DBA_TABLESPACE_GROUPS，可以查看临时表空间组信息。

实例23 查询当前登录用户临时表空间组的信息

查看临时表空间组信息，执行语句如下：

```
SELECT * FROM DBA_TABLESPACE_GROUPS;
```

执行结果如图 15-26 所示。

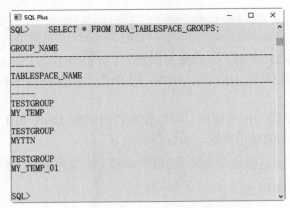

图 15-26　查看临时表空间组信息

15.6　表空间的状态管理

脱机和只读是表空间的两种状态，在脱机状态下，用户或应用程序无法访问这些表空间，此时可以完成一些如脱机备份等操作。处于只读状态的表空间，用户或应用程序可以访问这些表空间，但是无法更改表空间中的数据。

15.6.1 表空间的三种状态

表空间始终处于三种状态，即读写、只读和离线。

(1) 读写：处于读写状态的表空间，可以被正常地访问和写入数据。

(2) 只读：处于只读状态的表空间不能写入，并且不是所有的表空间都可以被设置为只读表空间，如系统表空间、默认临时表空间、UNDO 表空间都不能设置为只读。只读表空间里面的数据不能够被修改，但是表可以删除，因为删除表只是在数据字典里面将相应的信息删除而已。

(3) 离线：处于离线状态的表空间不能被读写，并不是所有的表空间都可以设置为离线状态，如系统表空间、默认临时表空间等，都不能设置为离线。

15.6.2 表空间的脱机管理

表空间的可用状态为两种：联机状态和脱机状态。如果是联机状态，此时用户可以操作表空间；如果是脱机状态，此时表空间是不可用的。

设置表空间的可用状态的语法格式如下：

```
ALTER TABLESPACE tablespace {ONLINE|OFFLINE[NORMAL|TEMPORARY|IMMEDIATE]}
```

其中，ONLINE 表示设置表空间为联机状态；OFFLINE 为脱机状态，包括 NORMAL 为正常状态、TEMPORARY 为临时状态、IMMEDIATE 为立即状态。

实例 24 设置表空间 MY_SPACE 为脱机状态

把表空间 MY_SPACE 设置为脱机状态，执行语句如下：

```
ALTER TABLESPACE MY_SPACE OFFLINE;
```

执行结果如图 15-27 所示。

查看表空间 MY_SPACE 设置的状态，执行语句如下：

```
Select tablespace_name,status,contents,logging
    from dba_tablespaces
    where tablespace_name='MY_SPACE';
```

执行结果如图 15-28 所示，目前表空间 MY_SPACE 为脱机状态。

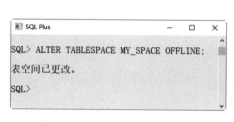

图 15-27 把表空间 MY_SPACE 设置为脱机状态

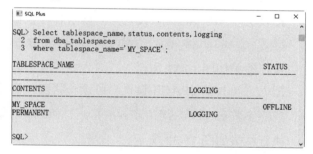

图 15-28 查看表空间 MY_SPACE 设置的状态

如果想恢复表空间 MY_SPACE 为联机状态，可用以下语句：

```
ALTER TABLESPACE MY_SPACE ONLINE;
```

执行结果如图 15-29 所示。

再次查看表空间 MY_SPACE 设置的状态，执行语句如下：

```
Select tablespace_name,status,contents,logging
    from dba_tablespaces
    where tablespace_name='MY_SPACE';
```

执行结果如图 15-30 所示，可以看到表空间的状态又变成了 ONLINE。

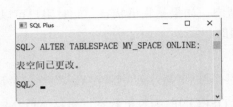

图 15-29 恢复表空间 MY_SPACE 为联机状态

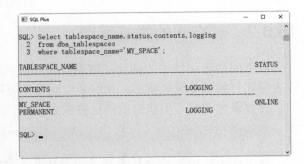

图 15-30 再次查看表空间 MY_SPACE 设置的状态

15.6.3 表空间的只读管理

如果一个表中的数据不会变化，属于静态数据，则可以把相应表空间更改为只读，只读表空间不会产生变化的数据。根据需要，用户可以把表空间设置成只读或者可读写状态。具体的语法格式如下：

```
ALTER TABLESPACE tablespace READ {ONLY|WRITE};
```

其中，ONLY 为只读状态；WRITE 为可读写状态。

实例 25 设置表空间 MY_SPACE 为只读状态

把表空间 MY_SPACE 设置为只读状态，执行语句如下：

```
ALTER TABLESPACE MY_SPACE READ ONLY;
```

执行结果如图 15-31 所示。

把表空间 MY_SPACE 设置为可读写状态，执行语句如下：

```
ALTER TABLESPACE MY_SPACE READ WRITE;
```

执行结果如图 15-32 所示。

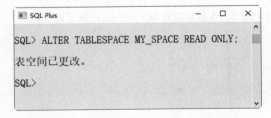

图 15-31 把表空间设置为只读状态

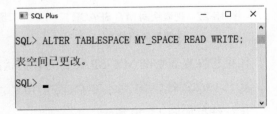

图 15-32 把表空间设置为可读写状态

注意：在设置表空间为只读状态之前，需要保证表空间为联机状态。

15.7 表空间的基本管理

表空间的基本管理涉及到更改表空间的名称、删除表空间等，下面进行详细介绍。

15.7.1 更改表空间的名称

对于已经存在的表空间，可以根据需要更改名称。语法格式如下：

```
ALTER TABLESPACE oldname RENAME TO newname;
```

实例 26　修改表空间 MY_SPACE 的名称

把表空间 MY_SPACE 的名称更改为 MY_TABLESPACE，执行语句如下：

```
ALTER TABLESPACE MY_SPACE RENAME TO MY_TABLESPACE;
```

执行结果如图 15-33 所示。

验证表空间的名称是否更改成功，执行语句如下：

```
Select tablespace_name from dba_tablespaces where tablespace_name like 'MY_TABLE%';
```

执行结果如图 15-34 所示，从输出结果可以看出当前表空间的名称为 MY_TABLESPACE。

图 15-33　更改表空间的名称

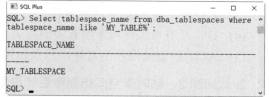

图 15-34　验证表空间的名称是否更改成功

　　并不是所有的表空间都可以更改名称，系统自动创建的不可更名，例如 SYSTEM 和 SYSAUX 等，另外表空间必须是联机状态才可以重命名。

15.7.2 删除表空间

删除表空间的方式有两种，包括使用本地管理方式和使用数据字典的方式。相比而言，使用本地方式删除表空间的速度更快些，所以在删除表空间前，可以先把表空间的管理方式修改为本地管理，然后再删除表空间。

删除表空间的语法格式如下：

```
DROP TABLESPACE tablespace_name [INCLUDING CONTENTS] [CASCADE CONSTRAINTS];
```

其中，[INCLUDING CONTENTS]表示在删除表空间时把表空间文件也删除；[CASCADE CONSTRAINTS]表示在删除表空间时把表空间中的完整性也删除。

实例27 删除表空间 MY_TABLESPACE

删除表空间 MY_TABLESPACE，执行语句如下：

```
DROP TABLESPACE MY_TABLESPACE INCLUDING CONTENTS;
```

执行结果如图 15-35 所示，提示用户表空间已经删除。

图 15-35　删除表空间

15.8　就业面试问题解答

面试问题 1：数据字典是什么？有什么用？有没有命名规则？

数据字典是 Oracle 存放关于数据库内部信息的地方，其用途是用来描述数据库内部的运行和管理情况。比如：一个数据表的所有者、创建时间、所属表空间、用户访问权限等信息。

数据字典的命名规则如下。

(1) DBA_：包含数据库实例的所有对象信息。
(2) V$_：当前实例的动态视图，包含系统管理和系统优化等所使用的视图。
(3) USER_：记录用户的对象信息。
(4) GV_：分布式环境下所有实例的动态视图，包含系统管理和系统优化使用的视图。
(5) ALL_：记录用户的对象信息及被授权访问的对象信息。

面试问题 2：临时表空间组删除后能恢复吗？

临时表空间组删除后不能恢复，所以在执行删除操作时必须慎重。删除临时表空间组后，临时表空间组中的文件并没有删除，因此，如果要彻底删除临时表空间组，需要先把临时表空间组中的临时表空间移除。

15.9　上机练练手

上机练习 1：管理表空间

(1) 创建一个表空间，名称为 MYTEM，表空间数据文件为 MYTEM.DBF，大小为 100MB。
(2) 把表空间 MYTEM 设置为脱机状态，脱机状态为临时状态。
(3) 把表空间 MYTEM 设置为联机状态。
(4) 把表空间 MYTEM 设置为只读状态。
(5) 把表空间 MYTEM 设置为可读写状态。
(6) 把表空间 MYTEM 的名称更改为 MYTEMNEW。

(7) 删除表空间 MYTEM。
(8) 建立大文件空间，名称为 MYBG，数据文件为 mybg.dbf 且大小为 3GB。

上机练习 2：管理临时表空间

(1) 创建一个临时表空间，名称为 MYTT，大小为 30MB。
(2) 把表空间 MYTEM 修改为临时表空间。
(3) 查询临时表空间的名称。
(4) 创建一个临时表空间组，名称为 TESTGROUP，大小为 20MB。
(5) 将临时表空间 MYTT 移到临时表空间组 TESTGROUP 中。
(6) 查看临时表空间组信息。
(7) 删除临时表空间组 TESTGROUP。

第 16 章

数据的导入与导出

  Oracle 数据库提供了完备的数据库备份恢复方法以及工具，数据库备份是数据库管理员一项十分重要的任务，使用备份的数据库文件可以在数据库出现人为或设备故障时迅速地恢复数据，保证数据库系统对外提供持续、一致的数据库服务。本章就来介绍 Oracle 数据的备份与还原。

16.1 数据的备份与还原

备份是数据库的一个副本，具体内容包括数据文件、控制文件等，通过备份数据库可以有效地防止不可预测的数据丢失或应用程序错误造成的数据丢失，通过备份有效还原数据。

16.1.1 物理备份数据

物理备份是指将数据库文件，如数据文件、控制文件以及日志文件等，复制到指定目录作为数据文件备份的方式，采用物理备份时无论数据库文件中是否有数据，都会复制整个数据文件，显然物理备份会增加备份的存储空间，需要数据库管理员事先查看数据库文件的大小，再使用合理的存储空间来备份数据。

实现物理备份的方式为：使用操作系统中的备份与还原工具来管理数据文件，如图 16-1 所示为 Windows 10 操作系统的备份工作界面，在这里选择需要备份的 test 数据库以及数据文件，按照备份步骤进备份数据库文件即可。到需要还原数据库文件时，选择备份文件即可还原数据库。

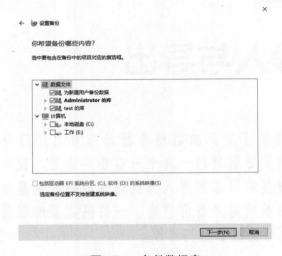

图 16-1 备份数据库

16.1.2 数据冷热备份

冷与热是对数据库运行状态的形象描述，下面介绍 Oracle 数据库的冷备份与热备份。

1. 数据的冷备份

冷备份发生在数据库已经正常关闭的情况下，当正常关闭时会提供给用户一个完整的数据库。这样就可以把数据库拷贝到另外一个位置，这是一个物理备份的方法，对 Oracle 数据库而言，冷备份是最快和最安全的方法。

第 16 章 数据的导入与导出

冷备份具有以下优点。
- 是非常快速的备份方法(只需拷文件)。
- 容易归档(简单拷贝即可)。
- 容易恢复到某个时间点上(只需将文件再拷贝回去)。
- 能与归档方法相结合，做数据库"最佳状态"的恢复。
- 低度维护，高度安全。

但是，冷备份也有以下不足之处。
- 单独使用时，只能提供到"某一时间点上"的恢复。
- 在实施备份的全过程中，数据库必须是关闭状态。
- 若磁盘空间有限，只能拷贝到磁带等其他外部存储设备上，速度会很慢。
- 不能按表或按用户恢复。

冷备份中必须拷贝的文件包括以下几个。
- 所有数据文件。
- 所有控制文件。
- 所有联机 REDO LOG 文件。
- init.ora 文件(可选)。

注意　使用冷备份必须在数据库关闭的情况下进行，当数据库处于打开状态时，执行数据库文件系统备份是无效的。

实例 1　冷备份当前数据库

首先正常关闭数据库，使用以下 3 行命令之一即可：

```
shutdown immediate;
shutdown transactional
shutdown normal
```

执行结果如图 16-2 所示，提示用户数据库已关闭。

接着通过操作系统命令或者手动拷贝文件到指定位置，此时需要较大的介质存储空间。最后重启 Oracle 数据库，执行命令如下：

```
sql>startup;
```

执行结果如图 16-3 所示。

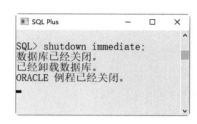

图 16-2　关闭数据库

图 16-3　启动数据库

2. 数据的热备份

热备份是在数据库运行的情况下，采用 archivelog 方式备份数据库的方法。热备份要求数据库在 archivelog 方式下操作，并需要大量的档案空间。一旦数据库运行在 archivelog 状态下，就可以做备份了。热备份的命令文件由三个部分组成。

(1) 数据文件一个表空间一个表空间地备份，包括以下内容。
- 设置表空间为备份状态。
- 备份表空间的数据文件。
- 恢复表空间为正常状态。

(2) 备份归档 log 文件，包括以下内容。
- 临时停止归档进程。
- 在 archive redo log 目标目录中的文件。
- 重新启动 archive 进程。
- 备份归档的 redo log 文件。

(3) 用 alter database bachup controlfile 命令来备份控制文件。

热备份具有以下优点。
- 可在表空间或数据库文件级备份，备份的时间短。
- 备份时数据库仍可使用。
- 可达到秒级恢复(恢复到某一时间点上)。
- 可对几乎所有数据库实体做恢复。
- 恢复是快速的。

热备份具有以下不足之处。
- 不能出错，否则后果严重。
- 若热备份不成功，所得结果将不可用于时间点的恢复。
- 维护困难，所以要特别仔细小心，不允许"以失败告终"。

下面介绍数据热备份的方法。热备份也称为联机备份，需要在数据库的归档模式下进行备份。

实例2 查看数据库中日志的状态

查看数据库中日志的状态。执行语句如下：

```
archive log list;
```

执行结果如图 16-4 所示，从结果可以看出，目前数据库的日志模式是不归档模式，同时自动模式也是已禁用的。

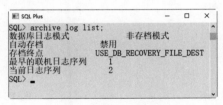

图 16-4 查看数据库中日志的状态

第 16 章 数据的导入与导出

实例 3 设置数据库日志模式为归档模式

设置数据库日志模式为归档模式，首先修改系统的日志方式为归档模式，执行语句如下：

```
alter system set log_archive_start=true scope=spfile;
```

执行结果如图 16-5 所示，提示用户系统已更改。

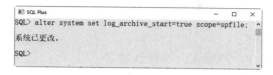

图 16-5 修改系统的日志方式为归档模式

接着关闭数据库，执行语句如下：

```
shutdown immediate;
```

执行结果如图 16-6 所示，提示用户数据库已关闭。

下面启动 mount 实例，但是不启动数据库，执行语句如下：

```
startup mount;
```

执行结果如图 16-7 所示，提示用户 Oracle 实例已启动。

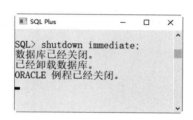

图 16-6 关闭数据库

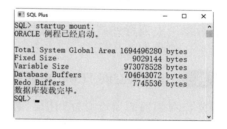

图 16-7 启动 mount 实例

最后更改数据库为归档模式，执行语句如下：

```
alter database archivelog;
```

执行结果如图 16-8 所示，提示用户数据库已更改。

设置完成后，再次查询当前数据库的归档模式，执行语句如下：

```
archive log list;
```

执行结果如图 16-9 所示，从结果可以看出，当前日志模式已经修改为归档模式，并且自动存档已经启动。

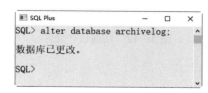

图 16-8 更改数据库为归档模式

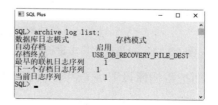

图 16-9 查询当前数据库的归档模式

把数据库设置成归档模式后，就可以进行数据库的备份与恢复操作。

实例 4 热备份表空间 TEMP

备份表空间 TEMP。首先将数据库的状态设置为打开状态，改变数据库的状态为 open，执行语句如下：

```
alter database open;
```

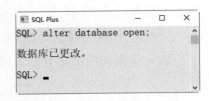

图 16-10 改变数据库的状态为 open

执行结果如图 16-10 所示。

接着备份表空间 TEMP，开始备份的命令如下：

```
alter tablespace TEMP begin backup;
```

下面打开数据库中的 oradata 文件夹，把文件复制到磁盘中的另外一个文件夹或其他磁盘上。

最后，结束备份命令：

```
alter tablespace TEMP end backup;
```

至此，就完成了数据的热备份。

16.1.3 数据的还原

当数据丢失或意外破坏时，可以通过还原已经备份的数据尽量减少数据的丢失，下面介绍数据还原的方法。

实例 5 恢复表空间 TEMP 中的数据文件

首先，对当前的日志进行归档，执行语句如下：

```
alter system archive log current;
```

执行结果如图 16-11 所示，提示用户系统已更改。

接着，切换日志文件，一般情况下，一个数据库中包含 3 个日志文件，所以需要使用 3 次下面的语句来切换日志文件，执行语句如下：

```
alter system switch logfile;
```

执行结果如图 16-12 所示，提示用户系统已更改。

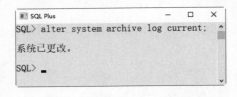

图 16-11 对当前的日志进行归档

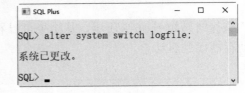

图 16-12 切换日志文件

下面把数据库设置成 OPEN 状态，执行语句如下：

```
alter database open;
```

执行结果如图 16-13 所示。

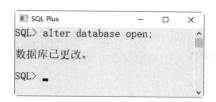

图 16-13 设置数据库为 OPEN 状态

最后，恢复表空间 TEMP 的数据文件，执行语句如下：

```
recover datafile 2;
```

这里的编号 2 是数据文件的编号。

数据恢复完成后，设置数据文件为联机状态，执行语句如下：

```
alter database datafile 2 online;
```

至此，数据文件的恢复完成。

注意

在恢复数据库中的数据时，把数据库文件设置成脱机状态后，就需要把之前备份好的数据复制到原来的数据文件存放的位置，否则会提示错误。

16.2 数据表的导出和导入

将数据导出也是保护数据安全的一种方法，Oracle 数据库中的数据表可以导出，同样这些导出文件也可以导入到 Oracle 数据库中。

16.2.1 使用 EXP 工具导出数据

使用 EXP 工具可以导出数据，在 DOS 窗口下，输入以下语句，然后根据提示即可导出数据。

```
C:\> EXP username/password
```

其中，username 为登录数据库的用户名；password 为用户密码。注意这里的用户不能为 SYS。

实例 6 导出数据表 fruits

导出数据表 fruits，执行代码如下：

```
C:\> EXP scott/ Pass2020 file=f: \mytest.dmp tables=fruits;
```

这里指出了导出文件的名称和路径，然后指出导出表的名称。如果要导出多个表，可以在各个表之间用逗号隔开即可。

导出表空间和导出表不同，导出表空间的用户必须是数据库的管理员角色。导出表空间的命令如下：

```
C:\> EXP username/password FILE=filename.dmp TABLESPACES=tablespaces_name
```

其中，参数 username/password 表示具有数据库管理员权限的用户名和密码；filename.dmp 表示存放备份的表空间的数据文件；tablespaces_name 表示要备份的表空间名称。

实例 7　导出表空间 TEMP

导出表空间 TEMP，执行代码如下：

```
C:\> EXP scott/ Pass2020 file=f: \mytest01.dmp  TABLESPACES=TEMP
```

16.2.2　使用 EXPDP 导出数据

EXPDP 是从 Oracle 10g 开始提供的导入导出工具，使用该工具可以实现数据库之间或者数据库与操作系统之间的数据传输。下面介绍使用 EXPDP 导出数据的过程。

1. 创建目录对象

使用 EXPDP 工具之前，必须创建目录对象，具体的语法规则如下：

```
SQL> CREATE DIRECTORY directory_name AS 'file_name';
```

其中参数 directory_name 为创建目录的名称；file_name 表示存放数据的文件夹名。

实例 8　创建目录对象 MYDIR

创建目录对象 MYDIR，执行语句如下：

```
CREATE DIRECTORY MYDIR AS 'DIRMP';
```

执行结果如图 16-14 所示，提示用户目录已创建。

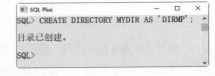

图 16-14　创建目录对象 MYDIR

2. 给使用目录的用户赋权限

新创建的目录对象不是所有用户都可以使用，只有拥有该目录权限的用户才可以使用。假设备份数据库的用户是 SCOTT，那么赋予权限的具体语法如下：

```
SQL> GRANT READ,WRITE ON DIRECTORY directory_name TO SCOTT;
```

其中，参数 directory_name 表示目录的名称。

实例 9　将目录对象 MYDIR 权限赋予 SCOTT

将目录对象 MYDIR 权限赋予 SCOTT 用户，执行代码如下：

```
SQL> GRANT READ,WRITE ON DIRECTORY MYDIR TO SCOTT;
```

执行结果如图 16-15 所示，提示用户授权成功。

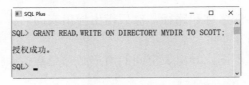

图 16-15　将目录对象 MYDIR 权限赋予 SCOTT

3. 导出指定的表

创建完目录后,即可使用 EXPDP 工具导出数据,操作也是在 DOS 的命令窗口中完成。指定备份表的语法格式如下:

```
C:\> EXP username/password DIRECTORY= directory_name DUMPFILE= file_name TABLE=table_name;
```

其中,参数 directory_name 表示存放导出数据的目录名称;file_name 表示导出数据存放的文件名;table_name 表示准备导出的表名,如果导出多个表,可以用逗号隔开即可。

实例 10 导出数据表 fruits

导出数据表 fruits,执行语句如下:

```
C:\> EXP scott / Pass2020 DIRECTORY= MYDIR DUMPFILE=mytemp.dmp TABLE=fruits;
```

16.2.3 使用 IMP 导入数据

逻辑导入数据和导出数据是逆过程,使用 EXP 导出的数据,可以使用 IMP 导入数据。

实例 11 使用 EXP 导出数据表 fruits

使用 EXP 导出 fruits 表,执行语句如下:

```
C:\> EXP scott/Pass2020 file=f:\mytest2.dmp tables=fruits;
```

实例 12 使用 IMP 导入数据表 fruits

使用 IMP 导入 fruits 表,执行语句如下:

```
C:\> IMP scott/Pass2020 file= mytest2.dmp tables=fruits;
```

16.2.4 使用 IMPDP 导入数据

使用 EXPDP 导出数据后,可以使用 IMPDP 将数据导入。

实例 13 使用 IMPDP 导入数据表 fruits

使用 IMPDP 导入 fruits 表,执行语句如下:

```
C:\>IMPDP scott/Pass2020 DIRECTORY= MYDIR DUMPFILE=mytemp.dmp TABLE=fruits;
```

如果数据库中的 fruits 表已经存在,此时会报错,解决方式是在上面的代码后加上:ignore=y 即可。

16.3 就业面试问题解答

面试问题 1:如何把数据导出到磁盘上?

Oracle 的导出工具 EXP 支持把数据直接备份到磁带上,这样可以减少把数据备份到本地磁盘，然后再备份到磁带上的中间环节。命令如下：

```
EXP scott/Pass2020 file=/dev/rmt0 tables= fruits;
```

其中，参数 file 指定的就是磁带的设备名。

面试问题 2：如何判断数据导出是否成功？

在做导出操作时，无论是否成功，都会有提示信息。常见信息的含义如下。

1. 导出成功，没有任何错误，将会提示如下信息：

```
Export terminated successfully without warnings
```

2. 导出完成，但是某些对象有问题，将会提示如下信息：

```
Export terminated successfully with warnings
```

3. 导出失败，将会提示如下信息：

```
Export terminated unsuccessfully
```

16.4 上机练练手

上机练习 1：备份数据库中的数据表或其他数据

(1) 使用 EXP 工具导出数据表 suppliers。
(2) 使用 EXP 工具导出表空间 TEMP。
(3) 使用 EXPDP 工具导出数据表 fruits。

上机练习 2：还原数据库中的数据表或其他数据

(1) 使用 IMP 导入数据表 suppliers。
(2) 使用 IMPDP 导入数据表 fruits。
(3) 恢复表空间 TEMP 中的数据文件。

第 17 章

开发学生题库管理系统

随着编程技术的发展，教育行业在信息化的大潮下也发生着巨大的变化，从学生信息管理到在线考试再到在线教育，都在不断地刷新着人们的学习习惯。本章就来设计一个小学生题库管理系统，进而深入学习 Java+Oracle 在开发项目中的技能。

17.1 系统分析

学生题库管理系统，以对学生知识点、错题进行管理为目标，旨在让老师和学生方便地总结对科目各知识点的掌握情况，进行针对性学习。

17.1.1 系统总体设计

这里的题库系统在基础功能上分为科目管理、用户管理、题库管理、错题分析报表、错题重练。如图 17-1 所示是题库系统设计功能图。

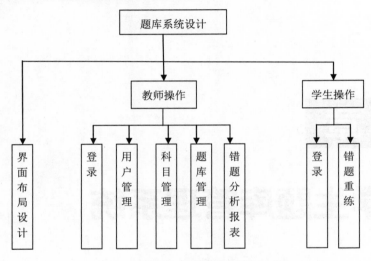

图 17-1 题库系统总体设计功能图

17.1.2 系统界面设计

在业务操作类型系统界面设计过程中，一般使用单色调，同时考虑使用习惯，不能对系统使用产生影响，要以同行业特点为依据，用户习惯为基础。基于以上考虑，题库系统设计界面如图 17-2 所示，管理中心界面如图 17-3 所示。

图 17-2 登录界面　　　　　　　　图 17-3 管理中心界面

17.2 案例运行及配置

本节将系统学习案例开发及运行所需环境，案例系统配置和运行方法，项目开发及导入步骤等知识。

17.2.1 开发及运行环境

本系统软件开发环境如下。

1. 微软 Windows 10 64 位

所用操作系统为微软 Windows 10，系统类型为 64 位操作系统。32 位与 64 位在功能上并无区别，但要与操作系统的系统类型保持一致。

2. JDK

JDK 是 Java 语言的软件开发工具包，主要用于移动设备、嵌入式设备上的 Java 应用程序。JDK 是整个 Java 开发的核心，它包含了 Java 的运行环境(JVM+Java 系统类库)和 Java 工具。

3. Tomcat 10.0

Tomcat 服务器是一个免费的开放源代码的 Web 应用服务器，属于轻量级应用服务器，在中小型系统和并发访问用户不是很多的场合下被普遍使用，是开发和调试 JSP 程序的首选。

4. Eclipse IDE

Eclipse IDE 是一款功能强大的企业级集成开发环境，主要用于 Java、Java EE 以及移动应用的开发。Eclipse IDE 的功能非常强大，支持也十分广泛，尤其是对各种开源产品的支持相当不错。

5. Oracle 19c

Oracle Database，简称 Oracle。这是甲骨文公司的一款关系数据库管理系统，在数据库领域一直处于领先地位。

6. SQL Developer

SQL Developer 是一款数据库管理工具，是一个可多重连线资料库的管理工具，它可以让用户同时连线到 MySQL、SQLite、Oracle 及 PostgreSQL 资料库，让管理不同类型的资料库更加方便。

17.2.2 配置项目开发环境

首先大家要学会如何配置运行环境，下面简述案例配置环境的操作步骤。

01 安装 Tomcat 10.0 版本，该目录为 C:\tomcat。把素材中的 SchoolChildSystem 文件夹拷贝到 C:\tomcat\webapps 中，如图 17-4 所示。

02 运行 Tomcat，进入目录 C:\tomcat\bin，运行 startup.bat 文件，即可启动 Tomcat，如图 17-5 所示。

图 17-4　拷贝素材文件到本地硬盘　　　　图 17-5　正确运行 Tomcat

03 安装 Oracle 数据库，版本为 Oracle 19c，然后安装 SQL Developer 数据库管理工具，在 Oracle SQL Developer 窗口中，单击【连接】窗格中的下拉按钮，在弹出的下拉菜单中选择【新建数据库连接】命令，如图 17-6 所示。

04 打开【新建/选择数据库连接】对话框，输入连接名"OracleConnect"，设置【验证类型】为【默认值】，并设置用户名与密码，设置【角色】为 SYSDBA，设置【连接类型】为【基本】，设置【主机名】为 localhost、【端口】为 1521、SID 为 orcl，如图 17-7 所示。

图 17-6　选择【新建数据库连接】命令　　　图 17-7　【新建/选择数据库连接】对话框

05 单击【连接】按钮，打开【连接信息】对话框，在其中输入用户名与密码，如图 17-8 所示。

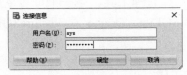

图 17-8　【连接信息】对话框

06 单击【确定】按钮，即可打开 SQL Developer 主界面，在该界面中输入 SQL 命令，即可进行相关数据库文件的操作，如图 17-9 所示。

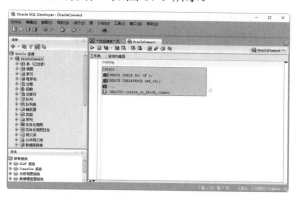

图 17-9　连接数据库后的 SQL Developer 主界面

07　创建普通用户 ILANNI，在 SQL Developer 工作界面中输入如图 17-10 所示的代码，单击【运行语句】按钮，即可完成用户的创建。

08　为用户 ILANNI 赋予权限，在 SQL Developer 工作界面中输入如图 17-11 所示的代码，单击【运行语句】按钮，即可完成用户权限的赋予操作。

图 17-10　创建用户 ILANNI

图 17-11　为用户 ILANNI 赋权限

17.2.3　导入项目到开发环境中

将项目导入到开发环境中，为项目的开发做准备。具体操作步骤如下。

01　启动 Eclipse IDE 开发工具，如图 17-12 所示。

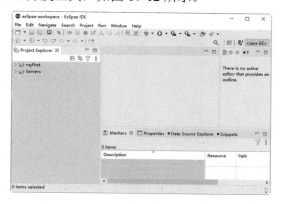

图 17-12　Eclipse IDE 工作界面

02 在菜单栏中执行 File→Import 命令，在打开的 Import 对话框中，选择 Existing Projects into Workspace 选项，如图 17-13 所示。

03 单击 Next 按钮，在 Import Projects 选项组中，单击 Select root directory 单选按钮右边的 Browse 按钮，在打开的【选择文件夹】对话框中依次选择项目源码根目录，本例选择 C:\tomcat\webapps\SchoolChildSystem 目录，如图 17-14 所示。

图 17-13　选择项目工作区　　　　　　图 17-14　选择文件夹

04 单击【选择文件夹】按钮，确认选择，完成项目源码根目录的选择后，单击 Finish 按钮，完成项目的导入操作，如图 17-15 所示。

05 在 Eclipse IDE 项目现有包资源管理器中，可发现和展开 SchoolChildSystem 项目包资源管理器，如图 17-16 所示。

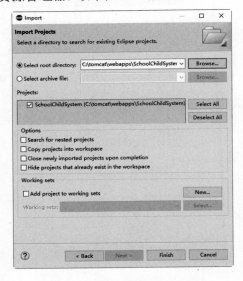

图 17-15　选择项目源码根目录　　　　　图 17-16　项目包资源管理器

06 打开浏览器，在地址栏中输入访问地址：http://localhost:8080/login.jsp。在登录提示框中输入用户名 aaa，密码为 123，单击【登录】按钮，便可进入【小学生题库管理中心】主界面，如图 17-17 所示。

图 17-17 【小学生题库管理中心】登录界面

17.3 系统主要功能实现

本节通过对小学生题库管理系统功能的实现方法分析和探讨，引领大家学习如何使用 Java 和 Oracle 进行教育行业项目的开发。

17.3.1 数据表设计

小学生题库管理系统是学校管理信息系统的一部分，数据库是其基础组成部分，系统的数据库是由基本功能需求制定的。

1. 数据库分析

根据本系统的实际情况，系统采用了一个数据库，数据库的名称为 ORCL。整个数据库包含了系统几大模块的所有数据信息。总共有 6 张表，如表 17-1 所示，使用 Oracle 数据库进行数据存储管理。

表 17-1 ORCL 数据库表名称

表 名 称	说　明
USERINFO	用户信息表
SUB	科目表
ROLES	角色表
RFCEN	关联表
QUESTIONS	问题采集表
FUNINFO	题目难度系数表

2. 创建数据表

在已创建的数据库 ORCL 中创建 6 个数据表，这里列出创建用户信息表的 SQL 语句：

```
DROP TABLE "ILANNI"."USERINFO";
CREATE TABLE "ILANNI"."USERINFO" (
"ID" NUMBER(5) NOT NULL ,
"USERNAME" VARCHAR2(50 BYTE) NULL ,
```

```
"PWD" VARCHAR2(16 BYTE) NULL ,
"REALNAME" VARCHAR2(50 BYTE) NULL ,
"R_ID" NUMBER(5) NULL ,
"IMG" VARCHAR2(200 BYTE) NULL
)
```

为了避免重复创建,在创建表之前先使用 DROP 进行表删除。由于篇幅所限,这里我们给出数据表的结构。

(1) 用户信息表

业务用户表用于存储用户信息资料,表名为 USERINFO,结构如表 17-2 所示。

表 17-2 USERINFO 表

字段名称	字段类型	说 明	备 注
ID	NUMBER(5)	唯一标识符	NOT NULL
USERNAME	VARCHAR2(50 BYTE)	用户名	NOT NULL
PWD	VARCHAR2(16 BYTE)	用户密码	NULL
REALNAME	VARCHAR2(50 BYTE)	真实姓名	NULL
R_ID	NUMBER(5)	角色 id	NULL
IMG	VARCHAR2(200 BYTE)	用户头像	NULL

(2) 科目表

科目表用于存储课程信息,表名为 SUB,结构如表 17-3 所示。

表 17-3 SUB 表

字段名称	字段类型	说 明	备 注
S_ID	NUMBER(5)	唯一标识符	NOT NULL
SUBNAME	VARCHAR2(50 BYTE)	科目名称	NOT NULL
REMARK	VARCHAR2(200 BYTE)	备注	NULL

(3) 用户角色表

用户角色表用来存储用户角色信息,表名为 ROLES,结构如表 17-4 所示。

表 17-4 ROLES 表

字段名称	字段类型	说 明	备 注
R_ID	NUMBER(5)	唯一标识符	NOT NULL
ROLENAME	VARCHAR2(100 BYTE)	角色名称	NOT NULL
REMARK	VARCHAR2(200 BYTE)	备注	NULL

(4) 关联表

关联表用来存储用户角色和题目难度系数关系,表名为 RFCEN,结构如表 17-5 所示。

表 17-5　RFCEN 表

字段名称	字段类型	说　明	备　注
RFID	NUMBER(5)	唯一标识符	NOT NULL
R_ID	NUMBER(5)	角色表主键	NOT NULL
FUNID	NUMBER(5)	难度系数表主键	NULL

(5) 问题采集表

问题采集表用于存储问题信息，表名为 QUESTIONS，结构如表 17-6 所示。

表 17-6　QUESTIONS 表

字段名称	字段类型	说　明	备　注
T_ID	NUMBER(5)	唯一标识符	NOT NULL
TITLE	VARCHAR2(2000 BYTE)	标题	NOT NULL
S_ID	NUMBER(5)	所属科目	NOT NULL
T_CLASS	VARCHAR2(20 BYTE)	题型	NOT NULL
DEEP	VARCHAR2(20 BYTE)	难度	NOT NULL
ROOT	VARCHAR2(200 BYTE)	来源	NOT NULL
CET	VARCHAR2(4000 BYTE)	问题内容	NOT NULL
ANSWER	VARCHAR2(4000 BYTE)	问题答案	NOT NULL

(6) 题目难度系数表

题目难度系数表存储题目与难度直接的关系，表名为 FUNINFO，结构如表 17-7 所示。

表 17-7　FUNINFO 表

字段名称	字段类型	说　明	备　注
FUNID	NUMBER(5)	唯一标识符	NOT NULL
FUNNAME	VARCHAR2(200 BYTE)	难度系数名	NOT NULL
FUNURL	VARCHAR2(200 BYTE)	题目链接	NOT NULL
FORBIDDEN	NUMBER(1)	是否允许修改	NOT NULL

17.3.2　实体类创建

实体类是用于对必须存储的信息和相关行为建模的类。实体对象(实体类的实例)用于保存和更新一些现象的有关信息。实体类通常都是永久性的，它们所具有的属性和关系是长期需要的，有时甚至在系统的整个生存期都需要。根据面向对象编程的思想，我们要先创建数据实体类，这些实体类与数据表设计相对应，都放在包 entity 中，比如用户实体类 User，代码如下：

```
package cn.CITCfy.ssm.entity;
```

```java
public class User {
    private Integer id;           //用户id
    private String userName;      //账号
    private String pwd;           //密码
    private String realName;      //真实姓名
    private Integer r_id;         //角色id
    private String img;           //头像
    /**
     * 多对一
     * @return
     */
    private Role role;
    public Integer getId() {
        return id;
    }
    public void setId(Integer id) {
        this.id = id;
    }
    public String getUserName() {
        return userName;
    }
    public void setUserName(String userName) {
        this.userName = userName;
    }
    public String getPwd() {
        return pwd;
    }
    public void setPwd(String pwd) {
        this.pwd = pwd;
    }
    public String getRealName() {
        return realName;
    }
    public void setRealName(String realName) {
        this.realName = realName;
    }
    public Integer getR_id() {
        return r_id;
    }
    public void setR_id(Integer r_id) {
        this.r_id = r_id;
    }
    public String getImg() {
        return img;
    }
    public void setImg(String img) {
        this.img = img;
    }
    public Role getRole() {
        return role;
    }
    public void setRole(Role role) {
        this.role = role;
    }
    }
}
```

这里取值与赋值进行了分开定义，当然也可以在一个里面实现。

17.3.3 数据库访问类

数据库访问使用 Dao 包，用来操作数据库驱动、连接、关闭等数据库操作方法，这些方法包括不同数据表的操作方法。在数据库访问层，实现数据库对数据库的增、删、改、查操作，进行 2 层封装设计，先抽象出操作类规范操作，再通过接口进行继承来具体实现，抽象操作 BaseDao.java 的实现代码如下：

```java
public interface BaseDao<T> {
    public int save(T entity);              //插入，用实体作为参数
    public int deleteById(Serializable id);
    //按 id 删除，删除一条；支持整数型和字符串类型 ID
    public void deletePart(Serializable[] ids);
    //批量删除；支持整数型和字符串类型 ID
    public T get(Serializable id);          //只查询一个，常用于修改
    public int update(T entity);            //修改，用实体作为参数
    public List<T> getAll(Map map);         //分页
    public int getCount(Map map);           //分页记录数
}
```

实现层 BaseDaoImpl.java 的代码如下：

```java
public class BaseDaoImpl<T> extends SqlSessionDaoSupport implements BaseDao<T> {
    @Autowired
    public void setSqlSessionFactory(SqlSessionFactory sqlSessionFactory){
        super.setSqlSessionFactory(sqlSessionFactory);
    }
    //命名空间
    private String nameSpace;

    public String getNameSpace() {
        return nameSpace;
    }
    public void setNameSpace(String nameSpace) {
        this.nameSpace = nameSpace;
    }
    //主要业务
    //增
    public int save(T entity) {
        int num=0;
        num=this.getSqlSession().insert(nameSpace+".save",entity);
        return num;
    }
    //删一个
    public int deleteById(Serializable id) {
        int num=0;
        num=this.getSqlSession().delete(nameSpace+".deleteById",id);
        return num;
    }
    //批量删
```

```java
    public void deletePart(Serializable[] ids) {
        this.getSqlSession().delete(nameSpace+".deletePart",ids);
    }

    //获得一个对象
    public T get(Serializable id) {
        return this.getSqlSession().selectOne(nameSpace+".get", id);
    }

    //改
    public int update(T entity) {
        int num=0;
        num=this.getSqlSession().update(nameSpace+".update",entity);
        return num;
    }

    //分页
    public List<T> getAll(Map map) {
        List<T> list=null;
        list=this.getSqlSession().selectList(nameSpace+".getAll",map);
        return list;
    }

    public int getCount(Map map) {
        int num=0;
        num=this.getSqlSession().selectOne(nameSpace+".getCount",map);
        return num;
    }
}
```

上面的 BaseDao.java 定义了一个公共访问操作抽象类，BaseDaoImp.java 定义了一个公共数据访问的实现类，系统中还有其他数据访问类实现，这里不再重复。

17.3.4　控制器实现

控制器使用 Action 包，系统根据操作的主要过程，定义了三个控制器，分别是错题控制器(QuestionController.java)、课程控制器(SubController.java)和用户控制器(UserController.java)，UserController.java 实现代码如下：

```java
public class UserController {

    @Resource
    private UserService userService;

    /**
     * 用户登录
     * @throws IOException
     * @throws ServletException
     */
    @RequestMapping("/login.action")
    public String login(User us,Model md,HttpServletRequest request)
```

```java
        throws ServletException, IOException{

        //获取对象账户
        User user = userService.getUser(us.getUserName());

        //登录验证 (账户--密码)
        if(user!=null){
            //账户 密码正确 跳转首页
            if(user.getPwd().equals(us.getPwd())){
                request.getSession().setAttribute("user",user);
request.getSession().setAttribute("img",user.getImg());
                return "/web/index.jsp";

            }else{
            //若密码不正确
                md.addAttribute("msg","密码有误!");
                return "/login.jsp";
            }
        }else{
            //用户不存在
            md.addAttribute("msg","用户不存在...");
            return "/login.jsp";
        }
    }

    /**
     * 修改密码
     */
    @RequestMapping("/editPwd.action")
    public String editPwd(HttpServletRequest request){

        String newpass=request.getParameter("newpass");
        //获得User的session
        User user=(User) request.getSession().getAttribute("user");

         user.setPwd(newpass);
         //修改密码
         int num=userService.update(user);
         if(num==1){
          request.getSession().removeAttribute("user");
         }
         return "/login.jsp";

        }

    /**
     * 添加用户
     * @throws Exception
     */
    @RequestMapping("/addUser.action")
    public String addUser(HttpServletRequest request,Model md)
        throws Exception{
        User user=upload(request);
        //增
```

```java
        userService.save(user);
        System.out.println(user.getUserName());
        //查询的参数
        md.addAttribute("ke", user.getUserName());
        //返回跳转的页面
        md.addAttribute("hre", "getAllUser.action");
        //跳转到成功界面
        return "/web/tips.jsp";
    }

    /**
     * 根据ID删除用户
     */
    @RequestMapping("/deleteUser.action")
    public String deleteUser(HttpServletRequest request,Model
         md,String pageCurrent){
         
         Integer id=Integer.parseInt(request.getParameter("id"));
         
         //获取正在登录用户
         User u=(User) request.getSession().getAttribute("user");
         
         if(u.getId()!=id){
         
         // 获取删除对象的ID
         userService.deleteById(id);
         //当前页
         md.addAttribute("pageCurrent",pageCurrent );
         //返回跳转的页面
         md.addAttribute("hre", "getAllUser.action");
         //跳转到成功界面
         return "/web/tips.jsp";
         
         }else{
          request.setAttribute("msg","用户正在使用中...无法删除!");
          return "/getAllUser.action";
         }
    }
    
    /**
     * 查找一个用户：供修改
     */
    @RequestMapping("/queryById.action")
    public String queryById(HttpServletRequest request,String
         pageCurrent,int id){
         
       //查
       User u=userService.get(id);
       request.setAttribute("u",u);
       //当前页
       request.getSession().setAttribute("pagecu", pageCurrent);
       return "/web/updateUser.jsp";
    }
    
    /**
```

```java
 * 修改选中的用户信息
 * @throws Exception
 */
@RequestMapping("/updateUser.action")
public String updateUser(HttpServletRequest request,Model md)
    throws Exception{
    //执行修改操作
    userService.update(upload(request));
    //移除供修改的u session
    request.getSession().removeAttribute("u");
    //当前页
    md.addAttribute("pageCurrent",request.getSession().
        getAttribute("pagecu") );
    //移除pagecu session
    request.getSession().removeAttribute("pagecu");
    //返回跳转的页面
    md.addAttribute("hre", "getAllUser.action");
    //跳转到成功界面
    return "/web/tips.jsp";
}

/**
 * 批量删
 */
@RequestMapping("/deletePartUser.action")
public String deletePartUser(HttpServletRequest request,String
    pageCurrent,Model md){

    String[] strs = request.getParameterValues("wId");

    Serializable[] ids = new Serializable[strs.length];

    for (int i = 0; i < strs.length; i++) {
        ids[i] = Integer.parseInt(strs[i]);

    }
    //批量删
    userService.deletePart(ids);
    //当前页
    md.addAttribute("pageCurrent",pageCurrent );
    //返回跳转的页面
    md.addAttribute("hre", "getAllUser.action");
    return "/web/tips.jsp";
}

/**
 * 查询所有用户
 */
@RequestMapping("/getAllUser.action")
public String getAllUser(Model md,String ke,String pageCurrent){

    Map<String, Object> map=new HashMap<String, Object>();
    if(WebUtils.isNotNull(ke)){
        map.put("ke", "%"+ke+"%");
    }
```

```java
            //创建pageBean对象
            PageBean<User> bean=new PageBean<User>();
            bean.setTotalCount(userService.getCount(map));//设置总记录数
            if(WebUtils.isNotNull(pageCurrent)){
                if(Integer.parseInt(pageCurrent)<1){
                    bean.setCurrentPage(1);//设置当前页
                }else if(Integer.parseInt(pageCurrent)>bean.getTotalPage()){
                    bean.setCurrentPage(bean.getTotalPage());//设置当前页
                }else{
                    bean.setCurrentPage(Integer.parseInt(pageCurrent));
                        //设置当前页
                }
            }else{
                pageCurrent=""+1;
            }
            Integer firtPage=(bean.getCurrentPage()-1)*bean.getMaxNum();
            //起始条数
            Integer countPage=bean.getCurrentPage()*bean.getMaxNum()+1;
            //结尾条数
            //给map添加值
            map.put("firtPage", firtPage);
            map.put("countPage", countPage);
            map.put("bean", bean);

            //执行查询所有用户
            List<User> list=userService.getAll(map);

            if(list.size()==0){
             return "/web/error1.jsp";
            }

            bean.setDatas(list);
            md.addAttribute("bean",bean);
            md.addAttribute("ke", ke);

            //跳转到用户管理界面
            return "/web/advUser.jsp";
    }


    /**
     * 上传图片
     * @param request
     * @return
     * @throws Exception
     */
    public User upload(HttpServletRequest request)
            throws Exception{
        //创建对象
        User user=new User();

        //图片上传
        //1.创建工厂对象
```

```java
FileItemFactory factory=new DiskFileItemFactory();
//2.文件上传核心工具类
ServletFileUpload upload=new ServletFileUpload(factory);
//3.设置上传文件大小限制
upload.setFileSizeMax(10*1023*1023);      //单个文件大小限制
upload.setSizeMax(50*1023*1023);          //总文件大小限制
upload.setHeaderEncoding("UTF-8");        //对中文文件编码处理

//判断是否是上传的表单
//表单添加 enctype="multipart/form-data" 才能上传表单数据
if(upload.isMultipartContent(request)){
    //把请求数据转换成list集合
    List<FileItem> list=upload.parseRequest(request);
    
    //FileItem 代表请求的内容
    for(FileItem item:list){
        //jsp name 属性值
        String name=item.getFieldName();
        //jsp 属性对应的value 值
        String value=new String(item.getString().getBytes
            ("iso8859-1"),"utf-8");
        
        //保存其他表单数据
        if("id".equals(name)){
            user.setId(Integer.parseInt(value));
        }
        
        if("userName".equals(name)){
            user.setUserName(value);
        }
        
        if("pwd".equals(name)){
            user.setPwd(value);
        }
        
        if("realName".equals(name)){
            user.setRealName(value);
        }
        if("r_id".equals(name)){
            user.setR_id(Integer.parseInt(value));
        }
        
        //判断是否上传
        if(!item.isFormField()){
            
            //获取Tomcat所在工程的真实绝对路径
            String realPath=request.getSession().getServletContext().
                getRealPath("/");
            
            //把item的文件内容写入另一个文件
            //创建文件
            File newFile=new File(realPath+"/web/images/"+item.getName());
            item.write(newFile);
            item.delete();//删除临时文件
```

```
                String img="web/images/"+item.getName();//数据库保存字段
                user.setImg(img);
                
            }
         }
     }
     return user;
}

//账户名异步验证
@RequestMapping("/addUserAjax.action")
public void addUserAjax(String userName,HttpServletResponse
    response) throws IOException{
    User user=userService.getUser(userName);
    if(user!=null){
        response.getWriter().write("账户名已存在");
    }else{
        response.getWriter().write("");
    }
}

// 导入 Excel 文档
@RequestMapping("/import.action")
public String importExcel(HttpServletResponse response) {

    try {
        String title = "用户信息";
        String[] rowName = new String[] { "序号", "账号", "密码",
            "真实姓名","角色"};
            ImportExcel.importExcel(response, title, rowName,
                userService.getExcel());
    } catch (Exception e) {
        return "/web/error1.jsp";
    }
    return null;
    }
}
```

可以看到在收到解析地址并处理后，通过 return 直接返回处理结果页面，逻辑清晰。另外由于用户具有头像，这里定义了 upload(HttpServletRequest request)上传头像的方法。

17.3.5 业务数据处理

业务逻辑使用 Service 包，业务逻辑同样使用 2 层实现，先进行抽象并规范操作，再继承具体实现。以用户业务实现为例，抽象 UserService.java 实现代码如下：

```
public interface UserService {

    public int save(User user);              //插入，用实体作为参数
    
    public int deleteById(Serializable id);
```

```
    //按 id 删除，删除一条；支持整数型和字符串类型 ID
    public void deletePart(Serializable[] ids);
    //批量删除；支持整数型和字符串类型 ID

    public User get(Serializable id);    //只查询一个，常用于修改

    public int update(User user);        //修改，用实体作为参数

    public List<User> getAll(Map map); //分页

    public int getCount(Map map);        //分页记录数
    //-------------------------------------------------------------------

    /**
     * 根据用户名查找用户
     * @param userName
     * @return
     */
    public User getUser(String userName);

    /**
     * 获得 Excel
     * @return
     */
    public List<User> getExcel();
}
```

具体实现 UserServiceImpl.java 代码如下：

```
public class UserServiceImpl implements UserService {
    @Resource
    private UserDao dao;
    public void setDao(UserDao dao) {
        this.dao = dao;
    }
    public int save(User user) {
        int num=dao.save(user);
        return num;
    }
    public int deleteById(Serializable id) {
        return dao.deleteById(id);
    }
    public void deletePart(Serializable[] ids) {
        dao.deletePart(ids);
    }
    public User get(Serializable id) {
        User user=dao.get(id);
        return user;
    }
    public int update(User user) {
        int num=dao.update(user);
        return num;
    }
```

```
    public List<User> getAll(Map map) {
        List<User> users=dao.getAll(map);
        return users;
    }
    public User getUser(String userName) {
        return dao.getUser(userName);
    }
    public int getCount(Map map) {
        return dao.getCount(map);   }
    public List<User> getExcel() {
        return dao.getExcel();
    }
}
```

细心的读者可以看到在业务层正式调用了数据库访问层方法，获取了自己需要的数据操作。

17.3.6　SpringMVC 的配置

SpringMVC 的配置主要是用来配置包扫描和视图解析，代码如下：

```
    <!-- 1.扫描包, controller -->
    <context:component-scan base-package="cn.CITCfy.ssm.action"/>

    <!-- 2.视图解析器, jspViewResolver -->
<bean id="jspViewResolver" class="org.springframework.web.servlet.
view.InternalResourceViewResolver">
        <property name="prefix" value=""/>
        <property name="suffix" value=""/>
    </bean>
```

17.3.7　Mybatis 的配置

小学生题库管理系统使用 Mybatis 作为持久层访问框架，Mybatis 具有支持普通 SQL 查询、存储过程和高级映射的优秀持久层框架等特点，但由于其自身限制问题，系统使用 Mybatis 与 Spring 相结合，其配置如下：

```
    <!-- 改包名 -->
    <!-- 1.扫描包 service,dao -->
    <context:component-scan base-package="cn.CITCfy.ssm.dao,cn.CITCfy.
        ssm.service"/>
    <!-- 2.数据库链接 jdbc.properties 文件 -->
    <context:property-placeholder location="classpath:jdbc.properties"/>

    <!-- 3.数据源 DataSource -->
    <bean id="dataSource"
class="com.mchange.v2.c3p0.ComboPooledDataSource">
        <property name="driverClass" value="${jdbc.driverClassName}"/>
        <property name="jdbcUrl" value="${jdbc.url}"/>
        <property name="user" value="${jdbc.username}"/>
        <property name="password" value="${jdbc.password}"/>
        <property name="maxPoolSize" value="${c3p0.pool.maxPoolSize}"/>
        <property name="minPoolSize" value="${c3p0.pool.minPoolSize}"/>
```

```xml
        <property name="initialPoolSize" value="${c3p0.pool.initialPoolSize}"/>
        <property name="acquireIncrement" value="${c3p0.pool.acquireIncrement}"/>
</bean>
<!-- 4.Session 工厂 SqlSessionFactory -->
<bean id="sqlSessionFactory" class="org.mybatis.spring.SqlSessionFactoryBean">
    <property name="dataSource" ref="dataSource"/>
    <!-- 跟 mybatis 进行整合 -->
    <property name="configLocation" value="classpath:sqlMapConfig.xml"/>
    <property name="mapperLocations" value="classpath:cn/CITCfy/ssm/entity/*.xml"/>
</bean>
<!-- 5.事务 tx -->
<bean id="txManager" class="org.springframework.jdbc.datasource.
    DataSourceTransactionManager">
    <property name="dataSource" ref="dataSource"/>
</bean>
```

配置分为 5 个部分，包括扫描包、数据库链接、数据源、会话工厂和事务。

17.4 系统运行效果

登录到小学生题库管理中心，进入主页面，单击左侧的"科目管理"选项，可以在右侧区域对科目进行添加、修改、删除操作，如图 17-18 所示。

图 17-18　科目管理界面

单击左侧的"题库管理"选项，可以在右侧区域对题目进行添加、修改、删除操作，如图 17-19 所示。

图 17-19　题库管理界面

单击"添加题目"按钮选项，则可以在打开的界面中对题目进行添加操作，如图 17-20

所示。

当添加题目超过 3 题后，则可以通过单击左侧列表中的"试卷生成"选项，将添加的题目生成试卷，如图 17-21 所示。

图 17-20 添加题目

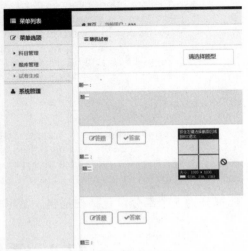

图 17-21 生成试卷